…hn Harrison in 1773.

… by Thomas Bradley

LÄNGENGRAD

DIE ILLUSTRIERTE AUSGABE

NOVA BRITANNIA
NORTH AME
West Variation
CANADA
NEW-FRANCE
FRANCE
DEGREES of Variat
EAST WEST
THE ICEY

Dava Sobel und

William J. H. Andrewes

Längengrad

Die illustrierte Ausgabe

Die wahre Geschichte eines einsamen Genies, welches das grösste wissenschaftliche Problem seiner Zeit löste

Aus dem Amerikanischen von Matthias Fienbork und Dirk Muelder

Berlin Verlag

Für meine Mutter, Betty Gruber Sobel, eine Vier-Sterne-Seglerin,
die nach dem Himmel navigieren kann, aber immer via Canarsie fährt.
D. S.

Für meine Eltern, John und Pol Andrewes,
meinem Hafen während der Fahrt.
W. A.

Die Originalausgabe erschien 1998 unter dem Titel
The Illustrated Longitude
bei Walker Books, New York

Umschlaggestaltung: Nina Rothfos und Patrick Gabler, Hamburg
Gesetzt aus der Kennerly
Typographie & Layout: Konstanze Berner
Druck & Bindung: Mohndruck, Gütersloh
Printed in Germany 1999
ISBN 3-8270-0324-5

Gedruckt auf chlor- und säurefreiem Papier

Inhalt

I

Imaginäre Linien

Wenn ich in spielerischer Laune bin,
mache ich mir aus den Längen- und Breitengraden ein Netz
und fange damit im Atlantischen Ozean Wale.

Mark Twain

Leben auf dem Mississippi

Als ich ein kleines Mädchen war, schenkte mir mein Vater auf einem unserer Mittwochsausflüge eine perlenbesetzte Drahtkugel, die mir sehr gefiel. Mit einer Handbewegung konnte ich sie zu einer flachen Spirale zusammenklappen und sie dann wieder in eine hohle Kugel verwandeln. In seiner Form ähnelte mein Spielzeug einer winzigen Erdkugel, denn die beweglichen Drähte bildeten das gleiche Gittermuster, das ich auf dem Schulglobus mit seinen dünnen schwarzen Linien, den Längen- und Breitengraden, gesehen hatte. Die bunten Perlen liefen auf den Drähten hin und her wie Schiffe auf hoher See. Mein Vater trug mich auf den Schultern die Fifth Avenue entlang zum Rockefeller Center, und vor der Statue des Atlas blieben wir stehen und betrachteten die Figur, die den Erdball auf ihren Schultern trug.

Lee Lawries 15 Meter hohe Atlasstatue, die 1937 am International Building des Rockefeller Center an der Fifth Avenue in New York errichtet wurde.

Die Bronzekugel, die Atlas hochhielt, war, wie das Drahtspielzeug in meiner Hand, ein durchsichtiger, von imaginären Linien umrissener Kosmos. Der Äquator. Die Sonnenbahn. Der Wendekreis des Krebses. Der Wendekreis des Steinbocks. Der Polarkreis. Der Nullmeridian. Schon damals sah ich in dem netz-

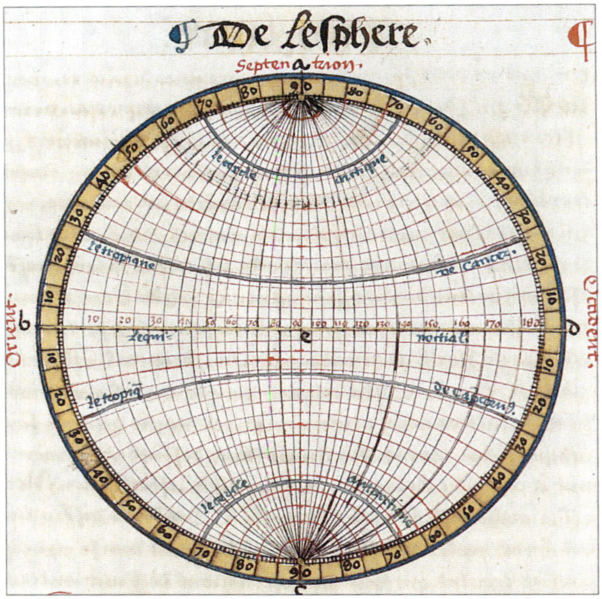

Breiten- und Längengrade wurden eingeführt, damit man jeden Ort auf der Erde bestimmen konnte. Breitengrade sind die parallelen Linien, die sich rund um die Erde ziehen, von 0 Grad am Äquator bis 90 Grad an den beiden Polen. Längengrade, die von Pol zu Pol verlaufen, teilen den 360-Grad-Kreis des Äquators auf. Die Kartographen legten den Nullmeridian immer an dem Punkt fest, von dem sie bei ihren Messungen ausgingen. In dieser Illustration einer französischen Handschrift von Oronce Fines Sphaera Mundi *(1549) sind Breite und Länge in Intervallen von fünf Grad eingezeichnet.*

artigen Gitter, das den Globus überzog, ein machtvolles Symbol für alle Kontinente und Gewässer des Planeten.

Heute sind die Längen- und Breitengrade eine noch größere Autorität, als ich es mir vor rund vierzig Jahren hätte vorstellen können, denn sie bleiben unverändert, während die Welt unter ihnen ihr Antlitz verändert – mit Kontinenten, die auf den sich weitenden Meeren dahintreiben, und Staatsgrenzen, die durch Krieg oder Frieden immer wieder neu gezogen werden.

Den Unterschied zwischen geographischer Länge und Breite prägte ich mir als Kind mit einer Eselsbrücke ein. Die Breitengrade, die *Parallelkreise*, vom Äquator zu den Polen in immer kleiner werdenden konzentrischen Ringen angeordnet, liegen wirklich parallel zueinander. Die Meridiane der Länge sind anders ausgerichtet. Sie laufen vom Nordpol zum Südpol und wieder zurück in großen Kreisen gleichen Umfangs, die an den Polen konvergieren.

Schon im Altertum, spätestens seit dem dritten Jahrhundert vor Christi Geburt, gab es Darstellungen der Welt, auf denen Linien der Breite und der Länge eingezeichnet waren. Um 150 n. Chr. hatte der Kartograph und Astronom Ptolemäus diese Linien auf den siebenundzwanzig Blättern seines ersten Weltatlasses eingetragen. In seinem bahnbrechenden Kartenwerk waren außerdem in einem Index alle bekannten Orte aufgeführt, in alphabetischer Reihenfolge mit der jeweiligen Angabe von geographischer Länge und Breite – so gut er es eben nach Berichten von Seefahrern schätzen konnte. Ptolemäus selbst hatte nur einen theoretischen Begriff von der weiten Welt. Zu seiner Zeit glaubte man, daß in der furchtbaren Hitze am Äquator alles Leben absterben müßte.

Der Äquator war für Ptolemäus der Null-Breitengrad. Diese Entscheidung traf er nicht willkürlich, sondern unter Berufung auf seine Vorläufer, die den Äquator bei der Beobachtung der Himmelskörper und ihrer Bewegungen aus der Natur abgeleitet hatten. Sonne, Mond und Planeten stehen am Äquator fast senkrecht über dem Betrachter. Auch der Wendekreis des Krebses und der Wendekreis des Steinbocks, zwei andere berühmte Breitengrade, werden von der Sonne bestimmt. Sie bezeichnen die nördliche und südliche Grenze der scheinbaren Sonnenbahn innerhalb eines Jahres.

In bezug auf den Urmeridian, den Null-Längengrad, hatte Ptolemäus dagegen freie Hand. Er legte ihn durch die Inseln der Glückseligen (die Kanarischen Inseln beziehungsweise Madeira), vor der Nordwestküste Afrikas. Spätere Kartographen verschoben den Nullmeridian auf die Azoren und die Kapverdischen Inseln, oder sie legten ihn durch Rom, Kopenhagen, Jerusalem, St. Petersburg,

Weltkarte aus Claudius Ptolemäus' Cosmographia (Ausgabe von 1482). Sein Nullmeridian befand sich an der westlichen Grenze der damals bekannten Welt, bei den Inseln der Glückseligen, den heutigen Kanarischen Inseln.

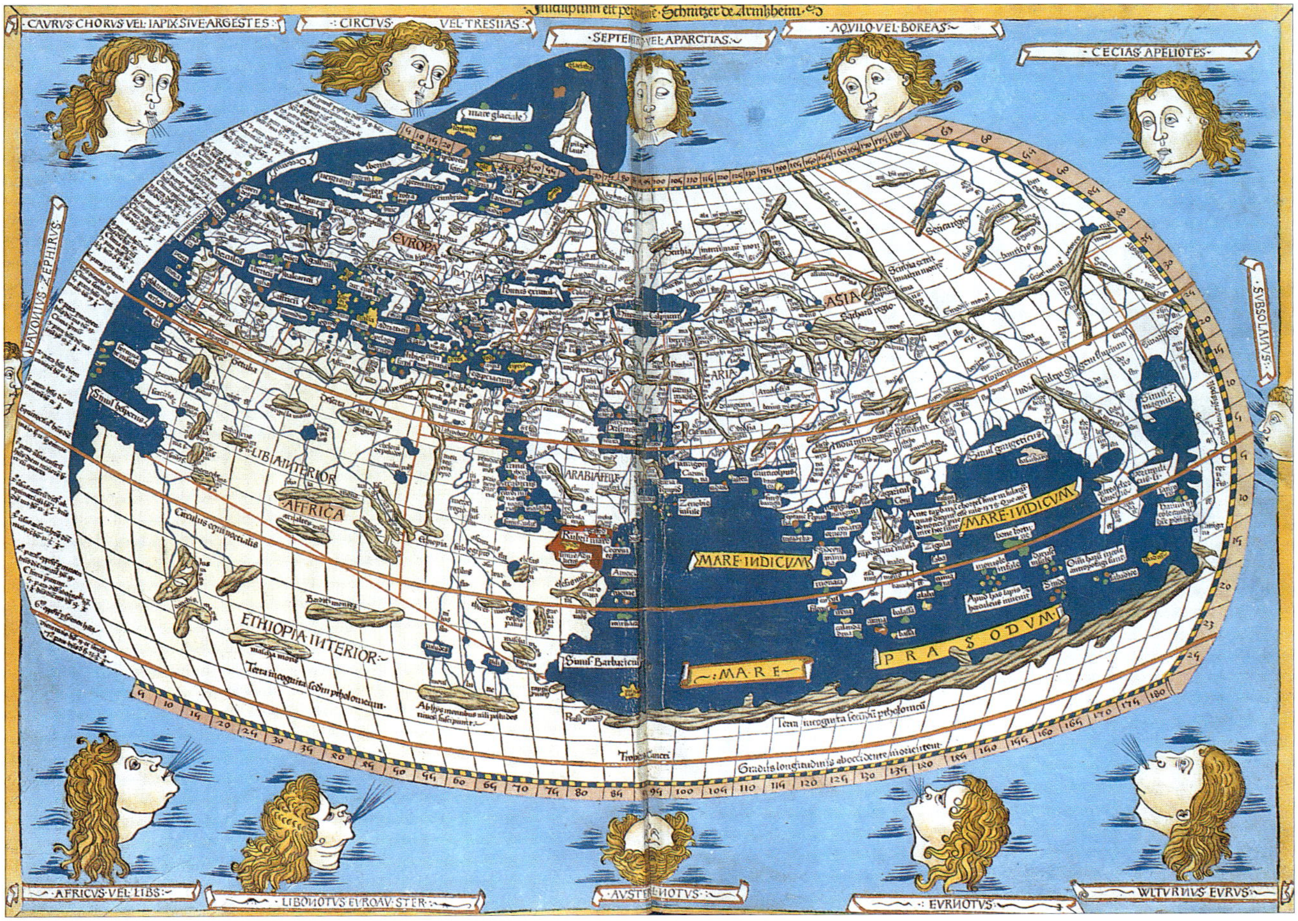

Diese Weltkarte aus der Ptolemäischen Geographia (1513) zeigt den bemerkenswerten Fortschritt, der seit 1482 stattgefunden hatte. Aus dem ursprünglichen Titel Cosmographia war 1507 Geographia geworden. Dies paßte besser zum Inhalt, der fortwährend revidiert wurde, um neue Entdeckungen und Verbesserungen des geographischen Wissens aufzunehmen.

Auf dieser Karte des westlichen (atlantischen) Ozeans aus der Ausgabe der Ptolemäischen Geographia von 1513 sind die neuesten Entdeckungen der »Neuen Welt« eingezeichnet. Zwar lernten die Seeleute in der Neuen Welt immer mehr Landstriche kennen, je mehr Schiffsreisen unternommen wurden, aber meist wurden nur höchst ungenaue Informationen über die Lage der Inseln, ja selbst der Kontinente, und über die Küstenverläufe veröffentlicht, vielleicht weil man ihre wirkliche Lage geheimhalten wollte: Der Wendekreis des Krebses (23 1/2 Grad), hier am Südrand von Spagnolia (Haiti und Dominikanische Republik) eingezeichnet, liegt eigentlich nördlich von Isabella (Kuba). Seefahrer, die Isabella zwischen dem 28. und dem 36. nördlichen Breitengrad suchten, wo die Karte es zeigt, fanden sich 400–1000 Meilen weiter nördlich, an der Küste von North bzw. South Carolina oder von Florida, wieder.

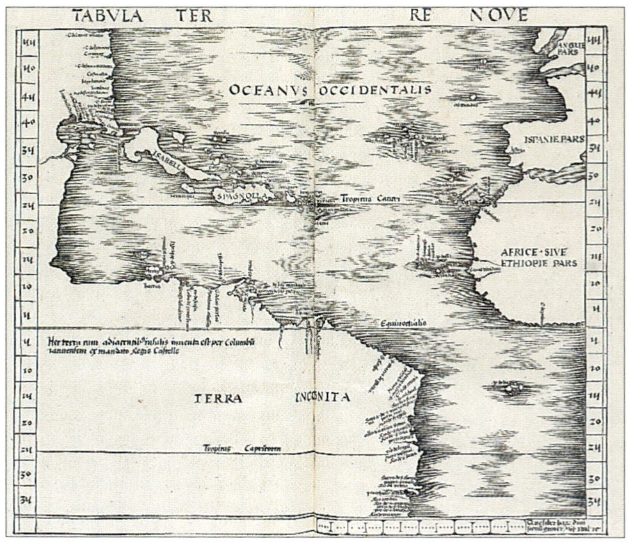

Pisa, Paris und Philadelphia, bevor er endgültig auf London ausgerichtet wurde. Da sich die Welt um die eigene Achse dreht, ist irgendeine von Pol zu Pol gezogene Linie als Bezugslinie so gut wie jede andere. Die Festlegung des Nullmeridians war eine rein politische Entscheidung.

Darin besteht auch der wahre, der wesentliche Unterschied zwischen Länge und Breite – neben dem oberflächlichen der Richtung, den jedes Kind sehen kann. Der Null-Breitengrad wird von den Naturgesetzen definiert, während sich der Null-Längengrad verschiebt wie der Sand der Zeit. Aufgrund dieses Unterschieds ist die Bestimmung der Breite kinderleicht, während die Bestimmung der Länge, zumal auf See, ein ausgesprochenes Problem ist – eines, das die klügsten Köpfe der Welt über viele Jahrhunderte der Menschheitsgeschichte vor ein Rätsel gestellt hat.

Jeder fähige Seemann kann die geographische Breite anhand der Tageszeit, des Sonnenstandes oder durch Ermittlung der Höhe bekannter Sterne über dem Horizont ziemlich genau bestimmen. Christoph Kolumbus fuhr 1492 in einer geraden Linie über den Atlantik, immer den Breitengrad entlang, und mit seiner Methode hätte er es fraglos bis nach Indien geschafft, wenn ihm Amerika nicht dazwischengekommen wäre.

Die Bestimmung der Längengrade dagegen beruht auf einer Zeitmessung. Um

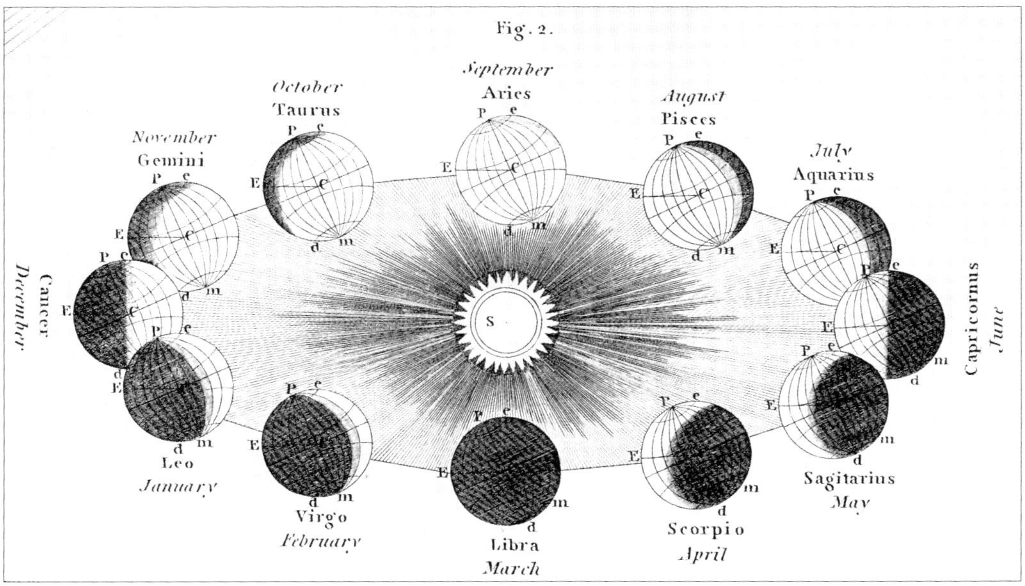

Weil die Erde die Sonne umkreist und ihre Drehachse schräg ist, gibt es die Jahreszeiten und die imaginären Linien des Äquators und der Wendekreise. Wenn die Sonne am 20. März (zur Frühlings-Tagundnachtgleiche) den Äquator überquert, scheint sie von der Erde aus gesehen in das Zeichen des Widders zu treten. Am 21. Juni (zur Sommersonnenwende) scheint sie in das Zeichen des Krebses zu treten, während sie den Wendekreis des Krebses überquert. Im September (zur Herbst-Tagundnachtgleiche) überquert die Sonne den Äquator südwärts und tritt in das Zeichen der Waage. Die Wintersonnenwende im Dezember bringt die Sonne zu ihrem fernsten Punkt südlich des Äquators, über den Wendekreis des Steinbocks.

Das Messen des Längengrads

D.L	Miles	D.L.	Miles	D.L.	Miles	D.L.	Miles	D.L.	Miles
1	59 99	19	56.73	37	47.92	55	34.41	73	17.54
2	59.97	20	56.38	38	47.28	56	33.55	74	16.53
3	59.92	21	56.01	39	46.62	57	32.68	75	15 52
4	59.86	22	55.63	40	45.95	58	31.75	76	14.51
5	59 77	23	55.23	41	45.28	59	30.90	77	13.50
6	59.67	24	54 81	42	44 95	60	30.00	78	12 48
7	59.56	25	54.38	43	43.88	61	29.09	79	11 45
8	59.42	26	53.93	44	43.16	62	28.17	80	10.42
9	59.26	27	53.46	45	42.43	63	27.24	81	9.38
10	59.08	28	52.97	46	51.68	64	26 30	82	8 35
11	58.89	29	52.47	47	40 92	65	25.36	83	7.32
12	58 68	30	51.96	48	40 15	66	24.41	84	6.28
13	58.46	31	51.43	49	39.36	67	23 45	85	5.23
14	58.22	32	50 88	50	38.57	68	22 48	86	4.18
15	57 95	33	50 32	51	37.76	69	21.50	87	3.14
16	57 67	34	49.74	52	36.94	70	20 52	88	2.09
17	57.37	35	49.15	53	36.11	71	19.54	89	1.05
18	57.06	36	48.54	54	35.26	72	18.55	90	0.00

Diese in der ersten Ausgabe der Encyclopedia Britannica von 1771 veröffentlichte Tabelle zeigt, wie ein Längengrad, der am Äquator 60 Seemeilen entspricht, zu den Polen hin auf Null schrumpft, während die Breitengrade (D. L.) zunehmen.

Die Erde dreht sich in 24 Stunden um 360 Grad, pro Stunde also um 15 Grad oder alle vier Minuten um ein Grad. Diese Illustration aus der Mitte des 16. Jahrhunderts, bei der die Längengrade in Abständen von 15 Grad eingezeichnet und jeweils mit der Stunde des Tages bezeichnet sind, stellt dar, wie Längenunterschiede als Zeitunterschiede ausgedrückt werden können.

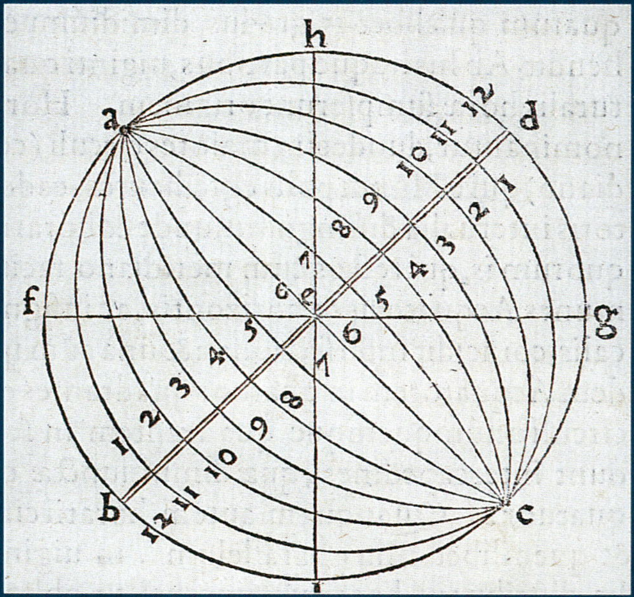

auf See die geographische Länge zu ermitteln, muß man die Uhrzeit an Bord des Schiffes und zugleich die im Heimathafen oder an einem anderen Ort von bekannter Länge kennen. Den Zeitunterschied kann der Navigator in den geographischen Abstand übersetzen. Da die Erde für eine vollständige Drehung von 360 Grad vierundzwanzig Stunden benötigt, legt sie in einer Stunde ein Vierundzwanzigstel einer Umdrehung beziehungsweise fünfzehn Grad zurück. Ein Zeitunterschied von einer Stunde zwischen Schiff und Ausgangspunkt entspricht also einer Entfernung von fünfzehn Grad östlicher oder westlicher Länge. Wenn der Navigator auf hoher See mittags, sobald die Sonne den höchsten Punkt am Himmel erreicht hat, das Schiffschronometer auf zwölf Uhr Ortszeit stellt und mit der Heimathafenuhr vergleicht, ergeben sich aus jeder Stunde Differenz fünfzehn Grad Länge.

Dieselben fünfzehn Grad Länge entsprechen auch einer zurückgelegten Entfernung. Auf dem Äquator, wo der Erddurchmesser am größten ist, sind fünfzehn Grad etwa tausend Meilen. Nördlich oder südlich dieser Linie indessen nimmt der Meilenwert eines jeden Grades ab. Ein Grad geographischer Länge entspricht überall auf der Welt vier Minuten, aber in Entfernung ausgedrückt, schrumpft ein Grad von achtundsechzig Meilen am Äquator auf annähernd Null an den beiden Polen.

Die genaue Kenntnis der Uhrzeit an zwei verschiedenen Orten zugleich – eine Voraussetzung für die Längenbestimmung, die heutzutage schon mit zwei billigen Armbanduhren eine unproblematische Sache ist – war bis weit in die Epoche der Pendeluhren hinein völlig ausgeschlossen. An Bord eines schlingernden Schiffes gingen solche Uhren gewöhnlich schneller oder langsamer oder blieben überhaupt stehen. Temperaturunterschiede, die bei Reisen von einem kalten Land in eine tropische Zone normalerweise auftraten, ließen das Schmieröl einer Uhr dünner oder dicker werden und bewirkten, daß sich die metallischen Bestandteile ausdehnten oder zusammenzogen – mit ebenso katastrophalen Folgen. Steigender oder fallender Luftdruck oder die geringfügigen Abweichungen der Erdschwerkraft von einem Breitengrad zum anderen konnten ebenfalls dazu führen, daß eine Uhr schneller oder langsamer ging.

Mangels einer brauchbaren Methode zur Bestimmung der Länge waren im Zeitalter der Entdeckungen selbst die größten Kapitäne auf hoher See orientierungslos, auch wenn ihnen beste Karten und Kompasse zur Verfügung standen. Von Vasco da Gama bis Vasco Nuñez de Balboa, von Ferdinand Magellan bis Sir Francis Drake – sie alle gelangten mehr oder weniger zufällig zu den Orten, die sie erreichten, durch Kräfte, die man glücklicher Fügung oder der Gnade Gottes zuschrieb.

Als sich immer mehr Seefahrer aufmachten, neue Territorien zu erobern oder zu erforschen oder Gold und Handelswaren zwischen fremden Ländern hin und her zu tragen, schwamm der Reichtum ganzer Nationen auf den Ozeanen. Doch noch immer gab es keine zuverlässige Methode, die Position eines Schiffes auf See genau zu bestimmen. Zahllose Seeleute mußten daher sterben, wenn aus dem Meer vor ihnen urplötzlich Land auftauchte. Am 22. Oktober 1707 kam es zu einer solchen Katastrophe, als vier heimkehrende britische Kriegsschiffe vor den Scilly-Inseln auf Grund liefen und fast zweitausend Mann ihr Leben verloren.

Diese Karte zeigt die wichtigsten Strömungen und Winde des Nord- und Südatlantiks, die zusammen mit der jahreszeitbedingten Wetterlage die Reiserouten beeinflussen.

Die fieberhafte Suche nach einer Lösung für das Problem der Längengradbestimmung dauerte vier Jahrhunderte und erfaßte ganz Europa. In der Geschichte des Längengrads spielten denn auch die meisten gekrönten Häupter eine Rolle, vor allem aber Georg III. von England und Ludwig XIV. von Frankreich. Seefahrer wie Kapitän William Bligh von der *Bounty* und der große Weltumsegler Kapitän James Cook, der drei lange Entdeckungs- und Forschungsreisen unternahm, ehe er auf Hawaii eines gewaltsamen Todes starb, prüften die erfolgversprechenderen Verfahren an Bord ihrer Schiffe auf Genauigkeit und Brauchbarkeit.

Berühmte Astronomen suchten nach Wegen, das Längengradproblem mit den Mitteln des Uhrwerk-Universums zu lösen. Galileo Galilei, Jean Dominique Cassini, Christiaan Huygens, Sir Isaac Newton und Edmond Halley mit seinem kometenhaften Ruhm – sie alle wandten sich an Mond und Sterne um Hilfe. In Paris, London und Berlin wurden königliche Sternwarten eigens zu dem Zweck errichtet, das Längengradproblem zu lösen. Weniger talentierte Geister ersannen Verfahren, die auf dem Gebell verletzter Hunde beruhten oder auf Feuerschiffen, die, an strategischen Punkten plaziert, irgendwie auf dem offenen Meer verankert werden und regelmäßig Böllerschüsse abgeben sollten.

Bei ihren Bemühungen um den Längengrad stießen Naturwissenschaftler auf andere Entdekkungen, die ihre Sicht des Universums veränderten. Dazu gehören die erste genaue Berechnung des Gewichts der Erde, der Entfernung der Gestirne und auch die der Lichtgeschwindigkeit.

Die Zeit verging, keine Methode brachte den Durchbruch, und so nahm die Suche nach einer Lösung des Längengradproblems legendäre Ausmaße an, vergleichbar der Suche nach dem Jungbrunnen, dem Geheimnis des Perpetuum mobile oder der Formel für die Verwandlung von Blei in Gold. Die Regierungen großer Seefahrernationen – Spaniens, der Niederlande und einiger italienischer Stadtstaaten – stachelten regelmäßig die Leidenschaft der Forscher an, indem sie Belohnungen für eine nutzbare Methode aussetzten. Den höchsten Preis, ein wahrhaft fürstliches Entgelt, schrieb das britische Parlament in seinem berühmten Longitude Act von 1714 für eine »praktikable und nützliche Methode« zur Bestimmung der geographischen Länge aus – nach heutigen Begriffen mehrere Millionen Dollar.

Der englische Uhrmacher John Harrison, ein genialer Mechaniker, ein Pionier auf dem Gebiet tragbarer Präzisionszeitmesser, widmete dieser Suche sein Leben.

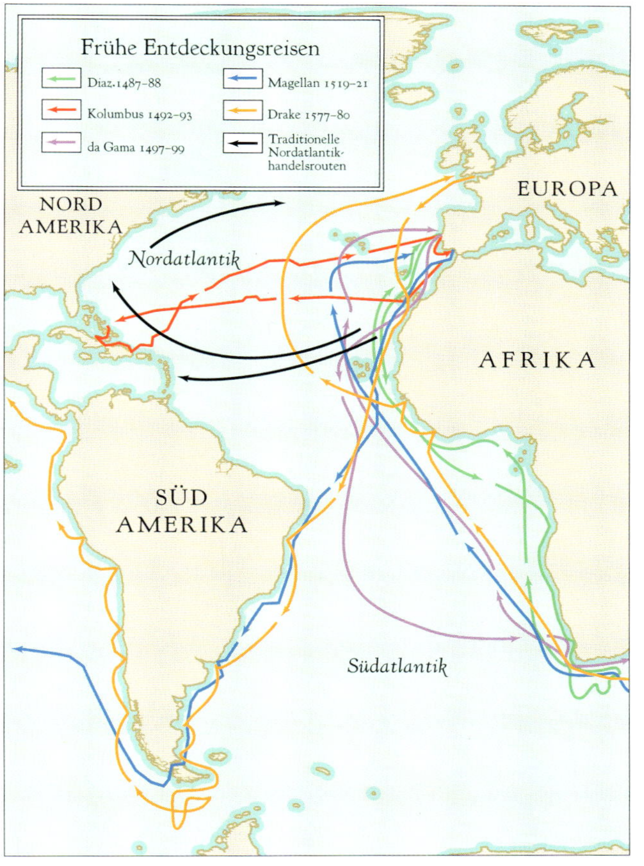

Diese Reisen von fünf berühmten Seefahrern machen deutlich, wie sehr deren Routen von Strömungen und Winden beeinflußt wurden. Die Handelsrouten, die sich zwischen England und den Karibischen Inseln sowie den Kolonien im Süden Nordamerikas entwickelten, folgten bei der Hinfahrt dem Kanarenstrom und dem Nord-Äquatorialstrom und bei der Rückfahrt dem Golfstrom.

Als es noch keine verläßlichen Seekarten und exakten Navigationsmethoden gab, mußten sich Seefahrer auf die Methode des »Gissens« verlassen, eine kalkulierte Schätzung, wo sich das Schiff, vom Land aus gesehen, befand. Der Preis für dieses fehlende Wissen war hoch: Manchmal verlängerte sich dadurch die Reise, und Skorbut oder andere Krankheiten brachen aus, die Opfer unter den Seeleuten forderten. Nur zu oft endete die Reise mit einer Katastrophe, wenn das Schiff an den Klippen eines unerwartet auftauchenden Landes zerschellte, so wie es dieses Gemälde im Fall des holländischen Ostindienfahrers Amsterdam um 1599 zeigt.

Das Titelblatt der lateinischen Ausgabe von Lucas Janszoon Waghenaers Spieghel der Zeevaerdt *(1586) zeigt verschiedene damals übliche Navigationshilfen, u. a. den Quadranten, das Astrolabium und den Kreuzstab – drei Geräte, mit deren Hilfe man die Höhe der Sonne oder eines Sterns über dem Horizont maß, um den Breitengrad festzustellen. Waghenaer, ein erfahrener Navigator, schrieb dieses Werk als eine Art Lehrbuch für das Segeln entlang den Küsten Westeuropas. Nachdem es 1588 in England unter dem Titel* The Mariner's Mirrour *erschienen war, wurde der Name »Wagoner« für Seekarten üblich.*

Ihm gelang, was Newton für unmöglich gehalten hatte. Er erfand ein Chronometer, das die Zeit des Heimathafens wie eine ewige Flamme in den entferntesten Winkel des Globus trug.

Harrison, ein Mann von einfachem Stand und hoher Intelligenz, kreuzte mit den führenden Köpfen seiner Zeit die Klinge. Zum Feind machte er sich dabei vor

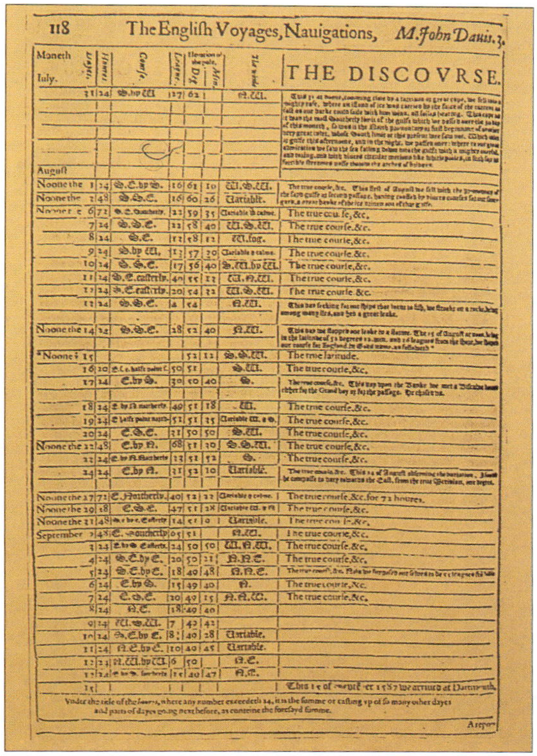

allem Nevil Maskelyne, den fünften Königlichen Astronomen, der Harrisons Anspruch auf das begehrte Preisgeld anfocht und dabei zu Methoden griff, die nur als höchst unfein bezeichnet werden können.

Obwohl Harrison Autodidakt war und keine Uhrmacherlehre absolviert hatte, konstruierte er eine Serie nahezu reibungsfreier Uhren, die weder geschmiert noch gereinigt werden mußten, die aus rostunempfindlichem Material bestanden und trotz aller Bewegungen und Erschütterungen, denen sie auf See ausgesetzt waren, außerordentlich genau gingen. Er verzichtete auf das Pendel und verwendete in seinen Konstruktionen Metalle mit unterschiedlicher Ausdehnung, die Temperaturschwankungen kompensierten und so ein konstant laufendes Uhrwerk ermöglichten.

Doch die wissenschaftliche Elite mißtraute Harrisons Zauberkasten und erkannte seine Leistungen nicht an. Die Kommission, die den Längengradpreis zu vergeben hatte – ihr gehörte auch Nevil Maskelyne an –, änderte immer wieder die Wettbewerbsbedingungen, um Astronomen einen Vorteil gegenüber Leuten wie Harrison und ähnlichen »Mechanikern« zu verschaffen. Doch am Ende triumphierte die Nützlichkeit und Präzision von Harrisons Lösung. Seine Nachfolger arbeiteten an einer Vereinfachung seiner komplizierten Erfindung, was die Voraussetzung dafür war, daß sie massenhaft produziert und eingesetzt werden konnte.

Die Anordnung eines Logbuchs in Tabellenform, wie sie Kapitän John Davis in seinem berühmten Buch The Seaman's Secrets *empfahl. In der rechten Spalte standen meistens Anmerkungen über die Abweichungen des Kompasses, den Unterschied zwischen dem geographischen und dem magnetischen Nordpol.*

Alt und müde geworden, von König George III. protegiert, bekam Harrison im Jahre 1773 schließlich den ihm zustehenden Preis – nach vier Jahrzehnten politischer Intrigen, Fehden, akademischer Verleumdungen, wissenschaftlicher Revolutionen und ökonomischer Umwälzungen.

All diese Fäden, und noch viele andere, sind mit den Linien der Längengrade verknüpft. Sie jetzt wieder aufzulösen, ihrer Geschichte nachzugehen – in einem Zeitalter, da die Position eines Schiffes von stationären Satelliten innerhalb weniger Sekunden auf den Meter genau angegeben werden kann –, heißt, den Globus mit neuen Augen zu betrachten.

2

Das Meer vor der Zeit

Die mit Schiffen auf dem Meere fuhren
und trieben ihren Handel auf großen Wassern,
die des HERRN Werke erfahren haben
und seine Wunder auf dem Meer.
Psalm 107

Sauwetter«, so bezeichnete Admiral Sir Clowdisley Shovell den Nebel, der ihm zwölf Tage lang auf See zusetzte. Nach siegreichen Gefechten mit der französischen Mittelmeerflotte war er von Gibraltar aus zur Heimreise aufgebrochen, aber die schweren Herbstnebel waren nicht so leicht zu schlagen. Voller Sorge, seine Schiffe könnten auf Felsenriffe laufen, befahl der Admiral all seinen Navigationsoffizieren, die Köpfe zusammenzustecken.

Sir Clowdisley Shovell (ca. 1650–1707) hatte eine glänzende Karriere in der Royal Navy gemacht. Mit 42 wurde er zum Konteradmiral und 1704, mit 54, zum Befehlshaber der britischen Flotte ernannt. Dieses Porträt entstand um 1702.

Nach übereinstimmender Meinung befand sich die Flotte vor der Bretagne, in sicherem Abstand westlich der Ile d'Ouessant. Also hielt man weiter nördlichen Kurs, doch dann stellten die Seeleute zu ihrem Schrecken fest, daß sie ihre Position in bezug auf die Scilly-Inseln falsch berechnet hatten. Diese Inselgruppe, etwa zwanzig Meilen vor der Südwestspitze Englands, führt wie ein steinerner Pfad auf Land's End zu. Und in der nebligen Nacht des 22. Oktober 1707 wurden die Scilly-Inseln zum namenlosen Grab für zweitausend von Admiral Shovells Marinesoldaten.

Zuerst traf es das Flaggschiff. Die *Association* ging mit Mann und Maus innerhalb weniger Minuten unter. Ehe die anderen Schiffe auf die offensichtliche Gefahr reagieren konnten, liefen die *Eagle* und die *Romney* auf Felsenriffe und sanken ebenfalls wie Steine. Vier von insgesamt fünf Kriegsschiffen gingen verloren.

Nur zwei Männer wurden an Land gespült – einer davon war Sir Clowdisley selbst, der, während er von den Wellen ans Ufer getragen wurde, noch einmal blitzartig die siebenundfünfzig Jahre seines Lebens vor sich ablaufen gesehen haben mag. Bestimmt aber dachte er an den Verlauf der vorangegangenen vierundzwanzig Stunden, in denen er die folgenschwerste Fehlentscheidung seiner

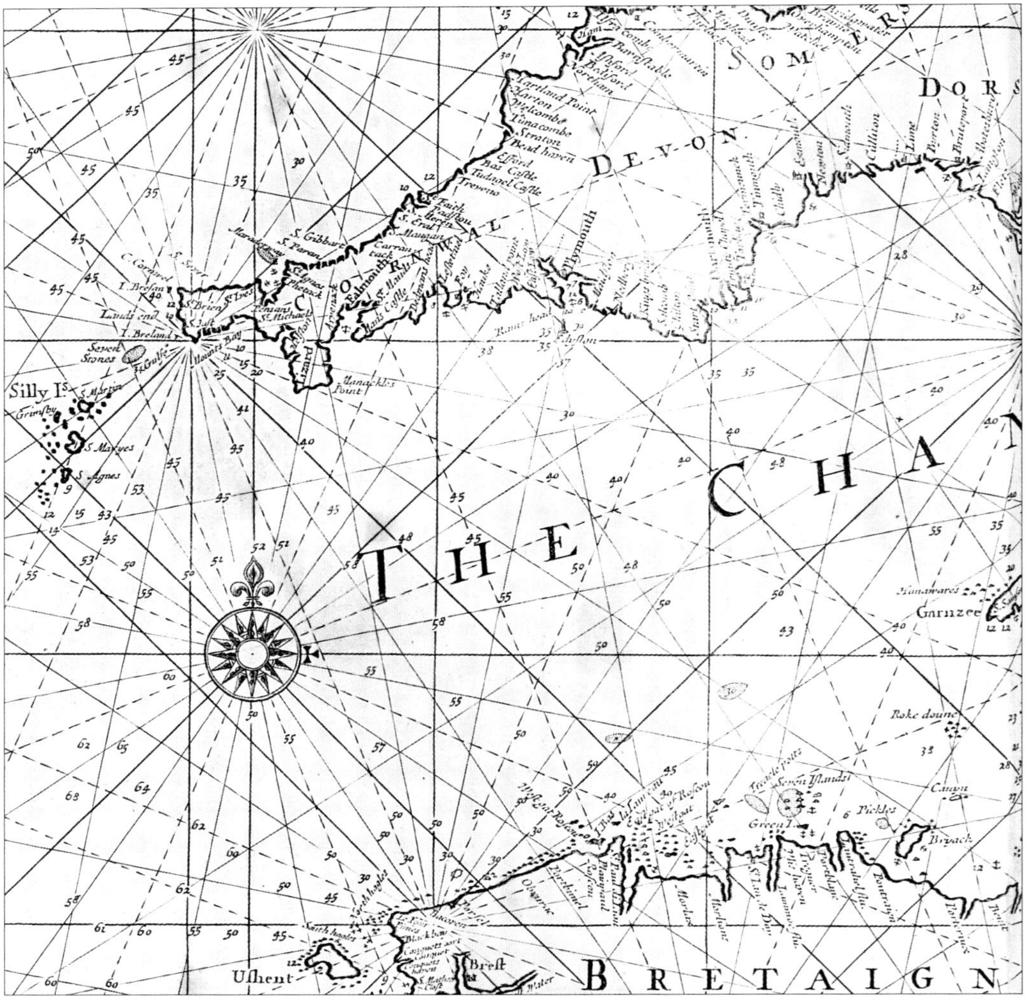

Im Oktober 1707, nach einem erfolglosen Angriff auf Toulon, kehrte eine Flotte von 21 Schiffen unter dem Befehl von Sir Clowdisley Shovell aus dem Mittelmeer zurück. Die Heimfahrt war stürmisch. Als die Flotte sich am 22. Oktober westlich der Ile d'Ouessant (»Ushent« auf dieser Karte) glaubte, erging der Befehl, Kurs in den Ärmelkanal zu nehmen. Bei Einbruch der Nacht trieb der starke Wind die Schiffe und ihre ahnungslosen Besatzungen gegen die Western Rocks im Südwesten von St. Agnes in den Scilly-Inseln (»Silly« auf dieser Karte). Nicht nur die Flotte irrte sich: Diese Karte, 13 Jahre nach dem Unglück gedruckt, zeigt St. Agnes auf dem 50. Breitengrad, tatsächlich aber liegt die Insel acht Meilen weiter südlich.

Am Abend des 22. Oktober um 8 Uhr fuhr Sir Clowdisley Shovells Schiff, die Association, gegen die Klippen der Gilstone Ledges in den Scilly-Inseln und sank innerhalb von vier Minuten mit der gesamten Besatzung von 650 Mann. Zwei weitere Schiffe erlitten das gleiche Schicksal, ein viertes sank langsamer. Nur 26 Mann wurden gerettet, 1647 kamen ums Leben. Dieses Unglück, das auf Fehler beim Ermitteln der Breite und der Länge zurückzuführen war, machte das britische Parlament auf das Längengradproblem aufmerksam.

Offizierslaufbahn getroffen hatte. Ein Matrose der *Association*, der während der gesamten Schlechtwetterperiode fortlaufend eigene Positionsbestimmungen vorgenommen zu haben behauptete, war an ihn herangetreten. Derartige Eigenmächtigkeiten waren in der Royal Navy strengstens verboten, was der unbekannte Seemann sehr wohl wußte. Doch nach all seinen Berechnungen erschien ihm die Gefahr so groß, daß er Kopf und Kragen riskierte, um die Offiziere von seiner Sorge in Kenntnis zu setzen. Der Admiral ließ den Mann auf der Stelle wegen Meuterei aufknüpfen.

Niemand war da, der dem halbertrunkenen Sir Clowdisley ein »Ich hab's Euch ja gesagt!« hätte entgegenschleudern können. Doch kaum war der Admiral auf trockenem Sand zusammengebrochen, tauchte den Berichten nach eine Strandräuberin auf, die sich in den Smaragdring an seinem Finger verliebte. Um sich in den Besitz dieses Rings zu bringen, beschloß sie, den Entkräfteten einfach zu töten. Drei Jahrzehnte später beichtete sie auf dem Sterbebett einem Geistlichen ihr Verbrechen und gab ihm den Ring als Beweis für ihre Schuld und Reue.

Das dramatische Ende von Admiral Clowdisley Shovells Flotte war der Höhepunkt in der langen Unglückssaga der Schiffahrt jener Zeit, als Seeleute noch nicht imstande waren, die geographische Länge zu bestimmen. Seite für Seite

Auf See zurückgelegte Entfernungen wurden mit einer Logge (einem flachen, dreieckigen Holzstück an einem Seil) gemessen. 60 Fuß hinter der Logge knüpfte man in Abständen von jeweils 51 Fuß Knoten in das Seil. Warf man dann das Holzstück über Bord, zeigte die Anzahl der Knoten, die man in 30 Sekunden (gemessen mit einer Sanduhr) zählte, wie schnell das Schiff fuhr. So wurde der Begriff Knoten zum nautischen Maß für die Geschwindigkeit. Für diese Aufgabe waren drei Männer nötig: Einer hielt die schwere Rolle, einer drehte die Sanduhr um und einer zählte die Knoten.

berichtet diese elende Geschichte von Schrecken und Qual, von Tod durch Skorbut und Verdursten, von Gespenstern in der Takelage, vom Scheitern an fremden Küsten, von Riffen, die Schiffswände durchbohrten, von den Leichen der Ertrunkenen an den Stränden. In buchstäblich Hunderten von Fällen sind Schiffe untergegangen, weil es auf See keine Methode der Längengradbestimmung gab.

Die Kapitäne des fünfzehnten, sechzehnten und siebzehnten Jahrhunderts, die eine Mischung aus Kühnheit und Habgier auf die Weltmeere hinauszog, bestimmten ihre geographische Länge mittels des »Gissens«. Dazu warf man eine Logge über Bord und beobachtete, wie schnell sich das Schiff von dieser Behelfsmarke entfernte. Der Kapitän notierte das Ergebnis dieser groben Geschwindigkeitsmessung, die Fahrtrichtung, die er mit Hilfe der Gestirne oder des Kompasses bestimmte, sowie die Dauer eines jeweiligen Kurses, die er mit einer Sanduhr oder Taschenuhr maß. Unter Berücksichtigung von Meeresströmungen, unbeständigen Winden und den unvermeidbaren Unsicherheiten der Geschwindigkeitsmessung ermittelte er schließlich seine Position. Natürlich verfehlte er in der Regel sein Ziel – vergeblich suchte er die Insel, wo er frisches Wasser zu finden hoffte, oder gar den Kontinent, den er erreichen wollte. Allzuoft stellte sich das »dead reckoning«, wie das Gissen auf englisch hieß, in der Tat als tödlich heraus.

Da es keine Methode zur genauen Positionsbestimmung gab, dauerten lange Schiffsreisen noch länger, was wiederum den gefürchteten Skorbut begünstigte. Aufgrund der vitaminarmen Ernährung an Bord, ohne frisches Obst und Gemüse, kam es im Laufe der Zeit zu Mangelerscheinungen. Die Blutgefäße platzten, so daß die Männer aussahen, als hätten sie überall Blutergüsse, obwohl sie sich überhaupt nicht verletzt hatten. Tatsächliche Verletzungen heilten nicht. Die Beine schwollen an. In Muskeln und Gelenken traten plötzliche Blutungen auf. Das Zahnfleisch blutete, die Zähne fielen aus. Die Männer wurden kurzatmig, fühlten sich kraftlos, und wenn die Blutgefäße im Gehirn platzten, trat der Tod ein.

Der Kompaß wird im Westen erstmals im 12. Jahrhundert erwähnt. Dabei scheint es sich um magnetisierte Nadeln gehandelt zu haben, die direkt auf dem Wasser schwammen. Der »trockene« Kompaß taucht 1269, die Kompaßscheibe 1380 zum ersten Mal auf. Letztere setzte sich rasch durch, weil sie sich im Gegensatz zur Nadel nicht von ihrem Drehpunkt lösen konnte. Auf diesem Bildausschnitt einer französischen Handschrift des frühen 15. Jahrhunderts richtet ein Seemann gerade seinen »trockenen« Kompaß aus.

Die globale Unfähigkeit, den Längengrad zu bestimmen, führte aber nicht nur zu menschlichem Leid, sondern auch zu wirtschaftlichen Verlusten größten Ausmaßes. Seetüchtige Schiffe waren auf einige wenige Schiffahrtswege beschränkt, die eine sichere Passage versprachen. Da ausschließlich nach der geographischen Breite navigiert wurde, drängten sich Walfänger, Handelsschiffe, Kriegs- und Piratenschiffe auf den bekannteren Routen, wo die einen den anderen zum Opfer fielen. 1592 beispielsweise lag ein Geschwader von sechs englischen Kriegsschiffen vor den Azoren, um dort spanischen Handelsschiffen aufzulauern, die aus der Karibik zurückkehrten. Ins Netz ging ihnen auch die

Madre de Deus, eine mächtige portugiesische Galeone, die aus Indien zurückkam. Trotz ihrer zweiunddreißig Kanonen verlor die *Madre de Deus* die kurze Schlacht und Portugal eine fürstliche Fracht.

In den Laderäumen der Galeone lagen Kisten voller Gold- und Silbermünzen, Perlen, Diamanten, Bernstein, Moschus, Wandteppiche, Kattun und Ebenholz sowie mehr als vierhundert Tonnen Pfeffer, fünfundvierzig Tonnen Nelken, fünfunddreißig Tonnen Zimt und je drei Tonnen Muskatblüten und Muskatnüsse. Die *Madre de Deus* erwies sich als wahre Goldgrube – ihre Ladung im Wert von einer halben Million Pfund Sterling entsprach etwa der Hälfte des damaligen englischen Staatshaushalts.

Gegen Ende des siebzehnten Jahrhunderts verkehrten jährlich fast dreihundert Schiffe im Jamaika-Handel zwischen Großbritannien und den Westindischen Inseln. Da der Untergang eines einzigen Schiffes einen enormen Verlust darstellte, lag den Kaufleuten natürlich daran, das Unvermeidliche zu verhindern. Sie wollten geheime Seerouten entdecken, doch das bedeutete, ein Verfahren zur Längengradbestimmung zu finden.

Der beklagenswerte Stand der Navigation alarmierte auch Samuel Pepys, den berühmten englischen Tagebuchschreiber, der eine Zeitlang in den Diensten der Royal Navy stand. Pepys notierte 1683 auf einer Reise nach Tanger: »Angesichts der ungewissen Positionsbestimmungen und der absurden Theorien, die in diesem Zusammenhang aufgestellt werden, und des Durcheinanders, das unter den Leuten herrscht, ist völlig klar, daß sich nur durch göttliche Vorsehung, durch Zufall und aufgrund der Weite des Meeres nicht noch mehr Katastrophen in der Seefahrt ereignen als ohnehin schon.«

Geradezu prophetische Worte, wenn man an die Katastrophe vor den Scilly-Inseln denkt. Dieses Unglück, das sich 1707 in unmittelbarer Nähe der großen englischen Häfen ereignet hatte, lenkte das Augenmerk der ganzen Nation auf das Längengradproblem. Der plötzliche Verlust so vieler Menschenleben, von so vielen Schiffen und so viel Ehre – neben all den Katastrophen früherer Zeiten – machte deutlich, wie töricht es war, ohne eine Methode der Längengradbestimmung die Ozeane zu befahren. Der Tod von Admiral Shovells Männern – weitere zweitausend Märtyrer des Längengrads – beschleunigte die Verabschiedung des berühmten *Longitude Act* von 1714, in dem für eine Lösung des Längengradproblems eine Prämie von 20 000 Pfund Sterling ausgeschrieben wurde.

1736 ging ein unbekannter Uhrmacher namens John Harrison an Bord der H.M.S. *Centurion*, um mit einem erfolgversprechenden Instrument eine Erprobungsfahrt nach Lissabon zu unternehmen. Die Schiffsoffiziere sahen selbst, daß sie mit Harrisons Uhr bessere Navigationsergebnisse erzielten. Sie bedankten sich sogar bei Harrison, denn sein neumodischer Apparat hatte ihnen gezeigt, daß sie auf der Rückfahrt etwa sechzig Seemeilen vom Kurs abgekommen waren.

Im September 1740 aber, als die *Centurion* unter Kommodore George Anson mit Kurs auf den Südpazifik in See stach, stand die Längengraduhr auf *terra firma* in London, in Harrisons Haus am Red Lion Square. Dort arbeitete der Erfinder, der schon eine zweite, verbesserte Version gebaut hatte, an einem dritten, weiter verfeinerten Modell. Diese Uhren waren aber noch nicht allgemein akzeptiert, und sie sollten erst fünfzig Jahre später breite Anwendung finden. Ansons Geschwader überquerte den Atlantik also nach der althergebrachten Methode – mit Breitengradbestimmung, dem Gissen und großer nautischer Erfahrung.

George Anson (1697–1762) trat mit 14 in die Royal Navy ein und stieg innerhalb von zwölf Jahren zum Kapitän auf. Als kurz nach 1737 der Krieg gegen Spanien ausbrach, wurde er zum Kommodore eines Geschwaders ernannt und erhielt den Auftrag, das spanische Handelsmonopol auf der Pazifikroute zu brechen. Nach seiner berühmten Weltumseglung wurde er zum Admiral ernannt und auf diese Weise zu einem führenden Mitglied des »Board of Longitude«.

Die Flotte erreichte Patagonien nach einer ungewöhnlich langen Überfahrt, doch dann kam es zu einer Tragödie, weil die Navigatoren nicht mehr wußten, auf welcher Länge sie sich befanden.

Am 7. März 1741 steuerte Anson die *Centurion*, deren Decks schon von Skorbutgestank erfüllt waren, durch die Le-Maire-Straße. Bei Kap Hoorn geriet er in einen Sturm aus West, der die Segel zerfetzte und das Schiff so heftig hin

Als Ansons Flotte von sieben Schiffen im März und April 1741 um Kap Hoorn segelte, geriet sie in einen verheerenden Sturm. Drei Schiffe drehten um, drei weitere scheiterten später oder sanken aufgrund der erlittenen Schäden. Als Ansons Mannschaft an Bord der Centurion das Kap Noir sichtete, begriff der Navigator, daß seine Schätzung der geographischen Länge des Schiffs wegen der starken Stürme und Strömungen um rund 200 Meilen daneben gelegen hatte. Da die Reise nun länger dauerte, brach Skorbut aus, der täglich etwa zehn Todesopfer forderte. Als die Centurion die Insel Juan Fernandez (heute nach dem Helden von Daniel Defoes Roman von 1719 Isla Robinson Crusoe genannt) erreichte, lebten von den 521 Mann, die England verlassen hatten, nur noch 284.

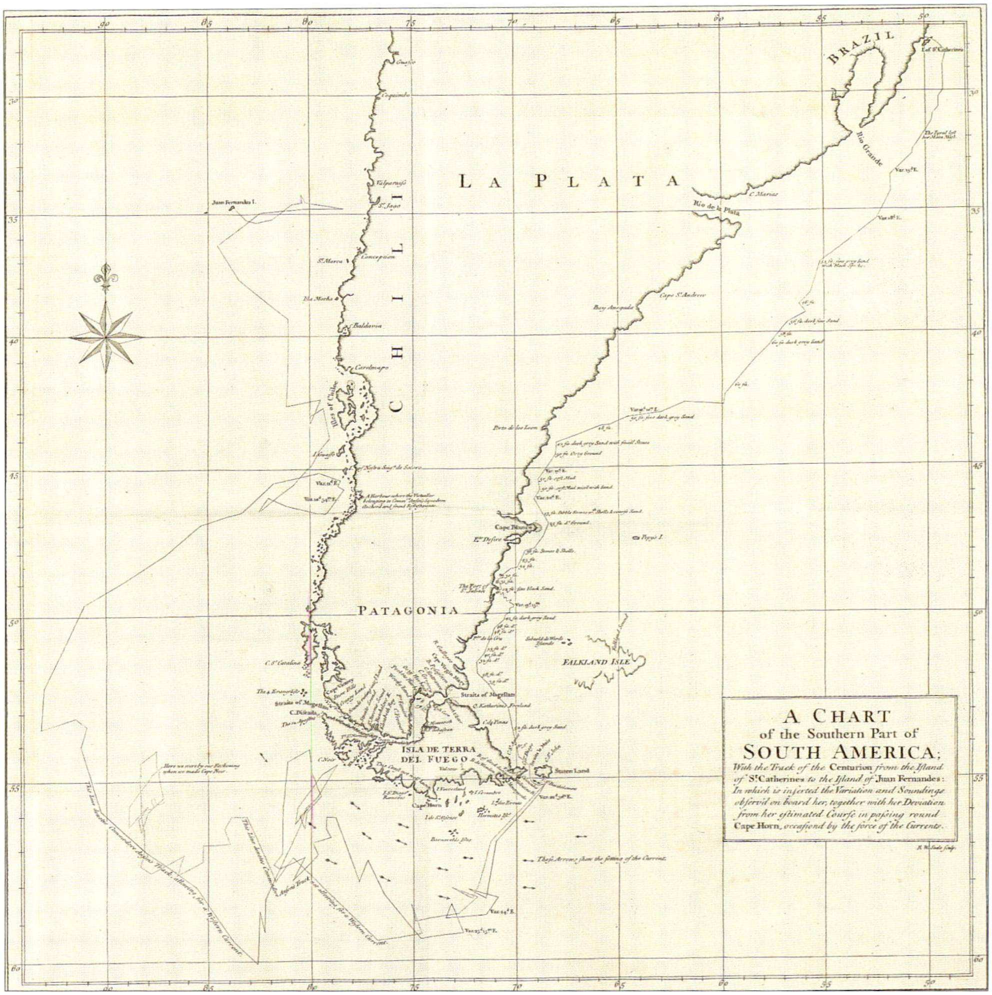

und her warf, daß Männer, die den Halt verloren, an Deck zerschmettert wurden. Der Sturm ließ von Zeit zu Zeit nach, um dann wieder mit voller Wucht loszuschlagen. Achtundfünfzig Tage lang wurde die *Centurion* gnadenlos gepeinigt. Die Winde brachten Regen, Graupelschauer und Schnee mit sich. Und jeden Tag starben bis zu zehn Mann der skorbutgeschwächten Besatzung.

Anson kreuzte gegen dieses Unwetter auf westlichem Kurs, mehr oder weniger parallel zum sechzigsten Breitengrad, bis er sich zweihundert Meilen westlich von Feuerland wähnte. Die anderen fünf Schiffe seines Geschwaders waren in dem Sturm von der *Centurion* getrennt worden, einige waren für immer verloren.

In der ersten mondhellen Nacht, die er seit zwei Monaten erlebt hatte, erwartete Anson schließlich ruhigere See und nahm nördlichen Kurs auf das irdische Inselparadies namens Juan Fernandez. Dort würde er frisches Wasser für seine Männer finden, die Sterbenden trösten und den Überlebenden Mut zusprechen können. Bis dahin würden sie von Hoffnung leben müssen, denn bis zur Inseloase waren es noch mehrere Tage Fahrt auf der unendlichen Weite des Pazifik. Aber als der Dunst sich legte, sichtete Anson Land, genau voraus. Es war Kap Noir, am westlichen Rand von Feuerland. *Wie konnte das sein? Waren sie rückwärts gefahren?*

Die starken Strömungen hatten Anson getäuscht. Obwohl er die ganze Zeit geglaubt hatte, er segele westwärts, hatte er sich kaum von der Stelle bewegt. Also blieb ihm keine andere Wahl, als weitere lange Tage nach Westen zu kreuzen und dann erst nach Norden zu segeln, der rettenden Insel entgegen. Er wußte, daß ihm, wenn das nicht gelang und die Matrosen weiterhin in demselben Tempo wegstarben, nicht mehr genügend Leute für die Bemannung der Takelage zur Verfügung stehen würden.

Nach dem Schiffslogbuch befand sich die *Centurion* am 24. Mai 1741 auf der Höhe der Juan Fernandez-Inseln auf dem 35. Grad südlicher Breite. Anson mußte jetzt nur noch den Breitengrad entlangsegeln, um sein Ziel zu erreichen. Aber in welche Richtung? Lagen die Inseln östlich oder westlich von der *Centurion*?

Es war reine Glückssache.

Anson entschied sich für einen westlichen Kurs. Nach vier weiteren verzweifelten Tagen auf See wurde er jedoch unsicher und kehrte wieder um, segelte den 35. Breitengrad nun in entgegengesetzter Richtung entlang. Achtundvierzig Stunden später kam Land in Sicht! Aber es erwies sich als das unzugängliche Küstengebirge der spanischen Kolonie Chile. Eine niederschmetternde Erkenntnis. Anson mußte sich eingestehen, daß er vermutlich nur wenige Stunden von Juan Fernandez entfernt gewesen war, als er nach Osten umgedreht war, statt in westlicher Richtung weiterzusegeln. Wieder mußte er umkehren.

Am 9. Juni 1741 warf die *Centurion* schließlich auf der Reede vor Juan Fernandez Anker. Die zweiwöchige Irrfahrt auf der Suche nach den Inseln hatte Anson noch einmal achtzig Mann gekostet. Obwohl er ein fähiger Navigator war, der

sein Schiff sicher durch die gefährlichsten Untiefen steuern konnte und seine Mannschaft vor dem Ertrinken bewahrt hatte – gegen den Skorbut war er machtlos. Anson half mit, die kranken Seeleute in ihren Hängematten an Land zu tragen, und mußte dann hilflos mit ansehen, wie die Geißel seine Männer dahinraffte, einen nach dem anderen, bis von den ursprünglich fünfhundert Mann mehr als die Hälfte gestorben war.

Eigentlich hatte Anson eine spanische Galeone mit wertvoller Ladung kapern sollen. Am 20. Juni 1743 sichtete die verzweifelte Mannschaft der Centurion *die* Nuestra Señora de Cobadonga, *die von Acapulco nach Manila segelte, und trotz Unterzahl überwältigten sie die Spanier nach kurzem Gefecht. Die Ladung dieser Galeone war an die 400 000 Pfund Sterling wert, darunter 1 313 843 Achtpesetenstücke und 35 682 Unzen Silber, eine der wertvollsten Beuten, die je auf hoher See gekapert wurden.*

3

Verirrt im kosmischen Uhrwerk

Eines Nachts träumte ich,
daß ich in meines Vaters Uhr eingeschlossen war,
Mit Ptolemäus und einundzwanzig rubinroten Sternen
Auf Sphären sitzend, und die Antriebsfeder
Spiralförmig und schimmernd bis ans Ende des Alls,
Und die vernuteten Sphären, ineinandergreifend
Bis zum letzten Zahn der Zeit,
und das Gehäuse auf immer verschlossen.

John Ciardi
My Father's Watch

Wie Admiral Shovell und Kommodore Anson bewiesen, verloren selbst die besten Seeleute die Orientierung, sobald kein Land mehr in Sicht war, denn das Meer lieferte ihnen keine brauchbaren Hinweise auf den Längengrad. Allerdings schien der Himmel Hilfe zu versprechen. Vielleicht ließ sich die Position eines Schiffes anhand der Stellung der Himmelskörper bestimmen.

Der Sonnenuntergang macht aus Tag Nacht, die Mondphasen zeigen den Monatsrhythmus an, und die Sonnenwende beziehungsweise Tagundnachtgleiche bezeichnet den Wechsel der Jahreszeiten. Die rotierende, kreisende Erde ist nur ein kleines Rädchen in einem großen Uhrwerk, und die Menschen haben seit urdenklichen Zeiten anhand der Bewegung der Erde die Zeit gemessen.

Als die Seeleute auf der Suche nach einer Navigationshilfe zum Himmel blickten, fanden sie dort eine Kombination aus Kompaß und Uhr. Die Sternbilder, allen voran der Kleine Wagen mit dem Polarstern am Deichselende, wiesen ihnen bei Nacht den Weg – vorausgesetzt natürlich, der Himmel war klar. Bei Tag zeigte

Dieses unsignierte und undatierte Porträt von Galileo Galilei (1564–1642) ist wahrscheinlich kurz nach seiner Entdeckung der Jupitermonde 1610 entstanden. Am 7. Januar 1610, etwa einen Monat vor seinem 46. Geburtstag, bemerkte Galilei erstmals drei winzige helle »Sterne«, die in einer geraden Linie von einer Seite des Planeten zur anderen reichten. Am 11. Januar begriff er, daß es Monde waren, die um den riesigen Planeten kreisten wie der Mond um die Erde. Am 13. Januar entdeckte er einen vierten Mond, und bald erkannte er, daß ihr regelmäßiger Umlauf eine Himmelsuhr darstellte, mit der man das Längengradproblem lösen konnte.

die Sonne nicht nur die Richtung, sondern auch die Zeit an, wenn man ihre Bewegung verfolgte. Also beobachtete man, wie sich die Sonne im Osten orangefarben aus dem Meer erhob, dann, immer höher steigend, ein grelles Weiß annahm, bis sie zur Mittagszeit, auf dem Scheitelpunkt zwischen Auf- und Untergang, stehenblieb – wie ein hochgeworfener Ball kurz stillsteht, ehe er wieder herunterfällt. Das war das mittägliche Zeitsignal, nach dem an jedem klaren Tag die Sanduhren eingestellt wurden. Jetzt brauchten die Seeleute nur noch ein astronomisches Ereignis, das ihnen die Uhrzeit an einem anderen Ort verriet. Wenn beispielsweise für Madrid um Mitternacht eine totale Mondfinsternis vorausberechnet war und Kapitäne auf dem Weg in die Karibik diese Finsternis um dreiundzwanzig Uhr Ortszeit beobachteten, dann war es bei ihnen eine Stunde früher, sie befanden sich also fünfzehn Grad westlich von Madrid.
Sonnen- und Mondfinsternisse gab es jedoch viel zu selten, als daß sie eine sinnvolle Navigationshilfe hätten sein können. Mit dieser Methode konnte man, günstige Verhältnisse vorausgesetzt, einmal im Jahr eine Längengradbestimmung vornehmen. Seeleute waren aber auf tägliche Himmelsereignisse angewiesen.
Bereits 1514 bemerkte der deutsche Astronom Johannes Werner, daß man die Mondbewegungen zur Positionsbestimmung nutzen konnte. Der Mond legt pro Stunde eine Entfernung zurück, die etwa seinem Durchmesser entspricht. Nachts scheint er in diesem gemächlichen Tempo durch die Fixsternfelder zu wandern. Tagsüber (und einen halben Monat lang ist der Mond tagsüber zu sehen) nähert er sich der Sonne oder entfernt sich von ihr.
Werner schlug vor, die Positionen derjenigen Sterne, die sich in der Nähe der Mondumlaufbahn befanden, auf einer Karte zu verzeichnen und zu errechnen, wann der Mond diese Sterne passierte – in jeder klaren Nacht, Monat für Monat, Jahr für Jahr. Auch die tagsüber beobachtbaren Entfernungen zwischen Sonne und Mond sollten verzeichnet werden. Astronomen könnten dann Tabellen der Mondbewegungen aufstellen, mit der Zeit verschiedener Sternbedeckungen an einem Ort (etwa Berlin oder Nürnberg), dessen Länge als Null-Grad-Bezugsmeridian dienen würde. Anhand solcher Informationen könnte man die Zeit einer bestimmten Sternbedeckung mit derjenigen Zeit vergleichen, in der derselbe Sternvorübergang über dem Bezugsort stattfinden sollte. Der

Navigator würde dann die Länge ermitteln können, indem er den Stundenunterschied zwischen den beiden Orten errechnete und diese Zahl mit fünfzehn Grad multiplizierte.

Das Hauptproblem bei dieser »Methode der Monddistanzen« bestand darin, daß die Position der Sterne, auf der das ganze Verfahren beruhte, nicht genau bekannt war. Außerdem konnte kein Astronom exakt berechnen, wo der Mond eine Nacht oder einen Tag später sein würde, da die Gesetze der Mondbewegung noch nicht hinreichend bekannt waren. Und schließlich gab es keine präzisen Instrumente, die es erlaubt hätten, von einem schlingernden Schiff aus den Winkelabstand zwischen Mond und Stern, also die »Monddistanz«, zu bestimmen. Werners Idee war ihrer Zeit weit voraus. Die Suche nach einem anderen kosmischen Zeitzeichen ging weiter.

1610, fast einhundert Jahre nach Werners Vorschlag, glaubte Galileo Galilei, die langgesuchte Himmelsuhr entdeckt zu haben. Als einer der ersten, die ein Fernrohr zum Himmel richteten, sah er, auf seinem Balkon in Padua stehend, eine erstaunliche Vielfalt von Erscheinungen: Mondgebirge, Sonnenflecken, Venus-Phasen, einen Ring um den Saturn (den er fälschlicherweise für zwei Trabanten hielt) und vier Monde, die um den Jupiter kreisten. Galilei gab diesen Jupitermonden den Namen Mediceische Sterne. Nachdem er sich auf diese Weise

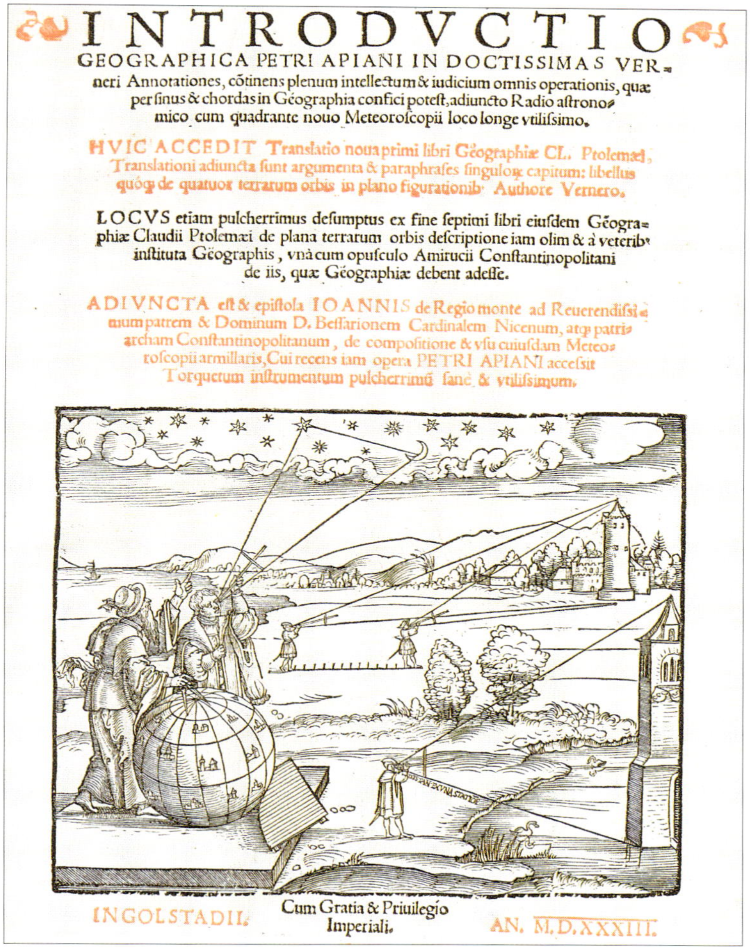
INTRODVCTIO
GEOGRAPHICA PETRI APIANI IN DOCTISSIMAS VERneri Annotationes, cõtinens plenum intellectum & iudicium omnis operationis, quæ per ſinus & chordas in Géographia confici poteſt, adiuncto Radio aſtronomico cum quadrante nouo Meteoroſcopii loco longe vtiliſsimo.

HVIC ACCEDIT Translatio noua primi libri Géographiæ CL. Ptolemæi, Translationi adiuncta ſunt argumenta & paraphraſes ſingulorum capitum: libellus quóque de quatuor terrarum orbis in plano figurationib. Authore Vernero.

LOCVS etiam pulcherrimus deſumptus ex fine ſeptimi libri eiuſdem Géographiæ Claudii Ptolemæi de plana terrarum orbis deſcriptione iam olim & à veterib. instituta Géographis, vnà cum opuſculo Amirucii Conſtantinopolitani de iis, quæ Géographiæ debent adeſſe.

ADIVNCTA eſt & epiſtola IOANNIS de Regio monte ad Reuerendiſsimum patrem & Dominum D. Beſſarionem Cardinalem Nicenum, atque patriarcham Conſtantinopolitanum, de compoſitione & vſu cuiuſdam Meteoroſcopii armillaris, Cui recens iam opera PETRI APIANI acceſsit Torquetum inſtrumentum pulcherrimũ ſanè & vtiliſsimum.

INGOLSTADII. Cum Gratia & Priuilegio Imperiali. AN. M.D.XXXIII.

Diese 1533 von Peter Apian auf dem Titelblatt seiner Introductio Geographica *veröffentlichte Illustration zeigt, wie man mit Hilfe des Kreuzstabs den Winkelabstand des Mondes von einem Stern maß. Apian war einer der bekanntesten und produktivsten wissenschaftlichen Autoren des 16. Jahrhunderts. Sein* Cosmographicus Liber *von 1524, das ebenfalls die »Methode der Monddistanzen« zur Ermittlung des Längengrads beschreibt, wurde 1529 überarbeitet von Gemma Frisius herausgegeben und erschien bis 1600 in 30 Auflagen und in drei Sprachen.*

der Gunst seines florentinischen Landesherrn, Cosimo de' Medici, versichert hatte, erkannte er, daß diese Monde nicht nur seiner eigenen Sache dienlich waren, sondern auch der Schiffahrt nützen konnten.

Obgleich Galilei kein Seemann war, wußte er doch von dem Längengradproblem – wie jeder Naturphilosoph seiner Zeit. Er ging nun geduldig daran, die Jupitermonde zu beobachten, ihre Umlaufbahnen zu berechnen und festzustellen, wie oft diese kleinen Trabanten hinter dem Schatten des Giganten in ihrer Mitte verschwanden. Aus dem Tanz seiner Planetenmonde entwickelte er eine Lösung des Längengradproblems. Verfinsterungen der Jupitermonde, erklärte Galilei, gab es tausendmal im Jahr – und zwar so vorhersagbar, daß man eine Uhr danach stellen konnte. Er berechnete die Trabantenbewegungen über mehrere Monate hinweg und träumte schon von Ruhm und Ehre, von dem Tag, an dem ganze Flottengeschwader sich mit Hilfe seiner Gestirnstabellen, der sogenannten Ephemeriden, orientieren würden.

Galilei unterbreitete seine Idee Philipp III. von Spanien, der 1598 dem »Entdecker des Längengrads« eine dicke Rente versprochen hatte. Seitdem allerdings war der Hof mit den wunderlichsten Erfindungen bombardiert worden, und er wies Galileis Vorschlag mit der Begründung zurück, daß die Trabanten des Jupiter an Bord eines Schiffes nur schwer zu beobachten und auch nicht oft genug zu sehen seien, um für navigatorische Zwecke geeignet zu sein. Tagsüber, wenn der Planet nicht am Himmel stand oder vom Sonnenlicht verdeckt wurde, waren die Zeiger der Jupiteruhr schließlich nicht zu sehen. Nächtliche Beobachtungen konnten nur für eine kurze Zeit des Jahres gemacht werden, und auch dann nur bei sternklarem Himmel.

Trotz dieser offensichtlichen Schwierigkeiten hatte Galilei einen Navigations-

Eines der beiden erhaltenen Teleskope, die Galilei gehört haben sollen – es ist aus mit Papier überzogenem Holz und etwa 1,30 Meter lang. Galilei fertigte sein erstes Teleskop im August 1609 in Padua an, nachdem er von dieser holländischen Erfindung gehört hatte. Der militärische Vorteil der Vergrößerung von etwas, das mit bloßem Auge nicht zu erkennen war, leuchtete rasch auch der Signoria in Venedig ein. Galilei aber setzte das Instrument weitaus sinnvoller ein, als er es gen Himmel richtete.

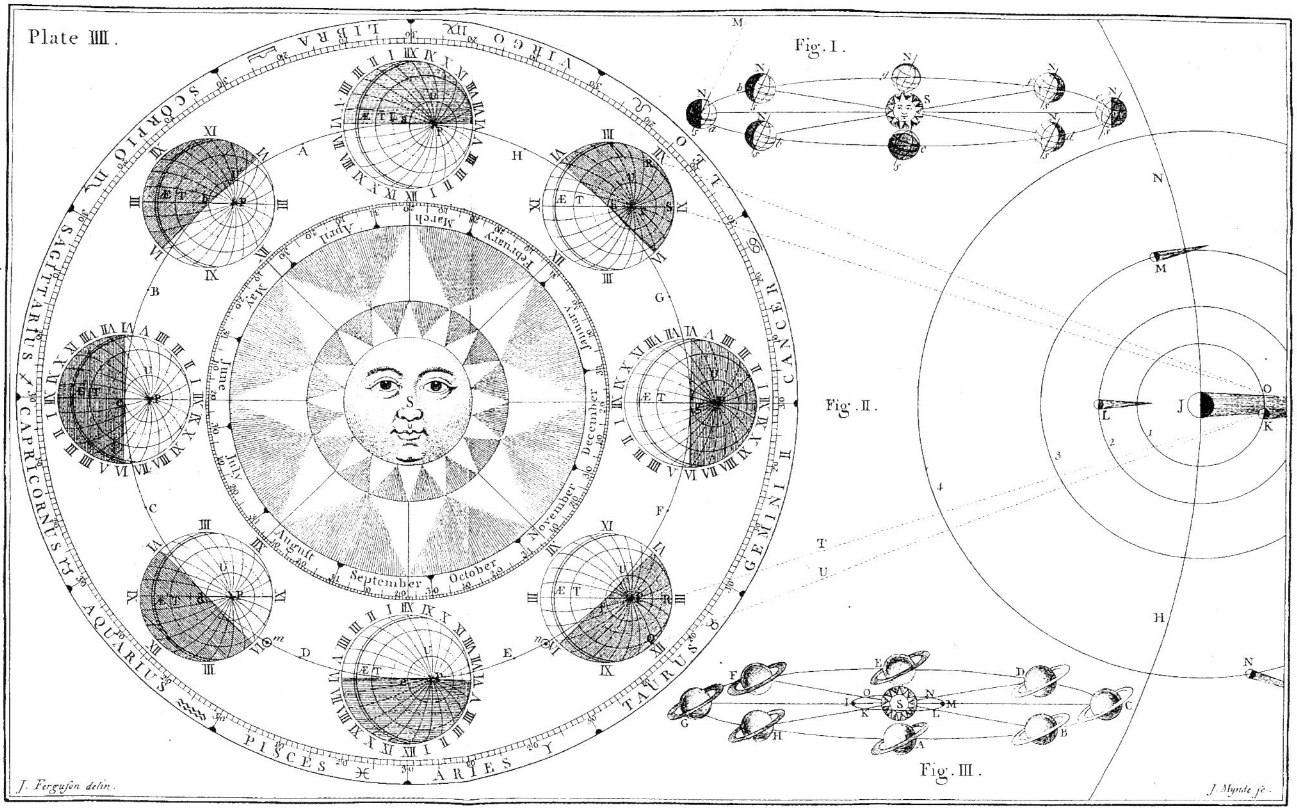

Galilei schlug vor, die Verfinsterung eines Jupitermondes zur Bestimmung des Längenunterschieds zwischen zwei Orten zu benutzen. Die Verfinsterung des innersten Mondes (K hinter J: Jupiter) kann man gleichzeitig von zwei verschiedenen Orten auf der Erde (R und Q) sehen (gepunktete Linien T und U). Wenn der Beobachter am Punkt Q Tabellen besitzt, um die Zeit der Verfinsterung am Punkt R mit seiner Ortszeit zu vergleichen, kann er den Längenunterschied zwischen R (III = 3 Uhr früh) und Q (XII = Mitternacht) berechnen. Diese Zeitdifferenz von drei Stunden bedeutet, daß Q sich 45 Grad westlich von R befindet.

helm zur Längengradbestimmung mittels der Jupitermonde konstruiert. Diesen Apparat (*celatone*) hat man mit einer metallenen Gasmaske verglichen, an deren einem Augenloch ein Fernrohr angebracht war. Durch das freie Augenloch konnte man mit bloßem Auge das stetige Licht des Jupiter am Himmel orten, während man mit dem kleinen Fernrohr die Planetenmonde beobachtete.

Galilei, der unermüdliche Forscher, begab sich sogar nach Livorno, um die Brauchbarkeit seiner Erfindung im dortigen Hafen zu demonstrieren. Einer seiner Schüler mußte den Apparat auf einer Seereise erproben. Aber die Methode setzte sich nie durch. Auch Galilei räumte immerhin ein, daß selbst an

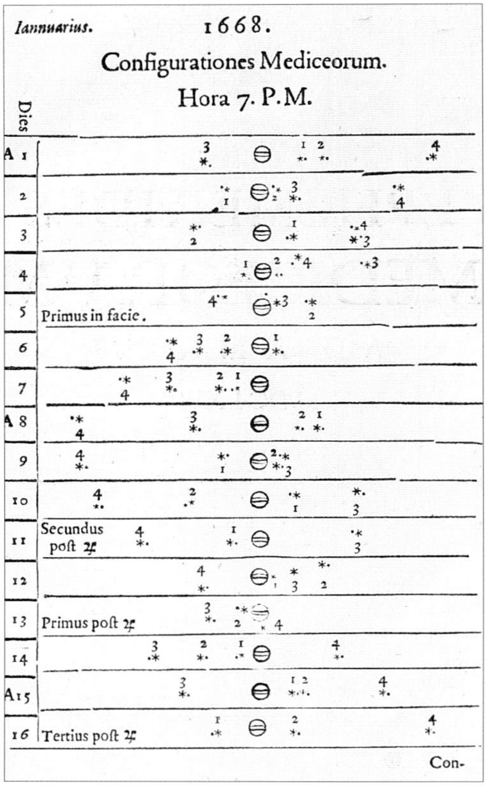

Mit Hilfe eines Teleskops des berühmten italienischen Instrumentenbauers Giuseppe Campani erstellte Giovanni Domenico Cassini seine Tabellen, mit denen er die Position der Jupitermonde abends um 7 Uhr von Bologna aus gesehen für jeden Tag des Jahres 1668 bestimmte. Diese Tabellen stellten ein einfaches Nachschlagewerk dar, mit dem ein Beobachter den Zeitpunkt einer Verfinsterung in Bologna voraussagen konnte, und ermöglichten so zum ersten Mal die praktische Anwendung von Galileis Methode.

Land der Herzschlag des Beobachters den Jupiter manchmal aus dem Gesichtsfeld tanzen ließ.

Dennoch versuchte er, seine Methode bei der toskanischen Regierung sowie in den Niederlanden an den Mann zu bringen, wo weitere Prämien lockten. Das Geld bekam er nie, aber die Holländer schenkten ihm immerhin eine goldene Kette, weil er versucht hatte, das Längengradproblem zu lösen.

Galilei blieb für den Rest seines Lebens bei seinen Monden (heute zu Recht die Galileischen Monde genannt) und beobachtete sie unermüdlich, bis er sie, in hohem Alter erblindet, nicht mehr sehen konnte. Als er 1642 starb, lebte das Interesse an den Jupitertrabanten fort. Sein Verfahren zur Längenbestimmung wurde nach 1650 schließlich allgemein akzeptiert – wenngleich nur an Land. Kartographen und Landvermesser bedienten sich seiner Technik, um die Welt neu darzustellen. Und hier, auf dem Gebiet der Kartographie, errang die Fähigkeit der Längenbestimmung ihren ersten großen Triumph. Auf älteren Karten waren die Entfernungen zwischen den Kontinenten zu gering, einzelne Länder übertrieben groß dargestellt. Unter Zuhilfenahme der Himmelskörper konnten nun die Dimensionen der Erde korrekt wiedergegeben werden. Als Ludwig XIV. eine revidierte Landkarte von Frankreich vorgelegt wurde, die auf korrekten Längengradmessungen beruhte, soll er sich beklagt haben, daß er mehr Land an seine Astronomen verloren habe als an seine Feinde.

Angesichts des Erfolgs der Galileischen Methode forderten Kartographen, die Verfinsterungen der Jupitermonde noch präziser vorauszuberechnen. Je genauer diese Ereignisse berechnet wurden, desto genauer konnte kartographiert werden. Da es um die Vermessung von Königreichen ging, wurden zahllose Astronomen offiziell beauftragt, die Monde zu beobachten und noch präzisere Tabellen herzustellen. 1668 veröffentlichte Giovanni Domenico Cassini, Professor für Astronomie an der Universität Bologna, ein Tabellenwerk, das auf den bislang umfangreichsten und genauesten Beobachtungen beruhte. Seine vortrefflich gearbeiteten Ephemeriden verschafften ihm eine Einladung nach Paris an den Hof des Sonnenkönigs.

Ludwig XIV., obschon verärgert über die Verringerung seines Besitzes, hatte eine Schwäche für die Naturwissenschaften. 1666 wurde mit seiner Billigung die Académie Royale des Sciences gegründet, das Lieblingskind seines Ersten Ministers Jean Baptiste Colbert. Auf Colberts Drängen und unter dem wachsenden Druck, eine Lösung für das Längengradproblem zu finden, wurde in Paris auch ein Observatorium errichtet. Colbert holte berühmte ausländische Wissenschaftler ins Land, die der Akademie der Wissenschaften Impulse verleihen und im Observatorium arbeiten sollten. Christiaan Huygens wurde als Gründungsmitglied der Akademie berufen und Cassini zum Direktor des Observatoriums ernannt. (Huygens kehrte später nach Holland zurück und reiste, im Zusammenhang mit seinen Arbeiten über das Längengradproblem, mehrmals nach England, während Cassini sich in Frankreich niederließ und 1673 die französische Staatsangehörigkeit annahm, so daß er heutzutage nicht nur als Giovanni Domenico Cassini, sondern ebensooft unter dem Namen Jean Dominique Cassini erwähnt wird.)

Giovanni Domenico (Jean Dominique) Cassini (1625–1712) lieferte einige wichtige Beiträge zur Astronomie. Durch die Veröffentlichung seiner Tabellen zur Vorhersage der Jupitermondverfinsterungen wurde der französische Minister Jean Baptiste Colbert auf ihn aufmerksam und lud ihn in die Académie Royale des Sciences nach Paris ein. Cassini wurde Direktor des neugebauten Pariser Observatoriums.

Als Direktor des neuen Observatoriums schickte Cassini Abgesandte nach Dänemark, zu den Ruinen von Uranienborg, der »Himmelsburg« Tycho Brahes,

Ludwig XIV. mit seinem Minister Jean Baptiste Colbert beim Besuch der Académie Royale des Sciences. Durch das Fenster sieht man im Hintergrund das Observatorium.

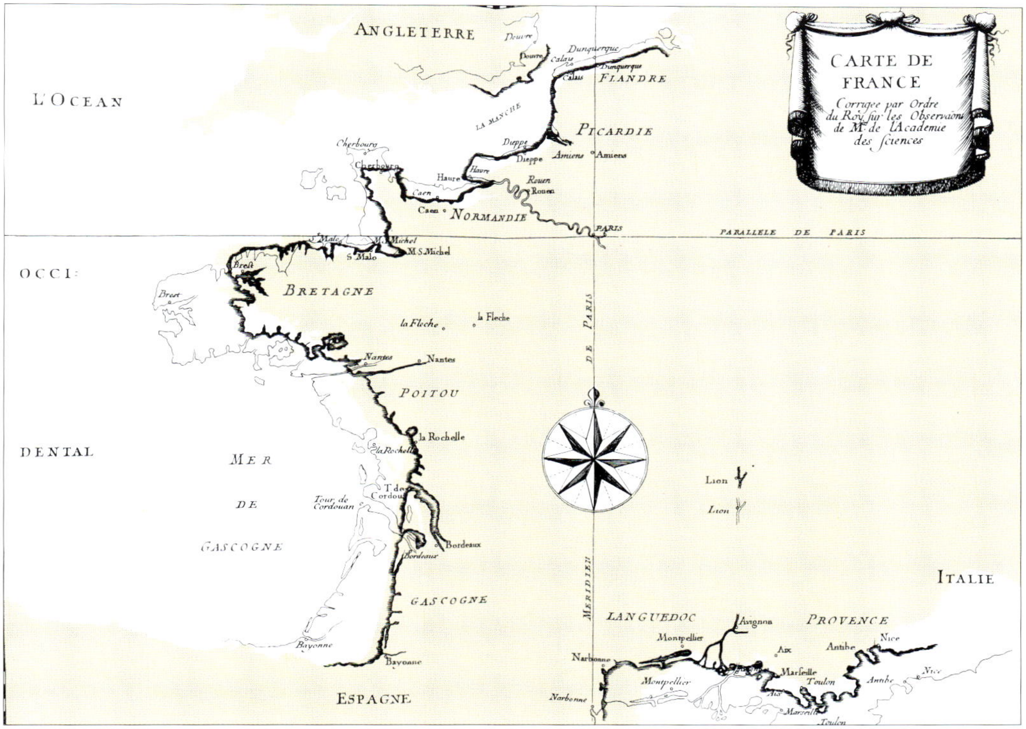

Auf dieser Karte von den Küsten Frankreichs sind per Computer zwei Karten aus dem 17. Jahrhundert übereinandergelegt. Die Karte von 1693 (starke schwarze Linien) wurde anhand von Beobachtungen der Jupitermonde angefertigt und zeigt im Vergleich mit der Karte von 1679 (feine Linien) eine bemerkenswerte Verbesserung in der Genauigkeit, vor allem bei der Bestimmung der Längengrade.

des größten Astronomen seiner Zeit. Cassini bestätigte durch Beobachtungen der Jupitermonde die Länge und Breite von Paris und Uranienborg. Polnische und deutsche Astronomen rief er auf, aber auch die Methode der Längenbestimmung durch die Beobachtung der Gestirne gemeinsam weiterzuentwickeln.

Der dänische Astronom Ole Römer, der sich in dieser wissenschaftlich erregenden Zeit am Pariser Observatorium aufhielt, machte 1676 eine aufschreckende Entdeckung: Die Verfinsterungen der vier Jupitersatelliten traten vor den berechneten Zeiten ein, wenn die Erde dem Jupiter am nächsten kam, und sie verzögerten sich um einige Minuten, wenn die Erde am weitesten vom Jupiter entfernt war. Römer erklärte das – ganz zu Recht – mit der Lichtgeschwindigkeit. Die Monde bewegten sich sicherlich mit der Regelmäßigkeit, die von den Astronomen festgestellt worden war, aber die Verzögerung, mit der diese Verfinsterungen auf der Erde beobachtet werden konnten, hing von der Entfernung ab, die das Licht der Jupitermonde durch das All zurücklegen mußte.

Bis dahin hatte man geglaubt, daß sich Licht unendlich schnell und nicht mit

Abbildung unten: Ole Römer (1644–1710) studierte Astronomie und Mathematik an der Universität von Kopenhagen. 1671 begleitete er den französischen Astronomen Jean Picard zu Tycho Brahes Observatorium auf der Insel Hven, von wo aus sie die Verfinsterung der Jupitermonde beobachteten, um die genaue Lage der Insel zu bestimmen. Picard überredete Römer, mit ihm nach Paris zu gehen, wo Römer die nächsten neun Jahre blieb. Nachdem er beobachtet hatte, daß die Verfinsterungen der Jupitermonde zu bestimmten Zeiten im Jahr verspätet eintraten, zog er 1676 daraus den Schluß, daß Licht eine endliche Geschwindigkeit hat. 1681 kehrte er nach Dänemark zurück, wo er Königlicher Astronom und Direktor des Kopenhagener Observatoriums wurde.

Das Pariser Observatorium wurde 1667 von Ludwig XIV. gegründet und zum Nullmeridian erklärt, von dem die neuen französischen Messungen ihren Ausgang nahmen.

einer endlichen, von Menschen meßbaren Geschwindigkeit ausbreite. Römer erkannte jetzt, daß frühere Versuche, die Lichtgeschwindigkeit zu messen, an zu kurzen Entfernungen gescheitert waren. Galilei beispielsweise hatte sich vergeblich bemüht, zu messen, wie lange das Licht einer Laterne auf einem Hügel brauchte, um zum Beobachter auf einem anderen Hügel zu dringen. Ganz gleich,

wie weit die beiden Beobachtungspunkte auseinander lagen, die Signalzeit und die Ankunftszeit blieben immer dieselben. Römer dagegen hatte, wenngleich unbeabsichtigt, das Licht eines Mondes beobachtet, der aus dem Schatten einer anderen Welt heraustrat. Bei diesen unvorstellbar großen interplanetarischen Entfernungen zeigten sich signifikante Unterschiede in der Ankunftszeit der Lichtsignale. Römer benutzte die Abweichungen von den vorhergesagten Verfinsterungszeiten, um 1676 zum ersten Mal die Lichtgeschwindigkeit zu messen.

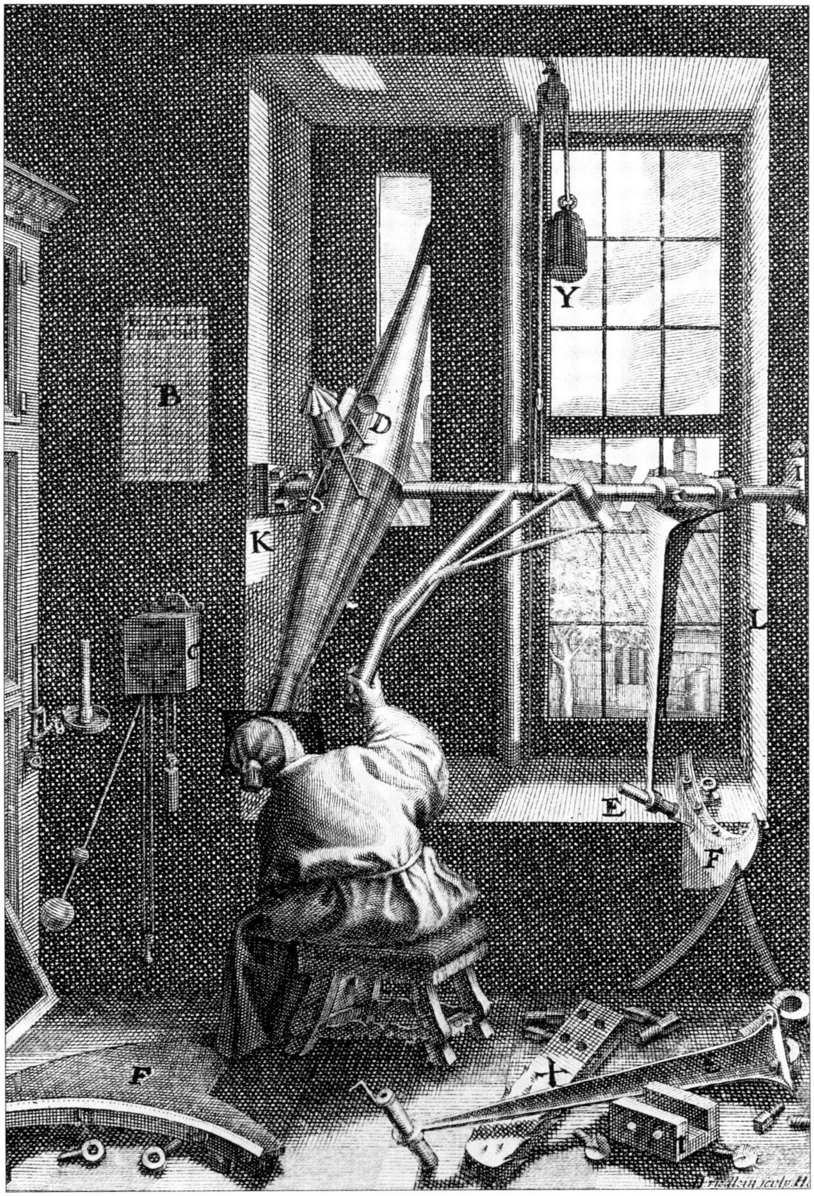

Römer in Mütze und Mantel, um sich in einer kalten, langen Nacht bei seinen Beobachtungen in seinem Kopenhagener Haus warmzuhalten. Er benutzt sein Meridian-Fernrohr, ein Teleskop mit fester Anbringung, das er erfunden hatte, um den genauen Augenblick zu bestimmen, in dem ein Stern oder Planet seinen Meridian kreuzte. Mit Hilfe der Pendeluhr an der Wand konnte er den Zeitpunkt genau feststellen. Diese Art von Uhr mit langem Pendel hat Christiaan Huygens entworfen und benutzt.

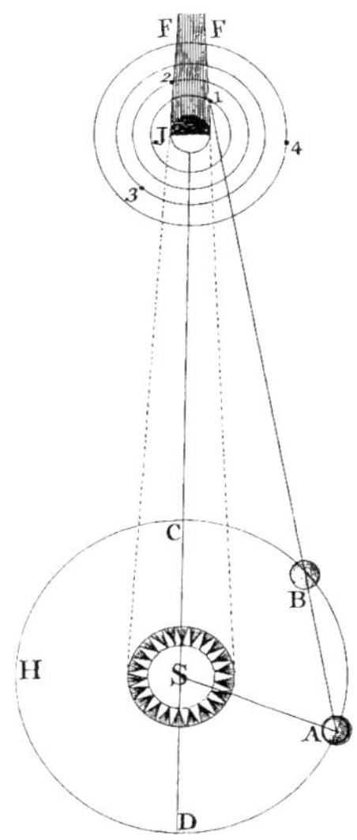

Die Abbildung rechts erklärt, wie Römer die Lichtgeschwindigkeit bestimmte: J steht für Jupiter und CBADH für die Umlaufbahn der Erde um die Sonne (S). Die Entfernung AB (ein Sechstel der Umlaufbahn der Erde, etwa 61 Tage) ist gleich SA, dem Abstand der Erde von der Sonne, den man in den 1670er Jahren auf etwa 150 Millionen Kilometer schätzte. Römer beobachtete, daß die Verfinsterung des innersten Mondes am Punkt 1 sich etwa elf Minuten früher ereignete, wenn die Erde sich am Punkt B befand, als wenn sie am Punkt A in ihrer Umlaufbahn war. Daraus schloß er, daß Licht eine endliche Geschwindigkeit hat, und errechnete, daß es in elf Minuten eine Entfernung von 150 Millionen Kilometer zurücklegt, also 224 000 Kilometer pro Sekunde. Heute wird die Lichtgeschwindigkeit mit 299 792 Kilometern pro Sekunde angegeben.

Karl II. (1630–1685) wurde 1660 König von England. Er förderte sehr die Wissenschaften und gründete 1662 in London die Royal Society sowie 1675 die Königliche Sternwarte. Auf diesem Bild, das etwa 1670 entstand, kommt sein Interesse für Astronomie und Navigation zum Ausdruck.

(Sein Ergebnis lag nur knapp unter dem heutzutage verbindlichen Wert von 300 000 Kilometern pro Sekunde.)
In England beschäftigte sich unterdessen eine königliche Kommission mit der Frage, ob sich der Längengrad auf See mit Hilfe des magnetischen Kompasses ermitteln ließe. Karl II., dem die größte Handelsflotte der Welt unterstand, war sich der Dringlichkeit des Längengradproblems sehr bewußt, und er hoffte inständig, daß eine Lösung von englischem Boden ausgehen würde. Er muß sehr erfreut gewesen sein, als seine französische Mätresse, die junge Louise de Keroualle, ihm berichtete, einer ihrer Landsleute habe eine Methode zur Längengradbestimmung entdeckt und sei gerade in London eingetroffen, um Seine Majestät um eine Audienz zu ersuchen. Karl war bereit, den Mann anzuhören.

Dieses Porträt von John Flamsteed (1646–1719) entstand kurz nachdem er 1675 erster Königlicher Astronom geworden war. Mit seinem Stipendium von nur 100 Pfund Sterling im Jahr konnte er sich keine eigenen Geräte leisten, so daß ihm sein Förderer, Sir Jonas Moore, die meisten zur Verfügung stellte. Um seine Einkünfte zu erhöhen, erteilte er Privatunterricht, und von 1684 an verdiente er seinen Lebensunterhalt als ordinierter Prediger einer kleinen Gemeinde in Surrey. Da er von der Regierung keine Unterstützung bekam, betrachtete Flamsteed die Ergebnisse seiner Beobachtungen als sein Eigentum. Nach seinem Tod entfernte seine Witwe alle seine Instrumente aus der Sternwarte.

Der Sieur de St. Pierre hielt nicht viel von der Methode, den Längengrad mit Hilfe der Jupitermonde zu berechnen, obgleich sie in Paris der letzte Schrei waren. Er setzte vielmehr auf die Kraft des Erdenmondes. Er schlug vor, die Länge mit Hilfe der Position des Mondes und einiger ausgewählter Sterne zu bestimmen – so wie es Johannes Werner hundertsechzig Jahre zuvor angeregt hatte. Der König fand diese Idee faszinierend. Er wies seine Kommission an, in dieser Richtung zu forschen. Ihr gehörten unter anderem Robert Hooke an, ein Universalgelehrter, dem das Fernrohr ebenso vertraut war wie das Mikroskop, sowie Christopher Wren, der Architekt der St. Paul's-Kathedrale.
Die Kommission bat den siebenundzwanzigjährigen Astronomen John Flamsteed, ein Gutachten zu St. Pierres Theorie anzufertigen. Flamsteed bezeichnete die Methode als wissenschaftlich korrekt, aber außerordentlich unpraktisch. Obwohl dank Galilei im Laufe der Zeit einige brauchbare Beobachtungsinstrumente entwickelt worden waren, existierte noch immer kein guter Sternenatlas, und auch die Mondbahn war noch immer nicht genau bestimmt.
Flamsteed schlug mit jugendlicher Energie vor, diesem Mißstand durch die Errichtung einer entsprechend ausgestatteten Königlichen Sternwarte abzuhelfen. Der Monarch war einverstanden und ernannte Flamsteed zu seinem ersten »Astronomischen Beobachter« – ein Titel, der später in »Königlicher Astronom«

Die Königliche Sternwarte zu Greenwich im Jahr 1676, hier von Südosten aus mit Blick auf London gesehen. Sie war im Jahr zuvor erbaut worden. Eine königliche Verordnung legte fest, daß sie der Vervollkommnung der Astronomie und Navigation dienen sollte, wofür Ausgaben in Höhe von 500 Pfund Sterling genehmigt wurden. Die Kosten beliefen sich schließlich auf 520 Pfund, 9 Schilling und 1 Pence und wurden durch den Verkauf von altem, verrottetem Schießpulver gedeckt.

umgewandelt wurde. Aufgabe der Sternwarte in Greenwich sollte es sein, »mit der allergrößten Sorgfalt und Gewissenhaftigkeit die Tabellen der Bewegungen der Himmelskörper und die Stellungen der Fixsterne zu berichtigen, auf daß die so angestrebte Längengradbestimmung zur See ermöglicht und die Kunst der Navigation vervollkommnet würden«.

Flamsteed schrieb später, daß König Karl »seinen Schiffseignern und Seeleuten im Interesse einer größeren Sicherheit der Navigation all die Hilfsmittel, die der Himmel bot, zur Verfügung stellen wollte«.

So betrachtet, war die Astronomie für die Königliche Sternwarte von Greenwich ebenso wie für das Pariser Observatorium nur ein Mittel zum Zweck: All die verstreuten Sterne mußten katalogisiert werden, damit sie den Seeleuten ihren Kurs über die Meere dieser Welt weisen konnten.

Wie in der Gründungsurkunde vorgesehen, wurde die von Christopher Wren entworfene Sternwarte, nebst einem Haus für Flamsteed und seinen Assistenten, am höchsten Punkt des Parks von Greenwich errichtet. Die eigentlichen Bauarbeiten, die im Juli 1675 begannen und fast ein Jahr dauerten, standen unter der Aufsicht von Kommissionsmitglied Hooke.

Die »Camera Stellata« (Sternenkammer) der Königlichen Sternwarte wird heute »Octagon Room« (achteckiger Raum) genannt. Von hier aus wurden Kometen, Verdunklungen von Sternen durch den Mond und die Verfinsterungen von Sonne, Mond und den Jupitermonden beobachtet. Die Teleskope und anderen Geräte wurden nach Bedarf von einem Fenster zum anderen bewegt, und die Zeitpunkte der Beobachtungen wurden anhand der Uhren festgehalten.

Flamsteed bezog im darauffolgenden Mai seine Wohnung (in einem Gebäude, das heute noch immer Flamsteed House heißt) und trug genügend Instrumente zusammen, so daß er im Oktober seine Arbeit aufnehmen konnte. Über vier Jahrzehnte widmete er sich seiner Aufgabe. Der exzellente Sternenkatalog, den er zusammenstellte, wurde 1725 posthum veröffentlicht. Inzwischen hatte Sir Isaac Newton sein Gravitationsgesetz aufgestellt, das dazu beitrug, die Verwirrungen über die Umlaufbahn des Mondes zu beseitigen. Dieser Fortschritt nährte den Traum, daß der Himmel eines Tages die Lösung des Längengradproblems offenbaren würde.

Fern den Beobachtungsposten der Astronomen, beschritten Handwerker und Uhrmacher inzwischen einen anderen Weg zur Bestimmung des Längengrads. Sie träumten davon, daß der Kapitän, bequem in seiner Kabine sitzend, die Länge bestimmte, indem er seine Taschenuhr mit einer zuverlässigen Uhr verglich, die ihm die genaue Zeit im Heimathafen anzeigte.

Qui varium cœli morem, penitusq; remoti
Mortales docuit ætheris ire vias:
Quiq; novos Medicis meditando repperit usus,
Hec Gemæ effigies, hic fuit oris honos.

4

Die Zeit in der Flasche

Da es keine mystische Kommunion der Uhren gibt, spielt es keine Rolle, wann diese Herbstbrise von der Sonne herabfuhr und Laub auf die Straßen warf wie eine Million Lemminge.

Ein Ereignis ist ein so kleines Stückchen Zeit-und-Raum, daß man es durch den Augenschlitz einer Katze schieben kann.

Diane Ackerman

Mystic Communion of Clocks

Die Zeit verhält sich zur Uhr wie das Denken zum Kopf. Die Uhr enthält gewissermaßen die Zeit. Und doch läßt sich die Zeit nicht wie ein Dschinn in eine Flasche sperren. Ob sie als Sand verrinnt oder sich als Räderwerk dreht, die Zeit vergeht unwiederbringlich vor unseren Augen. Selbst wenn das Stundenglas zerspringt, wenn in der Dunkelheit kein Licht mehr auf die Sonnenuhr fällt, wenn die Hauptfeder so weit abgelaufen ist, daß die Uhrzeiger stillstehen wie der Tod – die Zeit selbst geht weiter. Bestenfalls zeigt die Uhr dieses Fortschreiten an. Und da die Zeit nur ihre eigene Geschwindigkeit kennt, so wie der Herzschlag oder der Rhythmus der Gezeiten, enthalten Uhren die Zeit nicht. Sie halten nur Schritt mit ihr – wenn sie können.

Einige Wissenschaftler glaubten, daß sich das Längengradproblem mit einem guten Zeitmesser lösen ließe. Mit diesem Instrument könnten Seeleute die Zeit des Heimathafens mit sich tragen wie ein Faß Wasser oder gepökeltes Rindfleisch. Schon 1530 bezeichnete der flämische Astronom Gemma Frisius die mechanische Uhr als ein aussichtsreiches Instrument zur Längengradbestimmung auf See.

Gemma Frisius (1508–1555) schlug 1530 im Alter von 22 Jahren vor, zur Längengradbestimmung eine mechanische Uhr zu benutzen. Vorne rechts auf diesem Porträt (das 1557, zwei Jahre nach seinem Tod, gestochen wurde) sieht man eine universale Kreisskala, ein geniales Gerät, das er zur Bestimmung der Ortszeit auf See erfand.

Kleine, tragbare mechanische Zeitmesser, wie der hier abgebildete, waren in Gebrauch, als Gemma Frisius seine Methode zur Bestimmung des Längengrads vorschlug. Sie wurden gewöhnlich mit einer Schnur am Gürtel befestigt oder um den Hals getragen; diese Uhr dürfte wegen ihrer Trommelform und dem Durchmesser von etwa fünf Zentimetern unbequem zu tragen gewesen sein. Für Navigationszwecke waren diese Uhren jedoch sowieso viel zu unzuverlässig und ungenau.

»Wir haben in unserer Zeit verschiedene kleine, hervorragend konstruierte Uhren gesehen, die wegen ihrer bescheidenen Abmessungen für Reisende kein Problem sind«, schrieb Frisius. Damit war wohl gemeint, daß sie nicht übermäßig schwer und für wohlhabende Reisende erschwinglich waren. Allerdings gingen sie nicht besonders genau. »Und mit ihrer Hilfe kann die Länge gefunden werden.« Die beiden Bedingungen, die Frisius nannte (die Uhr müsse bei der Abfahrt mit größter Genauigkeit auf die Ortszeit eingestellt werden und dürfe unterwegs keinesfalls stehenbleiben), machten aber deutlich, daß eine praktische Anwendung dieser Methode noch nicht in Frage kam. Die Uhren des frühen sechzehnten Jahrhunderts wurden diesen Anforderungen nicht gerecht. Sie gingen nicht genau, und besonders die Temperaturschwankungen auf See stellten ein großes Problem dar.

Im Jahre 1559 brachte William Cunningham das Thema der Längengradbestimmung durch Uhrenvergleich wieder zur Sprache – wobei unklar ist, ob er von Frisius' Idee wußte oder nicht. Er empfahl Uhren, »wie sie aus Flandern eingeführt werden«, oder »Uhren ohne große Gehäuse«, die in London überall erhältlich waren. In der Regel gingen diese Uhren aber pro Tag fünfzehn Minuten vor oder nach und boten daher bei weitem nicht die Genauigkeit, die für eine exakte Positionsbestimmung auf See nötig war. (Den Stundenunterschied mit fünfzehn Grad zu multiplizieren, ergibt nur eine grobe Ortsangabe; um Bogenminuten zu erhalten, muß man die gemessenen Zeitsekunden durch vier teilen.) Als der englische Navigator Thomas Blundeville im Jahre 1622 vorschlug, auf transozeanischen Fahrten die Länge mittels »einer genauen Horologie oder Uhr« zu bestimmen, hatte sich auf dem Gebiet der Uhrentechnik noch immer nicht genug getan, um diese Hoffnung zu verwirklichen. Die Mängel der bestehenden Uhren konnten indessen den Traum von den Einsatzmöglichkeiten einer vervollkommneten Uhr nicht ersticken.

Galilei, der als junger Medizinstudent entdeckte, wie man ein Pendel zur Pulsmessung verwenden konnte, entwickelte später einen Plan, die erste Pendeluhr zu bauen. Nach Vincenzo Viviani, dem späteren Schüler und ersten Biographen Galileis, beschäftigte sich der große Mann im Jahre 1637 mit der Idee, das Prinzip des Pendels auf »Uhren mit einem Räderwerk« zu übertragen, um dem Navigator zu helfen, den Längengrad zu bestimmen.

Auf die Idee mit dem Pendel soll Galilei, der Legende zufolge, durch ein mystisches Erlebnis gekommen sein. Fasziniert von den Schwingungen einer Öllampe, die am Deckengewölbe einer Kirche hing und vom Windzug bewegt wurde, beobachtete er den Küster, der den Docht anzündete und den Leuchter mit einem leichten Stoß wieder losließ. Diesmal war der Schwingungsausschlag größer. Galilei verglich die Schwingungen mit seinem Puls und erkannte, daß die Geschwindigkeit der Pendelbewegung von der Länge des Pendels bestimmt wurde.

Diese Federzeichnung von Galileis mittels eines Pendels geregeltem Mechanismus wurde 1659 von oder für Galileis Schüler Vincenzo Viviani angefertigt. Sie zeigt, wie Galilei das Pendel benutzen wollte, und den Entwurf seiner genialen Hemmung, doch waren hier weder ein Antrieb noch ein Zifferblatt vorgesehen. Ein unvollständiges Eisenmodell, von dem zum Zeitpunkt des Todes von Galileis Sohn, 1649, berichtet wird, existiert nicht mehr.

Galilei hatte zwar immer vor, diese Beobachtung praktisch umzusetzen und eine Pendeluhr zu bauen, aber er kam nie dazu. Sein Sohn Vincenzio konstruierte ein Modell nach Galileis Entwürfen, und die Stadtväter von Florenz ließen später eine Turmuhr nach diesem Modell anfertigen. Die erste funktionstüchtige Pendeluhr

Christiaan Huygens (1629–1695) war einer der führenden Astronomen und Mathematiker des 17. Jahrhunderts. Nachdem er eine neue Methode entwickelt hatte, Linsen zu schleifen und zu polieren, baute er im Alter von 26 Jahren ein Teleskop, mit dem er den ersten Saturnmond und den Saturnring erkannte. Im Jahr darauf erfand er die Pendeluhr und untersuchte daraufhin die Zykloide. Die Bedeutung seiner Arbeit wurde bald in ganz Europa anerkannt. 1663 wählte man ihn zum Mitglied der neu gegründeten Royal Society, und 1666, im Jahr ihrer Gründung, wurde er Mitglied der Académie Royale des Sciences.

baute jedoch der Naturwissenschaftler Christiaan Huygens, der Sohn eines begüterten holländischen Diplomaten.

Huygens, der auch ein begabter Astronom war, hatte geahnt, daß die von Galilei entdeckten »Monde« des Saturn in Wahrheit ein *Ring* waren, so unglaublich das seinerzeit auch erschien. Er entdeckte auch den größten Saturnmond, den er Titan nannte, und er bemerkte als erster Flekken auf dem Mars. Aber er hatte zu viele andere Interessen, als daß er die ganze Zeit vor dem Fernrohr gehockt hätte. Er soll sogar darüber gelästert haben, daß Cassini, sein Chef am Pariser Observatorium, jeden Tag mit sklavischer Gründlichkeit die Sterne beobachtete.

Huygens, der große Uhrenerfinder, schwor, unabhängig von Galilei auf die Idee einer Pendeluhr gekommen zu sein. Und tatsächlich läßt seine erste Pendeluhr, die er 1656 baute, ein größeres Verständnis für die Gesetze der Pendelbewegungen und das Problem, sie konstant zu halten, erkennen. Zwei Jahre später veröffentlichte Huygens eine Abhandlung über seine Konstruktionsprinzipien, das *Horologium*, in der er seine Uhr als geeignetes Instrument zur Längengradbestimmung auf See bezeichnete.

Bis 1660 baute er aufgrund dieser Prinzipien nicht nur eine, sondern gleich zwei Schiffsuhren, die er in den darauffolgenden Jahren verschiedenen Kapitänen zur gründlichen Erprobung mitgab. 1664 fuhren Huygens' Uhren bis zu den Kapverdischen Inseln vor der Westküste Afrikas und lieferten auf der Hin- und Rückfahrt gute Längengradbestimmungen.

Dieses Detail zeigt das Werk einer der ersten Huygensschen Pendeluhren, die 1657 von Salomon Coster in Den Haag gebaut wurde. Die beiden gebogenen Messingteile an der Pendelaufhängung sollten das Pendel einen zykloiden statt kreisförmigen Bogen beschreiben lassen, so daß jede Schwingung unabhängig von ihrer Weite gleich lang dauerte. Huygens vervollkommnete die Theorie der zykloiden Backen, aber mehrere Faktoren verhinderten den praktischen Erfolg seiner Idee. Als das Problem durch die Erfindung einer neuen Hemmung überwunden wurde, die den erforderlichen Schwingungsbogen wesentlich verkürzte, kam man von den zykloiden Backen ab. In den 1720er Jahren entwarf John Harrison allerdings justierbare zykloide Backen und benutzte sie mit großem Erfolg bei seinen Präzisions-Standuhren.

Mit dieser Skizze unten verdeutlichte Huygens seinem Freund Jean Chapelain in Paris, wie er eine durch eine Hemmung beherrschte Uhr zu einer von einem Pendel beherrschten umgebaut und so am 25. Dezember 1656 die erste Pendeluhr erfunden hatte.

Im Jahre 1665 veröffentlichte Huygens, inzwischen ein anerkannter Fachmann auf diesem Gebiet, seine Anleitungen zum Gebrauch von Schiffsuhren, genannt die *Kort Onderwys* – die kurze Unterweisung. Auf späteren Reisen ließen seine Apparate allerdings eine gewisse Anfälligkeit erkennen. Sie funktionierten offenbar nur bei gutem Wetter. Sobald das Schiff in einen Sturm geriet, brachte das Stampfen, Schlingern und Schaukeln die Schwingungen des Pendels durcheinander.

Um dieses Problem auszuschalten, erfand Huygens die Spiralfeder, die er anstelle des Pendels als Regulierorgan verwendete. Seine Erfindung ließ er sich 1675 in Frankreich patentieren. Wiederum – wie bei der Pendeluhr – stand Huygens unter dem Druck, sich als Erfinder einer Neuerung auf dem Gebiet der Zeitmessung zu behaupten, denn wieder trat ein Konkurrent auf. Dieser hieß Robert Hooke und war ein hitzköpfiger und eigensinniger Mann.

Hooke hatte sich schon auf verschiedenen wissenschaftlichen Gebieten einen

Namen gemacht. Als Biologe hatte er die mikroskopisch kleinen Strukturen von Insektenteilen, Vogelfedern und Fischgräten untersucht und für die winzigen Kammern, die er in lebenden Organismen fand, den Begriff »Zelle« verwendet. Als Vermesser und Baumeister hatte er nach dem großen Brand von 1666 beim Wiederaufbau Londons mitgewirkt. Als Physiker beschäftigte er sich mit dem Verhalten des Lichts, der Theorie der Schwerkraft, der Möglichkeit des Baus einer Dampfmaschine, den Ursachen von Erdbeben und der Funktionsweise von Spiralfedern. In diesem Punkt kam es dann auch zum Konflikt mit Huygens, denn Hooke behauptete, der Holländer habe ihm die Idee der spiralförmigen Unruhfeder gestohlen.

Der Konflikt zwischen Hooke und Huygens um das englische Patent für die Unruhfeder beschäftigte sogar die Royal Society, doch am Ende wurde die Angelegenheit von der Tagesordnung gestrichen, ohne daß eine Entscheidung getroffen worden war, die die beiden Rivalen zufriedengestellt hätte.

Und so ging der Streit weiter, obwohl weder Hooke noch Huygens imstande

1673 veröffentlichte Huygens in seinem Buch Horologium Oscillatorium, *das er Ludwig XIV. widmete, diesen Entwurf einer Uhr, mit der es möglich sein sollte, auf See den Längengrad zu bestimmen. Die Uhr hat eine kardanische Aufhängung und ein dreieckiges, etwa 15 Zentimeter langes Pendel, das an zykloiden Backen hängt. Das Zifferblatt, das Huygens in den 1660er Jahren eingeführt hatte und das die Standardvorlage für astronomische Uhren wurde, besitzt separate Anzeigen für Stunden, Minuten und Sekunden. Obwohl er es oft versuchte, gelang es Huygens nicht, eine zuverlässige und exakte Schiffsuhr herzustellen. Schließlich glaubten viele (auch Isaac Newton), daß das Längengradproblem niemals mit einer Uhr zu lösen sein würde.*

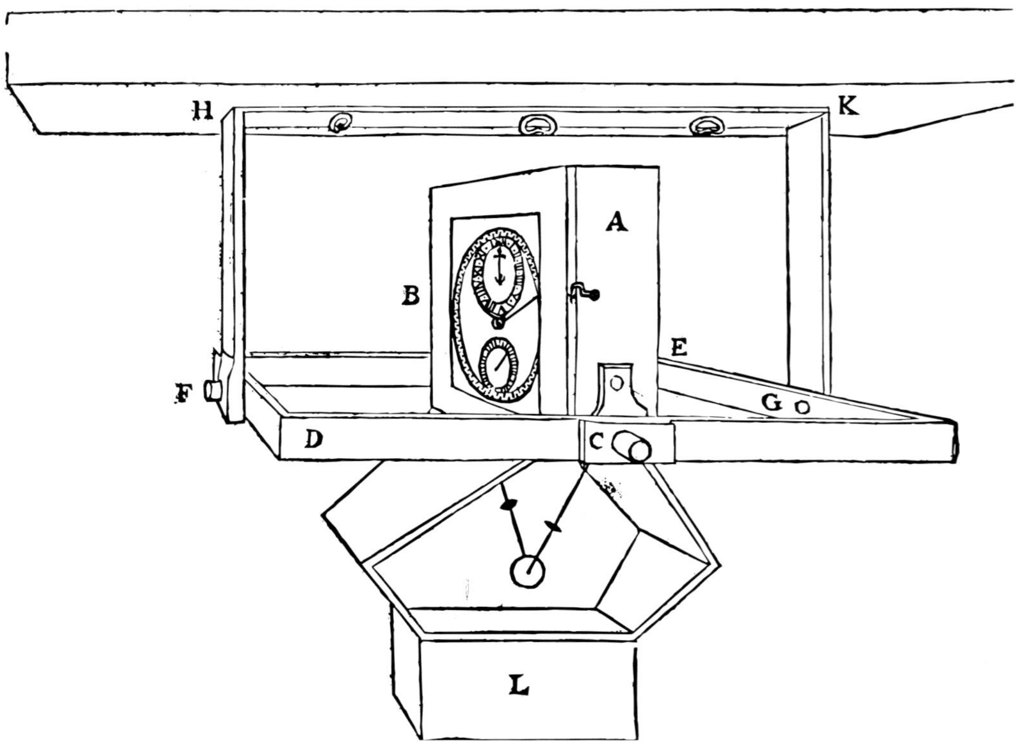

waren, eine genau gehende Schiffsuhr zu bauen. Das Scheitern dieser beiden Giganten schien allen Hoffnungen, man werde das Längengradproblem mit Hilfe einer Uhr lösen können, einen schweren Dämpfer zu versetzen. Hochmütige Astronomen, die noch immer daran arbeiteten, die für eine Anwendung der Monddistanztechnik notwendigen Daten zusammenzutragen, nutzten die Gelegenheit, das Verfahren mit den zwei Uhren für unmöglich zu erklären. Soweit sie sahen, konnte die Lösung nur vom Himmel kommen – aus dem göttlichen Uhrwerk des Universums und nicht von einer gewöhnlichen Uhr.

Robert Hooke (1635–1703), hier auf einem modernen Porträt nach zeitgenössischen Beschreibungen, wurde 1662 zum Verwalter der Experimente der Royal Society ernannt. Er war erfindungsreich, seine Eifersucht brachte ihn aber oft mit jedem in Konflikt, der auf einem seiner vielen Interessengebiete etwas entdeckte oder erfand.

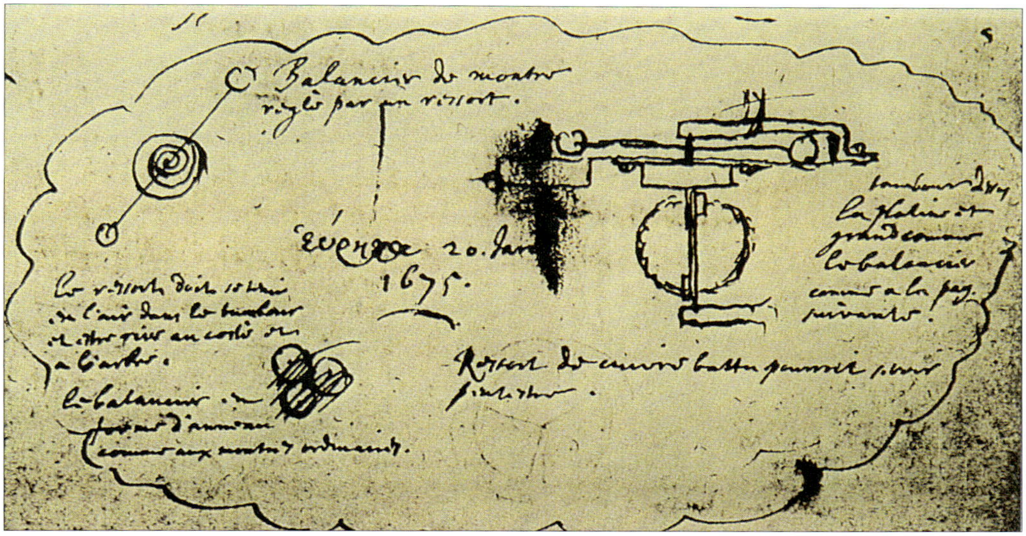

Huygens' erste Zeichnung der Unruhfeder, mit der die Bewegung der Unruh in einer Taschenuhr reguliert werden sollte, wurde am 20. Januar 1675 in Paris angefertigt. Bevor er ein Patent anmeldete, ging er am 22. Januar zu Isaac Thuret, dem damals besten Uhrmacher von Paris, um sich ein Modell bauen zu lassen. Thuret verbesserte das Gerät noch und baute ein zweites Modell für sich selbst, für das er dann ein eigenes Patent eintragen ließ. Huygens war durch diesen Vertrauensbruch tief gekränkt, aber die überarbeitete Skizze, die er einen Tag später entwarf, weist Verbesserungen auf, die er offenbar von Thuret übernahm, um die Erfindung umsetzen zu können.

Willm: Whiston
A. M.

5

Das Pulver der Sympathie

Das College wird die ganze Welt vermessen;
Was niemand für möglich gehalten hat,
Alle Mühen der Navigation sind vergessen,
Weil der Längengrad gefunden ward.
Jede Teerjacke kann nun ohne Bedenken
Jedes Schiff zu den Antipoden lenken.

Anonym

Ballade von Gresham College (ca. 1660)

Gegen Ende des siebzehnten Jahrhunderts, während Mitglieder wissenschaftlicher Akademien über eine Lösung des Längengradproblems debattierten, erschienen zahllose Flugschriften, in denen Verrückte und Opportunisten die absurdesten Ideen vorstellten, wie sie den Längengrad auf See feststellen wollten. Sicherlich der farbigste dieser Vorschläge war die Hunde-Theorie von 1687. Sie beruhte auf einer Quacksalberei, dem sogenannten »Pulver der Sympathie«. Dieses wundertätige Pulver, das der schneidige Sir Kenelm Digby in Südfrankreich entdeckt hatte, entfaltete seine heilende Wirkung angeblich auch über große Entfernungen hinweg. Man mußte es nur auf einen Gegenstand des Kranken auftragen. Ein Stück Wundverband beispielsweise, mit etwas Pulver der Sympathie bestreut, bewirkte angeblich ein rascheres Heilen dieser Wunde. Bedauerlicherweise war der Prozeß nicht schmerzlos. Digbys Patienten sollen den Gerüchten nach vor Schmerz aufgeheult haben, wenn er die Messer, mit denen sie sich verletzt hatten, mit dem Pulver bestreute oder die Wundverbände in eine Lösung dieses Pulvers tauchte.

William Whiston (1667–1752), Absolvent und Mitglied des Clare College in Cambridge, wurde 1701 Isaac Newtons Assistent in Mathematik und 1703 sein Nachfolger als Professor. Sieben Jahre später verlor er diesen Posten allerdings wegen seiner leidenschaftlichen religiösen Ansichten. Er zog nach London und entwarf dort mit Humphry Ditton (1675–1715) von der Christ's Hospital School verschiedene Pläne, das Längengradproblem zu lösen. Zwar wurde ihm nicht der entsprechende Preis verliehen, aber durch Ausdauer und grenzenlose Energie gewann er 1741 500 Pfund Sterling für die Vermessung der wichtigsten Häfen und Küsten Großbritanniens.

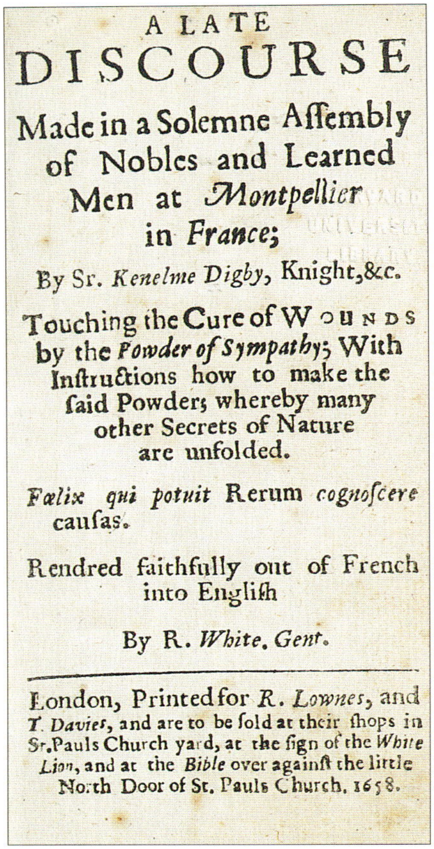
A LATE
DISCOURSE
Made in a Solemne Aſſembly of Nobles and Learned Men at Montpellier in France;
By Sr. Kenelme Digby, Knight,&c.
Touching the Cure of WOUNDS by the Powder of Sympathy; With Inſtructions how to make the ſaid Powder; whereby many other Secrets of Nature are unfolded.
Fœlix qui potuit Rerum cognoſcere cauſas.
Rendred faithfully out of French into Engliſh
By R. White, Gent.
London, Printed for R. Lownes, and T. Davies, and are to be ſold at their ſhops in St. Pauls Church yard, at the ſign of the White Lion, and at the Bible over againſt the little North Door of St. Pauls Church, 1658.

In der ersten englischen Ausgabe seiner 1658 in Montpellier gehaltenen Vorlesung beschrieb Sir Kenelm Digby ein Pulver, das aus der Entfernung Wunden heilen könne. 29 Jahre später schlug ein gewitzter Autor vor, Digbys Pulver zur Lösung des Längengradproblems zu nutzen.

Der Gedanke, dieses Zauberpulver auf das Längengradproblem anzuwenden, ergibt sich für einen aufgeschlossenen Geist von selbst. Man bringt einen verletzten Hund an Bord eines Schiffes, das in See sticht. Eine vertrauenswürdige Person, die an Land zurückbleibt, wird beauftragt, jeden Tag um zwölf Uhr den Verband des Hundes in die Sympathie-Lösung zu tauchen. Der Hund wird daraufhin vor Schmerz aufjaulen und auf diese Weise dem Kapitän sein Zeitsignal geben. Das Jaulen bedeutet: »Die Sonne steht in London im Zenit.« Der Kapitän kann diese Ortszeit mit der Bordzeit vergleichen und daraus die Länge errechnen. Dieses Verfahren hatte natürlich zwei Bedingungen: Erstens mußte das Pulver tatsächlich über Tausende von Meilen hinweg wirken, und zweitens durfte der Hund auch über Monate hinweg nicht gesunden! (Einige Anhänger dieser Theorie meinten, daß der Hund auf einer längeren Reise vermutlich mehrmals aufs neue verwundet werden müßte.)

Ob diese Methode nun als Wissenschaft oder als Satire gedacht war, ist nicht klar. Immerhin erklärte der Urheber, einem Hund immer wieder eine Wunde zuzufügen, sei auch nicht makabrer oder rücksichtsloser, als von einem Seemann zu erwarten, zum Zwecke der Navigation auf einem Auge zu erblinden. »Vor der Erfindung des Quadranten gab es unter zwanzig alten Kapitänen nicht einen, der nicht auf einem Auge blind war, da er, um seinen Weg zu finden, täglich in die Sonne starren mußte.« Das war keineswegs übertrieben.

Als John Davis, der englische Navigator und Entdeckungsreisende, im Jahre 1595 den Quadranten einführte, bezeichneten Seefahrer dieses Gerät sofort als große Verbesserung gegenüber dem alten Jakobsstab. Bei den älteren Visiergeräten maß man den Stand der Sonne über dem Horizont, indem man direkt in das gleißende Licht schaute, wobei die getönten Gläser des Instruments die Augen kaum schützten. Einige Jahre derartiger Beobachtungen reichten aus, um das Augenlicht zu ruinieren. Trotzdem mußten die Beobachtungen gemacht werden. Und nachdem all diese frühen Navigatoren bei der Breitengradbestimmung ein Auge verloren hatten, was machte es da schon aus, wenn man bei der Suche nach

Sir Kenelm Digby (1603–1665) war ein englischer Diplomat, strenggläubiger Katholik und eiserner Monarchist, der während des englischen Bürgerkriegs nach Frankreich floh. Trotz seiner Behauptungen zum »Pulver der Sympathie«, die sich sicher aus seinem Interesse für Astrologie und Alchemie erklären, wurde er eines der ersten Mitglieder der Royal Society und soll als erster die Notwendigkeit von Sauerstoff für das Leben der Pflanzen erklärt haben.

Kreuzstab und Davis-Stab

Der Kreuzstab wurde zum ersten Mal von dem jüdischen Astronomen Levi ben Gerson 1330 beschrieben. Später wurde er für verschiedene Anwendungen weiterentwickelt – für die Astronomie, die Landvermessung und die Navigation. Der für die Navigation entwikkelte besaß vier verschiedene Visiere, von denen jedes eine Skala auf dem vierseitigen Stab hatte. Diese Illustration von 1594 zeigt einen Navigator, der den Breitengrad bestimmt, indem er die Höhe des Polarsterns beobachtet. Ein längerer Gebrauch des Kreuzstabs (oder Jakobsstabs) war schmerzhaft und schlecht für die Augen, aber da er preiswert war, blieb er bis ins 19. Jahrhundert in Gebrauch, obwohl bessere Instrumente entwickelt wurden.

1595 veröffentlichte Kapitän John Davis ein Buch mit zwei Entwürfen eines neuen Instruments, mit dem man die Höhe der Sonne bestimmen konnte. Davis' Methode ermöglichte es dem Steuermann, seine Beobachtungen mit dem Rücken zur Sonne durchzuführen, und beseitigte so ein Manko des Kreuzstabs, bei dem der Beobachter direkt in die Sonne blicken mußte. Rasch übernahmen Seeleute Davis' Quadranten. Bei der Bestimmung der Breite war er jedoch nur

dem Längengrad ein paar armseligen Kötern eine Wunde zufügte?

Eine sehr viel humanere Lösung versprach der magnetische Kompaß, der im zwölften Jahrhundert erfunden worden war und inzwischen zur Ausrüstung eines jeden Schiffes gehörte. Mit einer kardanischen Aufhängung versehen, so daß er jederzeit waagerecht blieb, und durch ein Gehäuse vor den Elementen geschützt, half der Kompaß den Seeleuten, den richtigen Kurs zu finden, wenn am Tage die Sonne und nachts der Polarstern von Wolken verdeckt wurden. Viele Seefahrer glaubten nun, eine Kombination aus klarem Nachthimmel und einem guten Kompaß könne bei der Längenbestimmung nützlich sein. Bei klarem Himmel brauchte der Navigator nämlich nur den Winkel zwischen den beiden Nordpolen – dem magnetischen und dem geographischen – zu halbieren, um den Längengrad bestimmen zu können.

Der Azimut- oder Variationskompaß wurde im 16. Jahrhundert erfunden, um die Abweichung zwischen geographischem Norden, der durch Anvisieren der Sonne oder der Sterne ermittelt wurde, und magnetischem Norden, den die Kompaßnadel anzeigt, festzustellen. Dieses von dem Londoner Edward Nairne angefertigte Exemplar wurde im August 1765 für 5 Pfund 15 Schilling und Sixpence an das Harvard College verkauft.

Die Kompaßnadel weist zum magnetischen Nordpol, wohingegen der Polarstern über dem geographischen Pol beziehungsweise in seiner Nähe steht. Wenn ein Schiff in der nördlichen Hemisphäre auf irgendeinem Breitengrad in östlicher oder westlicher Richtung fährt, kann der Navigator beobachten, wie sich der Winkelabstand zwischen dem magnetischen und dem geographischen Pol verändert. An bestimmten Punkten im mittleren Atlantik fällt der Winkel groß aus, während an bestimmten Punkten im Pazifik die beiden Pole scheinbar zusammenfallen. (Um sich dieses Phänomen zu veranschaulichen, stecke man eine Gewürznelke in eine Apfelsine, etwa einen Zentimeter neben den Nabel, und drehe sie dann langsam in Augenhöhe.) Es war möglich, eine Tabelle zu entwerfen, welche die Feststellung der geographischen Länge mit der sichtbaren Abweichung zwischen magnetischem und geographischem Nordpol verband.

Diese Methode der magnetischen Abweichung, wie sie genannt wurde, hatte einen deutlichen Vorzug gegenüber allen anderen astronomischen Ansätzen. Man brauchte keine Kenntnis von der Zeit an zwei Orten zu haben oder zu wissen, wann eine vorausberechnete Konstellation am Himmel eintrat. Zeitunter-

A New and Correct CHART Shewing the VARIATIONS of the COMPASS in the WESTERN & SOUTHERN OCEANS as Observed in ye Year 1700 by his Maties Command by Edm. Halley
The Curve Lines which are drawn over the Seas in this Chart do shew at one View all the places where the Variation of the Compass is the same; The Numbers to them, shew how many degrees the Needle declines either Eastwards or Westwards from the true North; and the Double Line passing near Bermudas and the Cape de Virde Isles is that where the Needle stands true, without Variation.
NORTH AMERICA
SOUTH AMERICA
AFRICA
EUROPE
THE WESTERN OCEAN
THE SOUTHERN OCEAN
THE PACIFICK SEA
THE ICEY SEA
West Variation
East Variation
The Line of no Variation
Tropick of Cancer
Tropick of Capricorn
The Æquinoctiall
DEGREES of Variation
EAST WEST
HUDSONS BAY
TERRA DE LABORADOR OR NOVA BRITANNIA
CANADA NEW-FRANCE
NOVA SCOTIA
NEW-ENGLAND
NEW YORK
PENSYLVANIA
MARYLAND
VIRGINIA
CAROLINA
FLORIDA
GOLFO de MEXICO
BAHAMA ISLES
CARIBBE ISLANDS
HONDURAS
VENEZUELA
GUIANA
BRASILE
PERU
PARAGUAY
CHILI
PATAGONIA
TERRA DEL FUEGO
AZORES
WESTERN ISLES
CANARY ISLES
CAPE DE VIRDE ISLES
BARBARY
GUALATA
ARGUIN
GUINEA
BINNI
BIAFARA
GABON
LOANGO
CONGO
ANGOLA
MATAMAN
CIMBEBAS
CAFFARIA
Hottentots
SPAIN
FRANCE
BAY OF BISCAY
HOLLAND
FLANDERS
SCOTLAND
IRELAND
ENGLAND
THE GERMAN SEA
NORWAY
SWEDEN
BALTIC SEA
ITALY
MEDITERRANEAN SEA
The Sea in these parts abounds with two sorts of Animals of a Middle Species between a Bird and a Fish, having necks like Swans and Swimming with their whole Bodies

schiede mußten nicht berechnet oder subtrahiert oder mit einer bestimmten Gradzahl multipliziert werden. Die Positionen von magnetischem Pol und Polarstern reichten aus, um die östliche oder westliche Länge zu bestimmen. Mit dieser Methode schien sich der Traum zu erfüllen, den Globus mit definierbaren Längenlinien überziehen zu können – nur war das Verfahren leider unvollständig und ungenau. Kaum eine Kompaßnadel wies ständig präzis auf Nord. Bei den meisten mußte man mehrere Grad Abweichung in Kauf nehmen, und selbst die Abweichung veränderte sich von Reise zu Reise, so daß präzise Positionsbestimmungen sehr schwer waren. Zusätzlich verfälscht wurden die Ergebnisse durch die Launen des Erdmagnetismus, der, wie Halley auf einer zweijährigen Forschungsreise feststellte, in bestimmten Regionen zu- oder abnahm.

1699 schlug Samuel Fyler, ein siebzigjähriger Pfarrer aus Wiltshire, eine Methode vor, wie man Längengrade an den nächtlichen Himmel zeichnen konnte. Er hatte sich überlegt, daß er – oder jemand anderes, der mehr von der Astronomie verstand – Sternreihen bestimmen könnte, die vom Horizont zum Scheitelpunkt des Himmelsgewölbes verliefen. Und zwar vierundzwanzig dieser sternbesetzten Meridiane, einen für jede Stunde des Tages. Dann, so Fyler, könnte man ohne weiteres eine Karte und eine Zeittabelle anfertigen, der zu entnehmen sei, wann jede Sternreihe über den Kanarischen Inseln (durch die man seinerzeit den Nullmeridian gelegt hatte) zu sehen sei. Der Seefahrer müsse nun ermitteln, welche Sternreihe um Mitternacht Ortszeit über ihm stehe. Wenn es sich beispielsweise um die vierte Reihe handelte und seine Tabelle ihm verriet, daß die erste Reihe über den Kanarischen Inseln stand, dann konnte er – vorausgesetzt, er wußte die Uhrzeit – ausrechnen, daß er sich drei Stunden oder fünfundvierzig Grad westlich der Kanaren befand. Aber selbst bei klaren Nächten verlangte Fylers Ansatz mehr astronomische Angaben, als alle Sternwarten der Welt liefern konnten, und seine Logik bewegte sich ebenso im Kreis wie die Himmelssphäre.

In diese Zeit, kurz nach der Jahrhundertwende, fiel Admiral Shovells Desaster vor den Scilly-Inseln. Die Dringlichkeit, eine Lösung des Längengradproblems zu finden, wurde dadurch nochmals erhöht.

Ein seltsamer Vorschlag kam von den befreundeten Mathematikern William Whiston und Humphry Ditton, die gern über die verschiedensten Themen debattierten. Whiston war Nachfolger seines Lehrers Isaac Newton als Lucasian

Nach seiner Südseereise mit der Paramore *veröffentlichte Edmond Halley 1701 diese winkelgetreue Karte des Atlantiks. Die Linien, die verschiedene Grade der magnetischen Abweichung markieren, kreuzen die Breitengrade und liefern so theoretisch die beiden Koordinaten, die man zur Positionsbestimmung eines Schiffes auf See benötigt: Die eine wäre durch die Höhe der magnetischen Abweichung bestimmt, die der Variations-Kompaß zeigt, und die andere wäre der Breitengrad, den man durch Messen der Sonnenhöhe am Mittag findet. In der Praxis stellte sich aber heraus, daß die Magnetfelder der Erde sich mit der Zeit verändern, und alle Versuche, diese Veränderung der Abweichung vorherzusagen, schlugen fehl.*

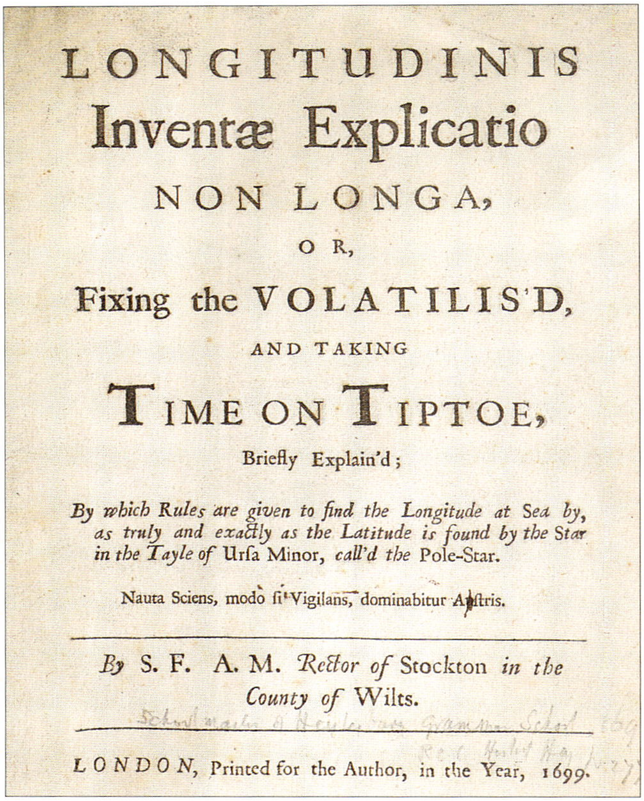

LONGITUDINIS
Inventæ Explicatio
NON LONGA,
OR,
Fixing the VOLATILIS'D,
AND TAKING
TIME ON TIPTOE,
Briefly Explain'd;

By which Rules are given to find the Longitude at Sea by, as truly and exactly as the Latitude is found by the Star in the Tayle of Ursa Minor, *call'd the* Pole-Star.

Nauta Sciens, modo sit Vigilans, dominabitur Astris.

By S. F. A. M. *Rector of* Stockton *in the County of* Wilts.

LONDON, Printed for the Author, in the Year, 1699.

Samuel Fylers Vorschlag für die Lösung des Längengradproblems bestand darin, daß er 24 imaginäre Längenmeridiane am Himmel festgelegt hatte und »mit rascher Beobachtung diese Sterne wiederfinden« wollte. Er nannte das »die Zeit auf Zehenspitzen messen«.

Professor in Cambridge, hatte dann aber seinen Lehrstuhl wegen unorthodoxer religiöser Auffassungen verloren – beispielsweise erklärte er die Sintflut als simples Naturereignis.

Ditton war Mathematiklehrer an der Christ's Hospital School in London. Bei einem langen Nachmittag angenehmer Unterhaltung verfielen die beiden auf eine neue Möglichkeit, das Problem des Längengrads zu lösen.

Wie man später in gedruckter Form nachlesen konnte, war es Mr. Ditton, der meinte, daß der Schall den Seeleuten als Signal dienen könne. Kanonenschüsse oder andere sehr laute Töne, zu bestimmten festgelegten Zeiten an bekannten Punkten abgegeben, könnten die Meere mit hörbaren Signalen erfüllen. Mr. Whiston pflichtete ihm begeistert zu. Er entsann sich, die Schüsse der großen Kanonen, die von Beachy Head aus auf die französische Flotte feuerten, mit eigenen Ohren in Cambridge gehört zu haben – in rund neunzig Meilen Entfernung. Und aus zuverlässiger Quelle wisse er, daß der Geschützdonner der Holländischen Kriege »bis in die Mitte *Englands* gedrungen sei, über eine noch größere Entfernung hinweg«.

Wenn also genügend viele Signalschiffe an strategischen Punkten auf den Weltmeeren stationiert wären, könnten die Seeleute ihre Entfernung zu diesen Schiffen berechnen, indem sie den Unterschied zwischen der bekannten Signalzeit und der Ortszeit an Bord ermittelten. Unter Berücksichtigung der Geschwindigkeit des Schalls ließe sich auf diese Weise der Längengrad bestimmen.

Als die beiden Männer ihre Idee Seeleuten anvertrauten, erfuhren sie indessen bald, daß der Schall keine zuverlässige Positionsbestimmung auf See erlaube. Der Plan wäre vermutlich sofort begraben worden, hätte Whiston nicht den Einfall gehabt, Schall und Licht miteinander zu kombinieren. Wenn man mit den besagten Signalkanonen Leuchtkugeln in die Luft schösse, die in einer Höhe von mehr als einer Meile explodierten, könnten Seeleute den Zeitunterschied zwischen Feuerschein und Explosionsknall feststellen – so wie Wetterkundige die Entfernung eines Gewitters bestimmten, indem sie die Sekunden zwischen Blitz und Donner zählten.

Whiston hatte allerdings Bedenken, ob das Übermitteln von Zeitsignalen durch Leuchtkugeln auf hoher See tatsächlich ein taugliches Verfahren war. Mit großer Befriedigung beobachtete er daher das Feuerwerk, das am 7. Juli 1713 zur Feier des Friedensschlusses im Spanischen Erbfolgekrieg zwischen Großbritannien und Frankreich veranstaltet wurde. Es überzeugte ihn, daß ein Geschoß mit genauer Zeitzündung, das in einer Höhe von 6 440 Fuß explodierte (er hielt dies für die technisch maximale Höhe), mit Gewißheit in einer Entfernung von 100 Meilen zu sehen war. Nachdem er sich in dieser Hinsicht beruhigt hatte, schrieb er gemeinsam mit Ditton einen Artikel, der kurz darauf im *Guardian* erschien und die notwendigen Maßnahmen ihres Planes erläuterte.

Zunächst würde eine Flotte völlig neuen Typs ausgesandt und im Abstand von 600 Meilen auf den Weltmeeren vor Anker gehen müssen. Darin sahen Whiston und Ditton kein Problem, da sie sich in der erforderlichen Länge der Ankerketten verschätzten. Sie gingen davon aus, daß der Nordatlantik an seiner tiefsten Stelle 300 Faden (ein Faden entspricht etwa 1,90 Meter) maß, während tatsächlich die durchschnittliche Tiefe etwa 2 000 Faden beträgt und der Meeresboden gelegentlich bis auf 3 450 Faden abfällt.

Dort, wo das Meer zum Ankern zu tief sei, könne man Gewichte bis zu ruhigeren Wasserschichten herablassen, die das Schiff halten würden. Jedenfalls waren die beiden Autoren überzeugt, daß diese kleineren Probleme in der Praxis zu lösen seien.

Komplizierter war da schon die genaue Bestimmung der Position dieser Schiffe. Die Zeitsignale mußten ja an Orten abgegeben werden, deren geographische Position bekannt war. Hierzu konnte man Verdunkelungen der Jupitermonde verwenden, ja sogar Sonnen- oder Mondfinsternisse, da diese Bestimmungen nicht allzu häufig gemacht werden mußten. Die Signalschiffe konnte man auch mit Hilfe der Monddistanz positionieren, so daß Kapitänen passierender Schiffe die astronomischen Beobachtungen und mühsamen Berechnungen erspart blieben.

Der Navigator mußte lediglich um Mitternacht Ortszeit auf das Signallicht und

die Detonation achten, dann konnte er in dem Bewußtsein, daß sein Schiff sich zwischen fixen Punkten auf See befand, getrost weitersegeln. Wenn Wolken die Sicht verdeckten, mußte der Schall genügen. Und außerdem würde ja bald das nächste Signalschiff eine neue Positionsbestimmung ermöglichen.
Diese Signalschiffe sollten nach Auffassung der Autoren natürlich sicher sein vor Piraterie und Angriffen durch kriegführende Nationen, ja sogar den verbrieften Schutz aller Handelsnationen genießen: »Es müßte zu einem schweren Verbrechen erklärt werden, diese Schiffe zu beschädigen oder die Explosionen, ob zum Vergnügen oder zum Zwecke der Irreführung, nachzuahmen.«
Kritiker wiesen sofort darauf hin, daß, selbst wenn all diese offensichtlichen Hindernisse aus dem Weg geräumt seien – nicht das geringste Problem waren die Kosten eines solchen Unternehmens –, noch immer viele Probleme zu lösen wären. Die Bemannung dieser Schiffe würde Tausende von Seeleuten erfordern.

In der Hoffnung, den Preis von 20 000 Pfund zu gewinnen, veröffentlichten William Whiston und Humphry Ditton 1714 diese Schrift über die Bestimmung des Längengrads auf See. Ihre Methode, die in der Abbildung rechts dargestellt wird, war damals völlig undurchführbar.

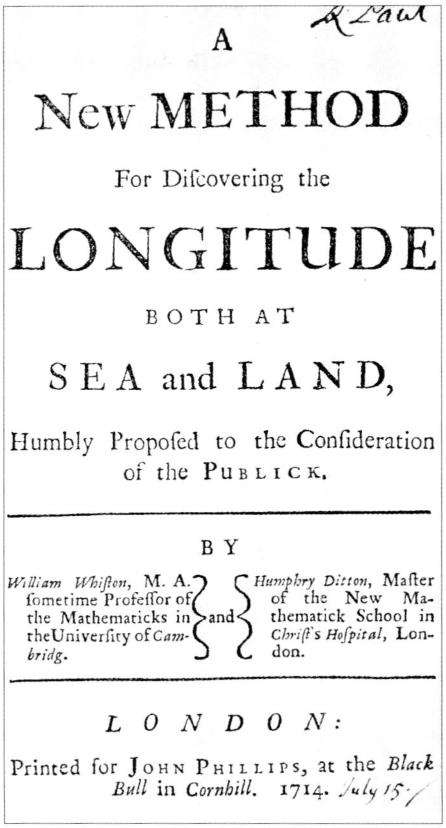

A

New METHOD

For Discovering the

LONGITUDE

BOTH AT

SEA and LAND,

Humbly Proposed to the Consideration of the PUBLICK.

BY

William Whiston, M. A. sometime Professor of the Mathematicks in the University of *Cambridg*. and *Humphry Ditton*, Master of the New Mathematick School in *Christ's Hospital*, London.

LONDON:

Printed for JOHN PHILLIPS, at the *Black Bull* in *Cornhill*. 1714.

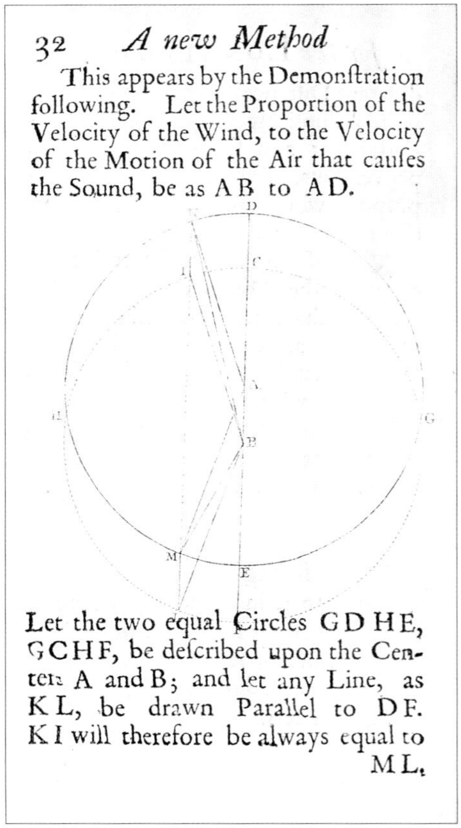

32 *A new Method*

This appears by the Demonstration following. Let the Proportion of the Velocity of the Wind, to the Velocity of the Motion of the Air that causes the Sound, be as AB to AD.

Let the two equal Circles GDHE, GCHF, be described upon the Centers A and B; and let any Line, as KL, be drawn Parallel to DF. KI will therefore be always equal to ML.

Und diese Leute wären noch übler dran als Leuchtturmwärter – einsam, den Elementen ausgeliefert, womöglich von Hunger bedroht und stets gezwungen, nüchtern zu bleiben.

Am 10. Dezember 1713 wurde der Vorschlag von Whiston und Ditton im *Englishman* ein zweites Mal abgedruckt. 1714 erschien er unter dem Titel *A New Method for Discovering the Longitude both at Sea and Land* (Eine neue Methode der Längengrad-Feststellung zur See und zu Land) in Buchform. Trotz der unüberwindlichen Mängel ihrer Idee gelang Whiston und Dutton ein entscheidender Schritt zu einer Lösung des Längengradproblems. Dank ihrer Hartnäckigkeit und ihres Strebens nach öffentlicher Anerkennung schafften sie es, Londoner Schiffahrtskreise zu einer gemeinschaftlichen Petition zu bewegen. Im Frühjahr 1714 formulierten sie eine Resolution, die von »Kapitänen auf Ihrer Majestät Schiffen, Kaufleuten zu London und Eignern von Handelsschiffen« unterzeichnet wurde. In diesem Dokument, das dem Parlament wie ein Fehdehandschuh hingeworfen wurde, forderten sie von der Regierung, sich der Dringlichkeit des Längengradproblems bewußt zu werden und zu einer möglichst raschen Lösung dieses Problems beizutragen – durch Ausschreibung einer großzügigen Prämie für den Erfinder einer praktikablen Methode zur präzisen Bestimmung der Länge auf See.

Die Händler, Reeder und Seeleute verlangten die Einsetzung einer Kommission, die sich mit dem gegenwärtigen Stand des Problems beschäftigen sollte. Sie baten um die Bereitstellung von Mitteln zur Erforschung und Entwicklung erfolgversprechender Ideen. Und sie verlangten eine fürstliche Summe für den Urheber einer wirklichen Lösung.

EDMVND. HALLEIVS LL.D.
GEOM. PROF. SAVIL. & R.S. SECRET.

6

Der Preis

Her cutty sark, o' Paisley harn
That while a lassie she had worn,
In longitude tho' sorely scanty,
It was her best, and she was vauntie.

Robert Burns
Tam o' Shanter

Die Petition der Kaufleute und Seefahrer, die in der Frage des Längengrads zu raschem Handeln drängten, wurde dem Parlament von Westminster im Mai 1714 vorgelegt. Im Juni trat ein parlamentarischer Ausschuß zusammen, um sich mit ihr auseinanderzusetzen.

Da keine Zeit zu verlieren war, holte sich der Ausschuß Rat bei dem berühmten, mittlerweile zweiundsiebzigjährigen Isaac Newton und dessen Freund Edmond Halley. Halley war einige Jahre zuvor nach St. Helena gereist, um dort die Sterne der südlichen Hemisphäre – praktisch jungfräuliches Terrain der nächtlichen Landschaft – zu kartographieren. Der publizierte Katalog mit mehr als dreihundert südlichen Sternen hatte ihm einen Sitz in der Royal Society eingetragen. Er war weit gereist, um die magnetische Abweichung zu erforschen, war mit dem Problem des Längengrads also bestens vertraut – und hatte ein persönliches Interesse daran.

Newton trug dem Ausschuß eine schriftliche Stellungnahme vor und beantwortete, trotz seiner »geistigen Erschöpfung« an diesem Tag, die Fragen der

Edmond Halley (ca. 1656–1742) hatte eine lange und herausragende Karriere. 1678, mit 22 Jahren, wählte ihn die Royal Society zu ihrem Mitglied, und von 1720 bis zu seinem Tod im Jahr 1742 war er Königlicher Astronom. Zwar befürwortete er die Methode der Monddistanzen, er war aber so vorausschauend zu erkennen, daß sie nicht unbedingt die einzige Lösung des Längengradproblems darstellte. 1730 gab er John Harrison den guten Rat, den berühmten Londoner Uhrmacher George Graham aufzusuchen. Später, als Mitglied der Längenkommission, bot er Harrison seine Unterstützung an. Dieses Porträt entstand vermutlich bald nach 1687.

Isaac Newton (1642–1727) war der einflußreichste Wissenschaftler seiner Zeit. Nach dem Besuch der Schule von Lincolnshire meinte seine Mutter, er solle Farmer werden, aber sein Onkel und sein Lehrer ermunterten ihn, 1661 auf das Trinity College nach Cambridge zu gehen. Mit 26 wurde er zum Mathematikprofessor ernannt und begann mit der Vorbereitung seines größten Werkes, den Principia, die 1687 in London veröffentlicht wurden. Newton war überzeugt, daß sich das Längengradproblem nur durch die Methode der Monddistanzen lösen ließe, aber nicht einmal er konnte das Problem bewältigen, die Mondbewegung vorherzusagen. Er glaubte nicht, daß man je eine Uhr von hinlänglicher Präzision und Zuverlässigkeit herstellen könnte. Nachdem 1714 der Longitude Act erlassen worden war, übergab man Newton all die weit hergeholten Lösungsvorschläge zur Prüfung.

Ausschußmitglieder. Er gab eine Übersicht über die bestehenden Methoden der Längenbestimmung und erklärte, daß alle in der Theorie korrekt, aber »in der Exekution schwierig« seien. Das war natürlich stark untertrieben. Zu dem Verfahren, die Länge mit Hilfe einer Uhr zu bestimmen, etwa äußerte er sich folgendermaßen: »Eine Methode besteht darin, mit Hilfe einer Uhr die genaue Zeit zu ermitteln. Es ist freilich noch keine Uhr hervorgebracht worden, die in der Lage wäre, unbehelligt von den Schiffsbewegungen, den Temperaturschwankungen, der unterschiedlichen Luftfeuchtigkeit und der unterschiedlichen Gravitation an verschiedenen Breitengraden genaue Ergebnisse anzuzeigen.« Und damit, so deutete er an, sei auch in Zukunft nicht zu rechnen.

Vielleicht sprach Newton zuerst von der Uhr, um sie als Schimäre hinzustellen und sich dann den aussichtsreicheren, wenngleich noch immer problematischen astronomischen Methoden zuwenden zu können. Er erwähnte die Beobachtung der Jupitermonde, eine Methode, die zumindest an Land funktionierte, Seeleu-

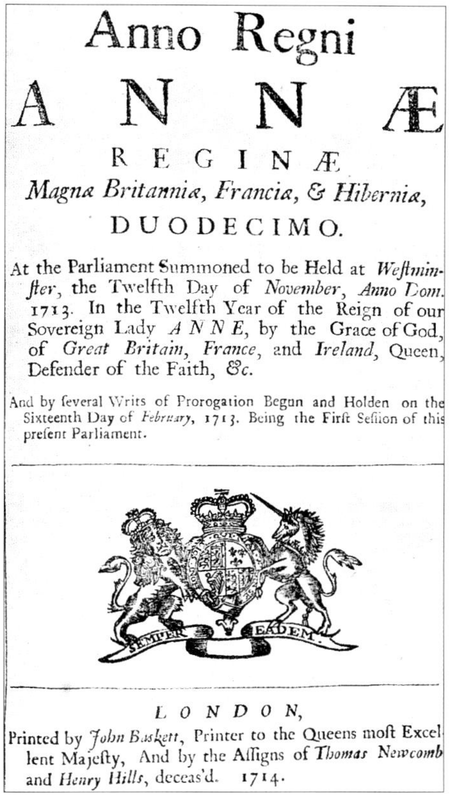

Anno Regni
A N N Æ
R E G I N Æ
Magnæ Britanniæ, Franciæ, & Hiberniæ,
DUODECIMO.

At the Parliament Summoned to be Held at *Westminster*, the Twelfth Day of *November*, *Anno Dom.* 1713. In the Twelfth Year of the Reign of our Sovereign Lady *ANNE*, by the Grace of God, of *Great Britain*, *France*, and *Ireland*, Queen, Defender of the Faith, *&c.*

And by several Writs of Prorogation Begun and Holden on the Sixteenth Day of *February*, 1713. Being the First Session of this present Parliament.

LONDON,
Printed by *John Baskett*, Printer to the Queens most Excellent Majesty, And by the Assigns of *Thomas Newcomb* and *Henry Hills*, deceas'd. 1714.

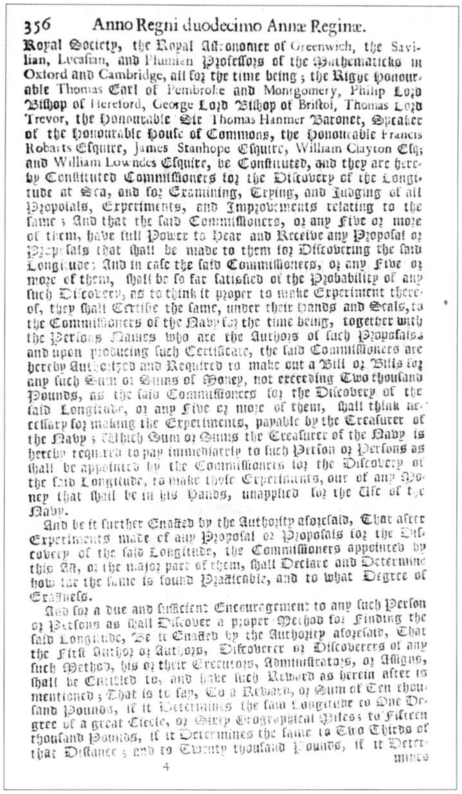

356 Anno Regni duodecimo Annæ Reginæ.

Royal Society, the Royal Astronomer of Greenwich, the Savilian, Lucasian, and Plumian Professors of the Mathematicks in Oxford and Cambridge, all for the time being; the Right Honourable Thomas Earl of Pembroke and Montgomery, Philip Lord Bishop of Hereford, George Lord Bishop of Bristol, Thomas Lord Trevor, the Honourable Sir Thomas Hanmer Baronet, Speaker of the Honourable House of Commons, the Honourable Francis Robarts Esquire, James Stanhope Esquire, William Clayton Esq; and William Lowndes Esquire, be Constituted, and they are hereby Constituted Commissioners for the Discovery of the Longitude at Sea, and for Examining, Trying, and Judging of all Proposals, Experiments, and Improvements relating to the same; And that the said Commissioners, or any Five or more of them, have full Power to Hear and Receive any Proposal or Proposals that shall be made to them for Discovering the said Longitude; And in case the said Commissioners, or any Five or more of them, shall be so far satisfied of the Probability of any such Discovery, as to think it proper to make Experiment thereof, they shall Certifie the same, under their Hands and Seals, to the Commissioners of the Navy for the time being, together with the Persons Names who are the Authors of such Proposals; and upon producing such Certificate, the said Commissioners are hereby Authorized and Required to make out a Bill or Bills for any such Sum or Sums of Money, not exceeding Two thousand Pounds, as the said Commissioners for the Discovery of the said Longitude, or any Five or more of them, shall think necessary for making the Experiments, payable by the Treasurer of the Navy; Which Sum or Sums the Treasurer of the Navy is hereby required to pay immediately to such Person or Persons as shall be appointed by the Commissioners for the Discovery of the said Longitude, to make those Experiments, out of any Money that shall be in his Hands, unapplied for the Use of the Navy.

And be it further Enacted by the Authority aforesaid, That after Experiments made of any Proposal or Proposals for the Discovery of the said Longitude, the Commissioners appointed by this Act, or the major part of them, shall Declare and Determine how far the same is found Practicable, and to what Degree of Exactness.

And for a due and sufficient Encouragement to any such Person or Persons as shall Discover a proper Method for Finding the said Longitude, Be it Enacted by the Authority aforesaid, That the First Author or Authors, Discoverer or Discoverers of any such Method, his or their Executors, Administrators, or Assigns, shall be Entitled to, and have such Reward as herein after is mentioned; That is to say, To a Reward, or Sum of Ten thousand Pounds, if it Determines the said Longitude to One Degree of a great Circle, or Sixty Geographical Miles; to Fifteen thousand Pounds, if it Determines the same to Two Thirds of that Distance; and to Twenty thousand Pounds, if it Determines

4

Links: Das Gesetz von Königin Anne (Kap. 15, Longitude Act), das am 8. Juli 1714 erlassen wurde, war zwar nicht der erste Preis, den man für die Lösung des Längengradproblems aussetzte, es bot aber bei weitem den stärksten Anreiz.

Rechts: Der untere Absatz der zweiten Seite des Longitude Act von 1714 erläutert die drei Abstufungen der Preise für die erfolgreiche Lösung des Problems, den Längengrad auf See zu finden.

ten aber nicht viel nützte. Er beschrieb andere astronomische Verfahren, die sich auf vorausberechnete Sternbedeckungen durch den Mond oder auf die vorausberechneten Zeiten von Mond- und Sonnenfinsternissen stützten. Er erwähnte auch die grandiose »Methode der Monddistanzen« – jenes Verfahren, bei dem durch Ermittlung der Entfernung zwischen Mond und Sonne (bei Tag) beziehungsweise zwischen Mond und Sternen (bei Nacht) die Länge bestimmt werden konnte. (In diesen Jahren und zweifellos auch während Newtons Vortrag arbeitete Flamsteed in der Königlichen Sternwarte fieberhaft daran, Sternpositionen zu ermitteln, die als Grundlage dieser vielgerühmten Methode dienen sollten.)

Der Ausschuß nahm Newtons Darstellung in seinen offiziellen Bericht auf. Er sprach sich weder für eine bestimmte Methode aus, noch stellte er den britischen Genius über ausländische Ideen. Er forderte das Parlament lediglich auf, potentielle Lösungen aus jedem Bereich der Wissenschaft und Kunst, von Ein-

zelpersonen oder Gruppen jeglicher Nationalität zu prüfen und für eine erfolgreiche Lösung eine großzügige Belohnung auszuschreiben.
Im *Longitude Act*, am 8. Juli 1714 unter Königin Anne erlassen, wurden diese Empfehlungen aufgegriffen und drei Preise ausgeschrieben:

£ 20 000 (für heutige Begriffe mehrere Millionen Mark) für eine Methode zur Ermittlung der geographischen Länge bei einer Abweichung von höchstens einem halben Grad;
£ 15 000 bei einer Abweichung von zwei Drittel Grad;
£ 10 000 bei einer Abweichung von maximal einem Grad.

Da ein Grad Länge, gemessen am Äquator, einer Strecke von sechzig Seemeilen entspricht (das heißt rund einhundertelf Kilometern), bedeutet selbst der Bruchteil eines Grades noch eine beträchtliche Entfernung – und ließ Irrtümern in der Positionsbestimmung eines Schiffes auf See noch immer reichlich Raum. Daß die britische Regierung bereit war, solch riesige Summen für »Praktikable und Nützliche Methoden« bereitzustellen, mit denen man das Ziel um viele Meilen verfehlen konnte, drückt die Verzweiflung der Nation über den beklagenswerten Stand der Navigation beredt aus.
Der Longitude Act rief auch eine mit Experten besetzte Jury ins Leben, den sogenannten »Board of Longitude«. Diese aus Naturwissenschaftlern, Marineoffizieren und Regierungsbeamten bestehende Kommission hatte freie Hand in der Zuerkennung der Preisgelder. *Ex officio* gehörten ihr an: der Königliche Astronom, der Präsident der Royal Society, der Erste Seelord, der Staatssekretär für die Flotte, der Speaker des Unterhauses sowie Mathematikprofessoren der Universitäten Oxford und Cambridge. (Newton, der dreißig Jahre in Cambridge gelehrt hatte, war 1714 Präsident der Royal Society.)
Der Longitude Act ermöglichte es der Kommission auch, bedürftigen Erfindern kleinere Beträge zukommen zu lassen, um sie in die Lage zu versetzen, aussichtsreiche Ideen weiterzuentwickeln. Mit ihrer Finanzhoheit war sie vielleicht die erste staatliche Forschungs- und Entwicklungsbehörde der Welt. (Obwohl anfangs niemand damit gerechnet hatte, sollte der Board of Longitude mehr als hundert Jahre bestehen. Als er sich schließlich im Jahre 1828 auflöste, hatte er mehr als einhunderttausend Pfund Sterling vergeben.)

Damit die Kommissare des Längengrads die Genauigkeit eines jeden Vorschlags beurteilen konnten, mußte die Technik auf einem Schiff Ihrer Majestät erprobt werden, das »von Großbritannien nach einem beliebigen, von der Kommission zu bestimmenden Hafen der Westindischen Inseln segeln wird, wobei die obengenannten maximalen Abweichungen in der Längengradbestimmung nicht überschritten werden dürfen«.

Angebliche Lösungen des Längengradproblems hatte es auch schon vor 1714, vor Verabschiedung des Gesetzes, in großer Zahl gegeben. Nach 1714 wurden jedoch mit Blick auf die schlagartig angewachsene potentielle Belohnung massenhaft Vorschläge gemacht. Bald wurde die Kommission geradezu belagert von einer großen Zahl betrügerischer oder ehrlich von ihrer Lösung überzeugter Menschen, die von dem Preis gehört hatten und ihn gewinnen wollten. Manch hoffnungsfroher Kandidat war so elektrisiert vor lauter Geldgier, daß er nicht einmal die Bedingungen der Ausschreibung zur Kenntnis nahm. So gab es Vorschläge zur Verbesserung des Schiffsruders, zur Trinkwasserbereitung auf hoher See und zur Herstellung besonders sturmtauglicher Segel. Im Laufe ihrer langen Geschichte erhielt die Kommission zahlreiche Konstruktionspläne für Perpetua mobilia und Vorschläge, wie Kreisumfang und Kreisfläche zu berechnen seien.

In der Folge wurde der Ausdruck »den Längengrad finden« zum Synonym für ein aussichtsloses Unterfangen. »Die Länge« war ein so populäres Gesprächsthema und eine so beliebte Pointe von Witzen, daß der Begriff sogar in die zeitgenössische Literatur einging. In *Gullivers Reisen* beispielsweise soll der gute Kapitän Lemuel Gulliver erzählen, wie er sich das Leben als unsterblicher Struldbrug vorstellt. Er antwortet, er würde mit Vergnügen die Wiederkehr der Kometen beobachten, würde verfolgen, wie aus großen Flüssen seichte Bäche werden, und er würde »die Entdeckung des *Längengrades*, des *Perpetuum mobile*, der *Universalmedizin* und viele andere bedeutende Entdeckungen erleben, die zur größten Vollkommenheit gelangt sind«.

Ein Teil des Vergnügens, das Längengradproblem anzugehen, bestand darin, andere Konkurrenten durch den Kakao zu ziehen. Der Pamphletist »R. B.« schrieb über Mr. Whiston, den Erfinder der Signalschiff-Methode mit den Kanonenschüssen: »Wenn er überhaupt ein Hirn hat, dann muß es zersprungen sein von dem Lärm, den er sich vorgestellt hat.«

Jane Squire

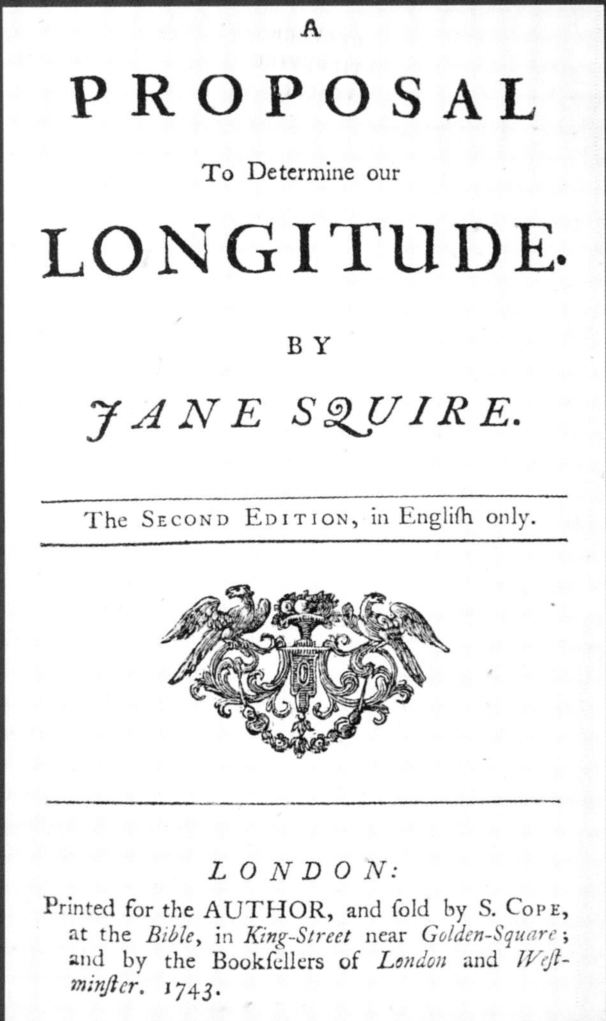

A

PROPOSAL

To Determine our

LONGITUDE.

BY

JANE SQUIRE.

The Second Edition, in Englifh only.

LONDON:

Printed for the AUTHOR, and fold by S. Cope, at the *Bible*, in *King-Street* near *Golden-Square*; and by the Bookfellers of *London* and *Weftminfter*. 1743.

Der Preis von 20 000 Pfund sorgte für so viele unsinnige Lösungsvorschläge, daß man deren Urheber »Longitudinarians« nannte. Jane Squire, die einzige Frau, die sich beteiligte, wollte sich nicht abweisen lassen, und ihre gesellschaftliche Stellung erlaubte ihr, die Längenkommission zehn Jahre lang zu beschäftigen. Nachdem es ihr nicht gelang, den Königlichen Astronom Edmond Halley von der Brauchbarkeit ihres Vorschlags zu überzeugen, versuchte sie es beim Präsidenten des Unterhauses und dann beim Ersten Seelord, die sich aber beide aus der Angelegenheit heraushalten konnten. Sie bemerkte, daß die Mitglieder der Royal Society ihr aus dem Weg gingen, und vermutete schließlich, man habe ihre Idee gestohlen, als der hervorragende Uhrmacher George Graham der Längenkommission seine Sternenuhr präsentierte. Ihr Vorschlag wurde 1731 gedruckt und 1743 erweitert neu aufgelegt.

Jane Squires Vorschlag zur Lösung des Längengradproblems bestand darin, den Himmel in mehr als 1,25 Millionen numerierte Abschnitte einzuteilen, die jeder Seemann auswendig lernen sollte. Der mit einer Sternenuhr ausgerüstete Navigator bräuchte dann nur noch den direkt über ihm befindlichen Abschnitt auszumachen und könnte sogleich seinen Längengrad bestimmen – von Squires Nullmeridian aus gerechnet, der durch die Krippe in Bethlehem lief.

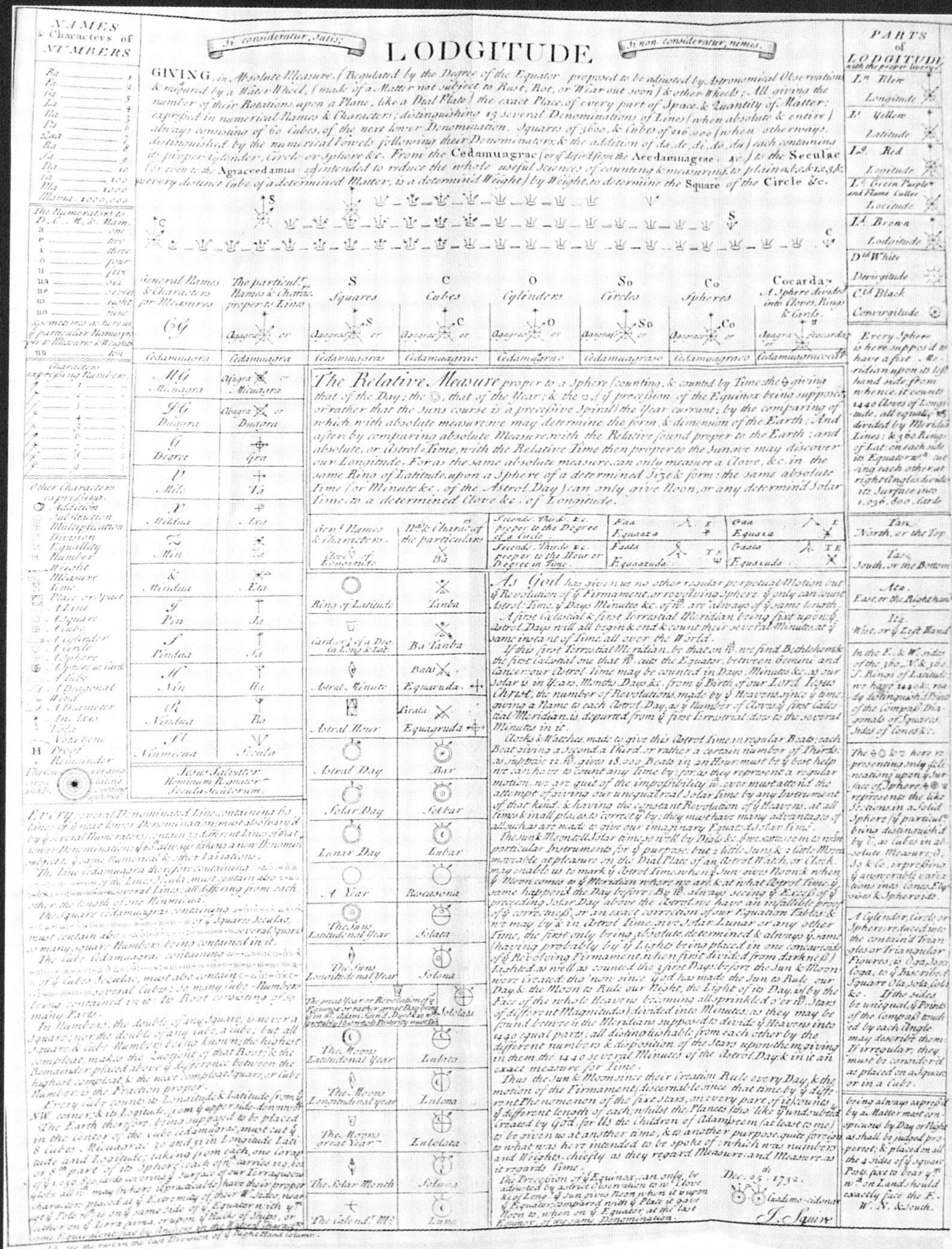
Si consideratur, satis;
LODGITUDE
Si non consideratur, nimis.
GIVING, in Absolute Measure, (Regulated by the Degree of the Equator proposed to be adjusted by Astronomical Observation & measured by a Water Wheel, (made of a Matter not subject to Rust, Rot, or Wear out soon) & other Wheels; All giving the number of their Rotations upon a Plane, like a Dial Plate) the exact Place of every part of Space & Quantity of Matter: exprest in numerical Names & Characters; distinguishing 13 several Denominations of Lines (when absolute & entire) always consisting of 60 Cubes of the next lower Denomination, Squares of 3600, & Cubes of 216,000 (when otherways distinguished by the numerical Vowels following their Denominators, & the addition of da, de, di, do, du) each containing its proper Cylinder, Circle or Sphere &c. From the Cedamuagrac (or if desired from the Acedamuagrac &c.) to the Seculac (or even to the Agracedamia as intended to reduce the whole useful Sciences of counting & measuring to plain a, b, c, & 1, 2, 3, &c. & every distinct Cube of a determined Matter, is a determin'd Weight) by Weight to determine the Square of the Circle &c.
The Relative Measure proper to a Sphere (counting, & counted by Time the ♁ giving that of the Day; the ⊙, that of the Year; & the ☐ (if precession of the Equinox being suppos'd, or rather that the Suns course is a precessive Spiral) the Year currant; by the comparing of which with absolute measure we may determine the form, & dimension of the Earth; And after by comparing absolute Measure with the Relative found proper to the Earth; and absolute, or Astrol Time, with the Relative Time then proper to the Sun we may discover our Longitude. For as the same absolute measure can only measure a Clove, &c. in the same Ring of Latitude upon a Sphere of a determined Size & form: the same absolute Time (or Minute &c. of the Astrol Day) can only give Noon, or any determin'd Solar Time, to a determined Clove &c. of Longitude.
As God has given us no other regular perpetual Motion but y^e Revolution of y^e Firmament, or revolving Sphere, y^e only can count Astrol Time, y^e Days Minutes &c. of wch are always of y^e same length.
Dec. 25. 1732.
J. Squire

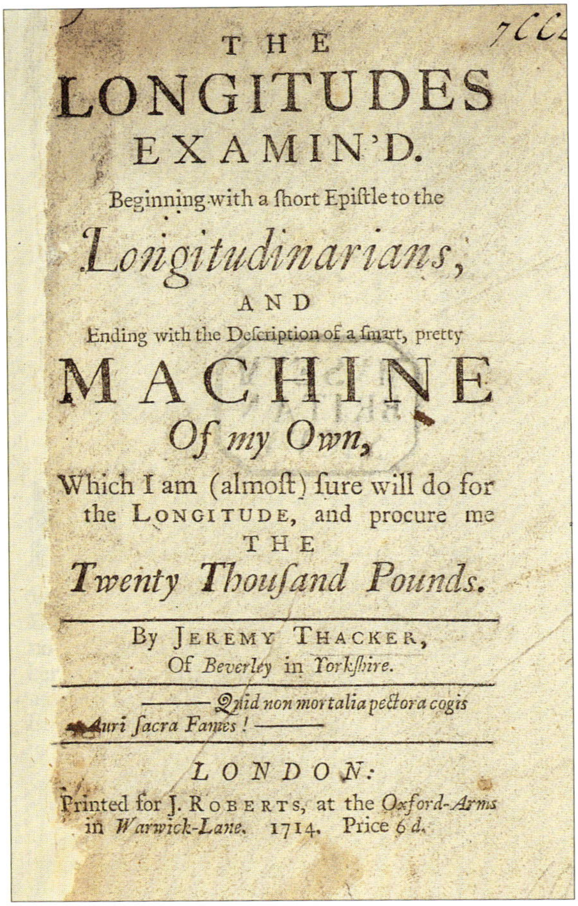
THE

LONGITUDES EXAMIN'D.

Beginning with a ſhort Epiſtle to the

Longitudinarians,

AND

Ending with the Deſcription of a ſmart, pretty

MACHINE

Of my Own,

Which I am (almoſt) ſure will do for the LONGITUDE, and procure me

THE

Twenty Thouſand Pounds.

By JEREMY THACKER,

Of *Beverley* in *Yorkſhire*.

——— *Quid non mortalia pectora cogis*

Auri ſacra Fames! ———

LONDON:

Printed for J. ROBERTS, at the *Oxford-Arms* in *Warwick-Lane*. 1714. Price 6 *d*.

In dieser Schrift, die Ende 1714 erschien, beschrieb Jeremy Thacker sein Gerät zur Feststellung des Längengrads auf See. Es war praktischer als manch unsinniger Vorschlag seiner Zeitgenossen, was er selbst unterstrich: »Ich sollte Mr. W-n (Whiston) und Mr. D-n (Ditton) in die Hand nehmen, ihre Schiffe zerbrechen, ihre Leute in einem Sturm ertränken, die See aufwühlen, um ihnen den Blick auf die Lichter zu nehmen, und ihren allgemeinen Frieden zerstören; aber die Dankbarkeit verbietet es mir. Sie haben die Prämie von 20 000 Pfund angeregt, und da ich sie zu erhalten hoffe, sollte ich höflich zu ihnen sein.«

Eine der folgenreichsten, prägnantesten Bemerkungen über andere Rivalen stammt aus der Feder von Jeremy Thacker aus Beverly in England. Nachdem er von den unausgegorenen Methoden gehört hatte, die Länge mit Böllerschüssen oder erhitzten Kompaßnadeln zu finden, anhand der Bewegungen des Mondes, durch die Sonnenhöhe und dergleichen mehr, entwickelte er eine neuartige, in einer Vakuumkammer eingeschlossene Uhr, die er als die allerbeste Methode pries: »Mit einem Wort, meine Leser werden sich zweifellos schnell davon überzeugen, daß die *Phonometer*, *Pyrometer*, *Selenometer*, *Heliometer* und alle anderen *Meter* es nicht wert sind, mit meinem *Chronometer* verglichen zu werden.« Thackers witziger Neologismus ist offenbar die Geburtsstunde des Begriffes *Chronometer*. Seine Wortschöpfung aus dem Jahre 1714, vielleicht spaßig gemeint, setzte sich später als geläufige Bezeichnung für die Schiffsuhr durch. Noch heute wird ein solcher Apparat als Schiffschronometer bezeichnet. Thackers Uhr war jedoch nicht ganz so gut wie ihr Name, auch wenn sie zwei wichtige Neuerungen aufweisen konnte: eine gläserne Vakuumkammer, die das Chronometer vor Schwankungen des Luftdrucks und vor Feuchtigkeit schützte, sowie zwei geschickt gekoppelte Aufziehstäbe, die dafür sorgen sollten, daß die Uhr während des Aufziehens nicht stehenblieb. Vor Thackers Erfindung dieser »Antriebserhaltung« waren federgetriebene Uhren während des Aufziehens einfach stehengeblieben und hatten die Zeit gewissermaßen aus den Augen verloren. Thacker hatte die Uhr außerdem mit einer kardanischen Aufhängung versehen, so daß sie, wie ein Schiffskompaß, auch bei den heftigsten Schiffsbewegungen nicht auf dem sturmumtosten Deck herumsprang.

Passen mußte seine Uhr allerdings bei Temperaturschwankungen. Obwohl die Vakuumkammer eine gewisse Isolierung gegen Kälte und Hitze bot, war sie bei weitem nicht ausreichend – und Thacker wußte das auch.
Die Raumtemperatur hatte großen Einfluß auf die Ganggenauigkeit eines jeden Zeitmessers. Metallpendel dehnten sich bei Wärme aus, zogen sich bei Kälte zusammen, die Uhren liefen also je nach Temperatur unterschiedlich schnell. Ähnliches war bei Unruhfedern zu beobachten, die bei Erwärmung nachgiebiger und weicher, bei Kälte steifer wurden. Thacker hatte sich bei seinen Chronometerversuchen ausgiebig mit diesem Problem beschäftigt. Tatsächlich enthielt der Vorschlag, den er der Längenkommission unterbreitete, die genau protokollier-

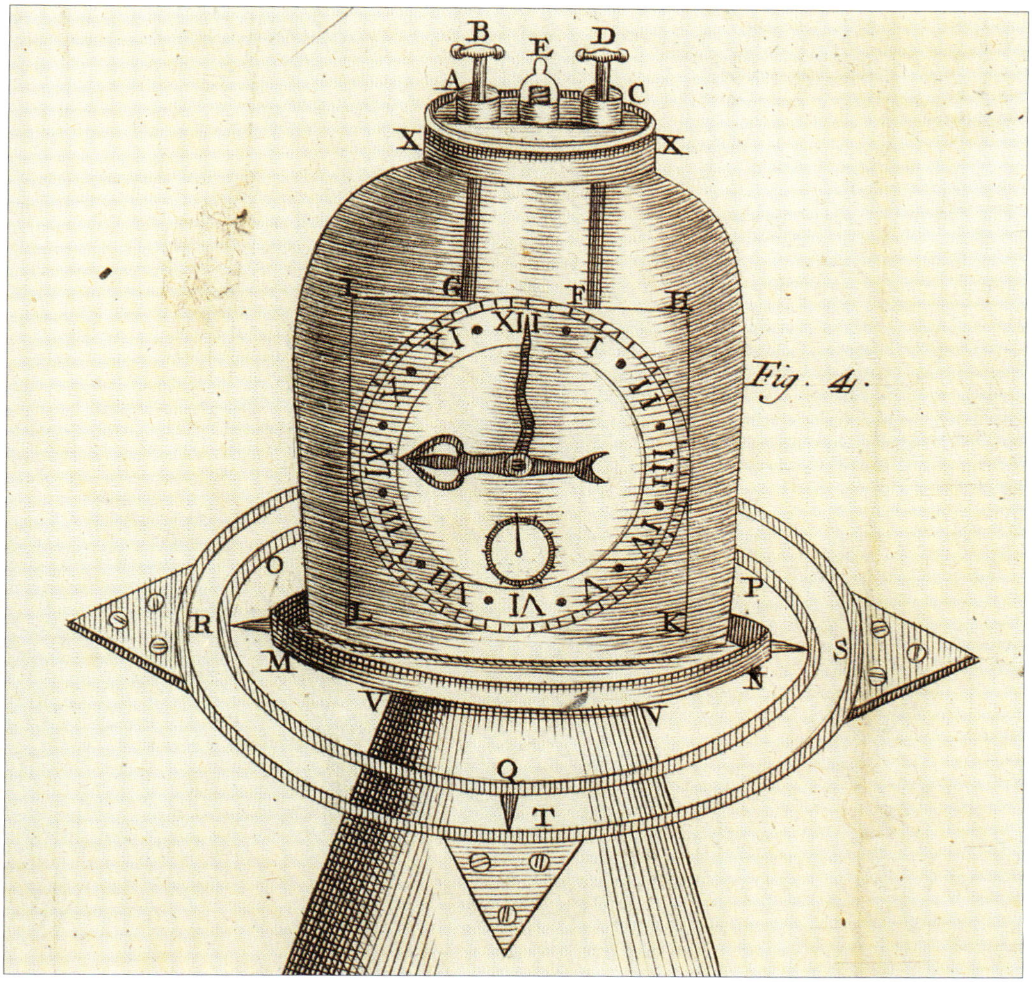

Thackers »Chronometer« aus seiner Schrift The Longitudes Examin'd, *hier in seiner kardanischen Aufhängung, war in mehrfacher Hinsicht höchst originell, nicht zuletzt, da sein Gehäuse eine luftleere Glasglocke war. Thacker lieferte eine Tabelle, die den Lauf der Uhr bei verschiedenen Temperaturen anzeigte, so daß sich die Abweichung aufgrund der Temperaturveränderung voraussagen ließ. Dennoch kann das Gerät, so einfallsreich es auch gewesen sein mag, die Erwartungen seines Herstellers nicht erfüllt haben, denn man hörte nie wieder davon. Thacker machte dennoch Geschichte, indem er als erster das Wort Chronometer im Druck verwendete, wenn der Ausdruck auch erst nach 1780 allgemein gebräuchlich wurde.*

ten Ganggeschwindigkeiten bei verschiedenen Temperaturen sowie eine Kurve, die den bei unterschiedlichen Temperaturen zu erwartenden Fehlerbereich anzeigte. Ein Seemann, der das Chronometer verwendete, würde einfach die auf dem Zifferblatt angegebene Uhrzeit gegen den Stand eines Thermometers abwägen und die entsprechenden Berechnungen anstellen müssen. Und genau daran scheiterte sein Verfahren: Jemand an Bord hätte praktisch ständig das Chronometer beobachten, sämtliche Temperaturschwankungen notieren und bei den Rechenoperationen alle Daten berücksichtigen müssen! Und Thacker räumte selber ein, daß sein Chronometer sogar unter idealen Bedingungen bis zu sechs Sekunden pro Tag verlor oder gewann.

Sechs Sekunden – was war das schon im Vergleich zu den fünfzehn Minuten Fehlanzeige, die bei älteren Uhren üblich waren. Weshalb diese Haarspalterei? Wegen der Auswirkungen auf die Positionsbestimmung auf See – und wegen des Geldes, um das es hier ging.

Der 20 000-Pfund-Preis war für eine Uhr bestimmt, mit deren Hilfe man die Länge bis auf einen halben Grad genau ermitteln konnte. Das bedeutete, daß sie in vierundzwanzig Stunden nicht mehr als drei Sekunden vor- oder nachgehen durfte. Die Rechnung ist ganz einfach: Ein halber Grad geographischer Länge entspricht zwei Zeitminuten – der maximal zulässigen Abweichung bei einer sechswöchigen Seefahrt von England zur Karibik. Eine Fehlanzeige von nur drei Sekunden pro Tag, berechnet über vierzig Tage auf See, ergibt am Ende der Reise zwei Minuten.

Thackers Pamphlet, der beste von allen Vorschlägen, die die britische Längenkommission im ersten Jahr prüfte, gab keinen Anlaß zu großen Hoffnungen. Es war noch so viel zu tun. Und so wenig war bisher erreicht worden.

Newton wurde ungeduldig. Für ihn stand jetzt fest, daß eine Lösung des Längengradproblems nur in den Sternen zu finden war. Die Monddistanzmethode, die in den vorangegangenen Jahrhunderten wiederholt vorgeschlagen worden war, gewann mit dem Fortschritt der Astronomie an Glaubwürdigkeit und Verbreitung. Dank Newtons eigenen Formulierungen des Allgemeinen Gravitationsgesetzes verstand man die Bewegungen des Mondes nun besser und konnte sie in gewissem Umfang vorausberechnen. Doch noch immer wartete die Welt auf die Vollendung von Flamsteeds großer Sternenvermessung.

Flamsteed hatte vierzig Jahre lang akribisch die Gestirne kartographiert – seine Ergebnisse aber noch immer nicht publiziert. Er hielt seine Arbeit in Greenwich unter Verschluß. Newton und Halley schafften es schließlich, eines Großteils seiner Unterlagen aus der Königlichen Sternwarte habhaft zu werden, und sie veröffentlichten Flamsteeds Sternenkatalog im Jahre 1712 gewissermaßen als Raubdruck. Flamsteed schlug zurück, indem er dreihundert der insgesamt vierhundert gedruckten Bände einsammelte und verbrannte.

»Ich habe sie vor zwei Wochen den Flammen übergeben«, schrieb Flamsteed an Abraham Sharp, seinen früheren Assistenten. »Vielleicht begreift Sir I. N. ja, daß ich ihm und Dr. Halley einen großen Gefallen getan habe.« Anders gesagt, die Veröffentlichung der Sternpositionen konnte, da nicht hinreichend überprüft, dem Ruf eines angesehenen Astronomen nur schaden.

Trotz der Aufregung um den verfrüht publizierten Sternkatalog glaubte Newton weiterhin daran, daß die gleichmäßigen Bewegungen des kosmischen Uhrwerks noch am ehesten geeignet seien, Schiffen auf hoher See Orientierung zu geben. Eine von Menschenhand gemachte Uhr war gewiß ein nützliches Hilfsmittel bei astronomischen Berechnungen, konnte diese aber keinesfalls ersetzen. Nach sieben Jahren Mitgliedschaft in der Längenkommission schrieb Newton 1721 an Josiah Burchett, den Staatssekretär der Admiralität:

»Eine gute Uhr mag dazu dienen, einige Tage auf See die Orientierung zu behalten und die Zeit für eine Himmelsbeobachtung anzugeben, und diesen Zweck wird sie erfüllen, bis eine bessere Sorte Uhr erfunden ist. Sobald man auf See aber die Länge verloren hat, kann sie von keiner Uhr wiedergefunden werden.«

Newton starb 1727 und erlebte nicht mehr, daß der große Längengradpreis vier Jahrzehnte später an den autodidaktischen Erbauer einer übergroßen Taschenuhr verliehen wurde.

7
Tagebuch eines Zahnradmachers

Ach! Sie war vollkommen, ohne Parallele,
Nicht eine moderne Heilige kann so sein,
Sie stand so hoch über den Mächten der Hölle,
Daß ihr Schutzengel heraustrat aus seiner Garnison.
Noch ihre kleinsten Bewegungen waren so fein
Wie die der besten Uhr von Harrison.

Lord Byron
Don Juan

Über die frühen Lebensjahre John Harrisons ist so wenig bekannt, daß seine Biographen gezwungen waren, ihren Stoff aus spärlichen Fakten zusammenzuweben.

Diese wenigen Dinge erinnern jedoch an erregende Elemente im Leben anderer legendärer Männer, so daß Harrisons Geschichte etwas Spannendes bekommt. Beispielsweise hat er sich mit dem gleichen Wissensdurst weitergebildet wie der junge Abraham Lincoln, der nachts bei Kerzenschein studierte. Er kam, genau wie Thomas Edison oder Benjamin Franklin, wenn nicht aus elenden, so doch aus sehr einfachen Verhältnissen und gelangte durch Intelligenz und Fleiß zu Reichtum. Und – auch auf die Gefahr hin, das Bild überzustrapazieren – er verbrachte die ersten dreißig Jahre als namenloser Tischler, ehe die Welt auf ihn und seine Ideen aufmerksam wurde.

John »Längengrad« Harrison kam am 24. März 1693 als ältestes von fünf Kindern in der Grafschaft Yorkshire zur Welt. Seine Eltern beschränkten sich, der Sitte ihrer Zeit entsprechend, auf so wenige Namen bei ihren Kindern, daß man schon

Dieses Gangwerk gehört zu John Harrisons erster Standuhr, die er 1713, mit 20 Jahren, fertigstellte. Da Harrison gelernter Tischler war, wandelte er die übliche Konstruktion des Gangwerks einer Standuhr so ab, daß er es aus Holz bauen konnte, vor allem aus Eichen- und Buchsbaumholz. Messing und Stahl benutzte er nur soweit nötig, Messing für das Hemmungsrad und die Zapfen, Stahl für die Stifte und die Hemmung. Die Uhr, die jede Stunde schlug, wurde aufgezogen, indem man die Spandrillen unter dem Zifferblatt entfernte und einen Aufziehschlüssel hineinsteckte, dessen Zähne in ein Zahnrad griffen, das sich auf der Drehwalze befand.

Gegenüber: John Harrison wurde in Foulby in der Nähe von Wakefield, Yorkshire, geboren und am 31. Mai 1693 getauft. Sein Vater war Tischler und wahrscheinlich auf dem nahegelegenen Gut, Nostell Priory, beschäftigt (siehe »Foleby« und »Nostal Priory« auf dem oberen Kartenausschnitt). Um 1700 zog die Familie ins 70 Kilometer östlich gelegene Dorf Barrow upon Humber in Lincolnshire, 5 Kilometer von dem Marktflecken Barton upon Humber entfernt, von wo aus es auf der Poststraße, die auf dieser Karte von 1730 eingezeichnet ist, 260 Kilometer nach London waren. Hull, damals der drittgrößte Seehafen in England, liegt etwa 7 Kilometer nördlich von Barrow, auf der anderen Seite des Humber.

Papier und Stift braucht, um all die Henrys, Johns und Elizabeths auseinanderzuhalten. John Harrison etwa war Sohn, Enkel, Bruder und Onkel eines Henry Harrison, während seine Mutter, seine Schwester, seine beiden Frauen, seine einzige Tochter und zwei von drei Schwiegertöchtern allesamt auf den Namen Elizabeth hörten.

Sein Elternhaus scheint auf Nostell Priory, dem Gut eines reichen Grundbesitzers, gestanden zu haben, bei dem Harrison senior als Tischler und Aufseher arbeitete. Schon bald, zwischen Johns viertem und siebentem Lebensjahr, zog die Familie, man weiß nicht warum, nach Barrow, einem kleinen, zweiundvierzig Meilen entfernten Ort am Südufer des Humber.

Dort erlernte der junge John bei seinem Vater das Tischlerhandwerk. Wer ihm Musikunterricht erteilte, ist unbekannt, doch er spielte die Gambe, läutete und stimmte die Kirchenglocken und dirigierte schließlich den Kirchenchor von Barrow. (Viele Jahre später, im Anhang der 1775 erschienenen Darstellung seiner Uhren, *A Description Concerning Such Mechanism as will Afford a Nice or True Mensuration of Time*, formulierte er eine radikale Theorie der Tonleiter.)

Der junge John muß sehr wißbegierig gewesen sein. Vielleicht hat er es selbst geäußert, vielleicht brannte die Faszination an technischen Apparaten so sehr in seinen Augen, daß es anderen auffiel. Jedenfalls schärfte ein Pfarrer, der 1712 die Gemeinde besuchte, seine Neugier, indem er ihm ein kostbares Lehrbuch lieh – eine Abschrift von naturphilosophischen Vorlesungen, die der Mathematiker Nicholas Saunderson an der Universität Cambridge gehalten hatte.

John Harrison konnte bereits lesen und schreiben, als er dieses Buch in die Hände bekam. Er fertigte seine eigene Abschrift von Saundersons Werk an, die er mit Anmerkungen versah und der er den Titel »Die Mechanik des Mr. Saunderson« gab. Er kopierte jedes Wort, jede Tabelle und jede Kurve, um die Bewegungsgesetze besser verstehen zu können. Unablässig vertiefte er sich wie ein Bibelforscher in dieses Lehrbuch, und im Laufe der Zeit versah er den Text mit immer neuen Anmerkungen und Überlegungen. Seine Handschrift ist klein, sauber und regelmäßig, wie man es bei einem methodisch denkenden Menschen erwartet.

Während Harrison nichts von Shakespeare hielt und die Werke dieses Dichters nicht in seinem Haus duldete, kamen ihm Newtons *Principia* und Saundersons

Ogilby's Travellers Guide; or Gentlemans Pocket Companion through all the Direct & Principal Cross Roads in England and Wales Shewing all the Towns situated on ye Roads, their distances from each other in computed Miles; also ye distance of each Market Town from London in measured Miles.
Part of Scotland
Humber R.
Osgod
Pontefract
Wakefield
British Ocean
Bristol Channel
The English Channel
France
London
Explanation
The Counties are express'd in Italick Capitals, as MIDDLESEX
The Market Towns are express'd in Roman Print as Brentford
The Villages are Engraved in Round Hand
The Figures placed in the Roads shew the distance of one Town from another in Computed Miles
The Roman Figures placed on the sides of each Road shew the distance of each Market Town from London
London Printed for Tho: Bowles next the Chapter-house, in St. Pauls

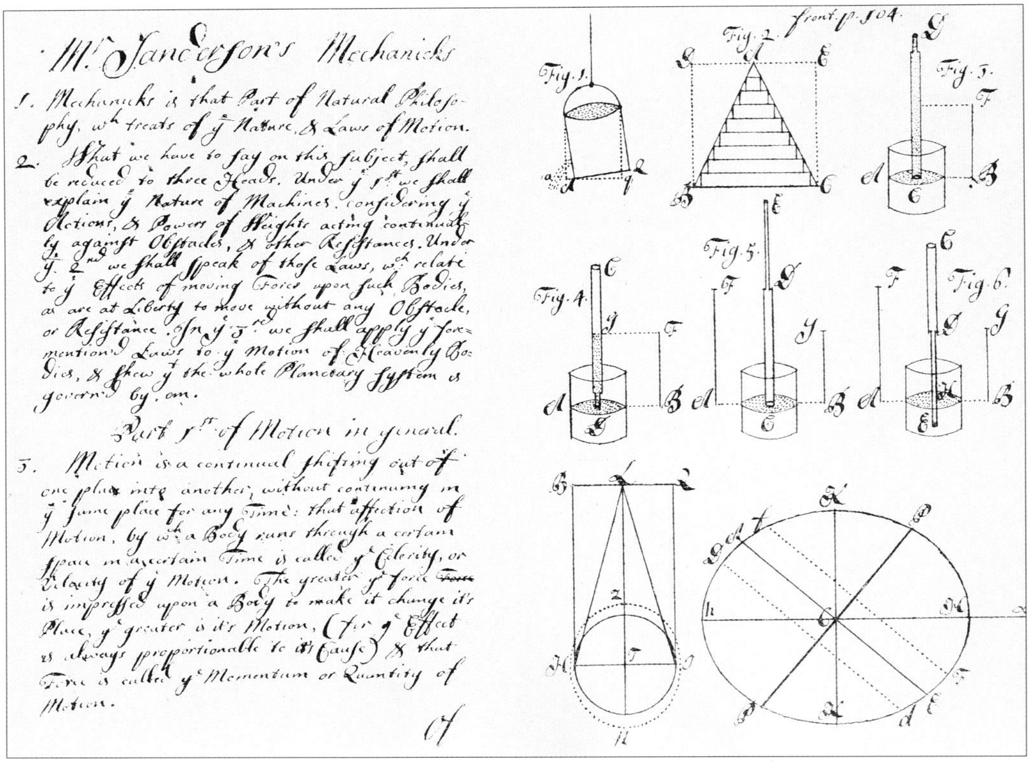
Mr. Sanderson's Mechanicks

1. Mechanicks is that Part of Natural Philoso-phy, wch treats of ye Nature, & Laws of Motion.

2. What we have to say on this subject, shall be reduced to three Heads. Under ye 1st we shall explain ye Nature of Machines, considering ye Motions, & Powers of Weights acting continually against Obstacles, & other Resistances. Under ye 2nd we shall speak of those Laws, wch relate to ye Effects of moving Forces upon such Bodies, as are at Liberty to move without any Obstacle, or Resistance. In ye 3rd we shall apply ye fore-mentioned Laws to ye Motion of Heavenly Bodies, & shew yt the whole Planetary System is govern'd by 'em.

Part 1st of Motion in general.

3. Motion is a continual shifting out of one place into another, without continuing in ye same place for any Time: that affection of Motion, by wch a Body runs through a certain space in a certain Time is called ye Celerity, or Velocity of ye Motion. The greater ye Force is impressed upon a Body to make it change it's Place, ye greater is it's Motion, (for ye Effect is always proportionable to it's Cause) & that Force is called ye Momentum or Quantity of Motion.

Of

John Harrisons Mitschrift einer der Vorlesungen von Professor Nicholas Saunderson läßt ein wenig erkennen, wie Harrison zu seinem exzellenten Wissen über Mechanik gelangte. Diese Abbildung stammt aus dem Katalog zur Sotheran-Auktion von 1921, auf der dieses und andere wichtige Dokumente, die mit Harrisons Leben und Werk zu tun haben, angeboten wurden. Der Käufer dieser Stücke konnte nicht ausfindig gemacht werden, und ihr Verbleib ist nicht bekannt.

Vorlesungen, mit denen er seine naturwissenschaftlichen Kenntnisse vertiefte, zeit seines Lebens zustatten.

Seine erste Pendeluhr baute Harrison 1713, als er knapp zwanzig war. Warum er das tat und wieso er ohne Uhrmacherlehre ein so hervorragendes Ergebnis erzielte, bleibt ein Rätsel. Doch die Uhr existiert. Ihr Werk und Zifferblatt – signierte, datierte Fossilien aus dieser Anfangszeit – befinden sich heute in einer Schauvitrine im Ausstellungsraum der *Worshipful Company of Clockmakers* in der Londoner Guildhall.

Diese Uhr ist nicht nur deswegen bemerkenswert, weil der große Harrison sie gebaut hat, sondern auch einmalig, weil sie fast ausschließlich aus Holz besteht. Sie ist gewissermaßen eine getischlerte Uhr, mit Eichenholzrädern und Buchsbaumzapfen, die mit kleinen Teilen aus Messing und Stahl verbunden sind und von ihnen angetrieben werden. Als praktisch denkender und einfallsreicher Mensch verwendete Harrison die Materialien, die ihm zur Verfügung standen,

Diese Uhr wurde 1715 von John Harrison fertiggestellt. Durch das Blattgold auf dem hölzernen Zifferblatt (links) wirkt sie wie aus Messing, was dem Stil der damaligen Zeit entsprach, so daß man nicht sah, daß sie ganz aus Holz war. Die Eichenholzstücke, auf denen das Gangwerk der Uhr (rechts) ruht, sind mit Messingklammern im Eichenholzrahmen befestigt. Wie die beiden identischen Uhren, die er 1713 und 1717 anfertigte, zeigt auch diese Stunden, Minuten und das Datum an. Diese Uhren wurden auf dem Papier signiert und datiert, das die hölzernen Datumsräder bedeckt.

und zwar sehr gekonnt. Die hölzernen Zähne der Räder brachen nicht ab und zeigten keine Abnutzungserscheinungen, weil sie so geschnitten waren, daß die Holzmaserung verstärkend wirkte.

Historiker fragen sich, ob Harrison irgendwelche Uhren auseinandergenommen und studiert hat, bevor er daranging, seine eigene zu bauen. Einer Legende zufolge soll er während einer Kinderkrankheit dem Ticken einer Taschenuhr gelauscht haben, die auf seinem Kopfkissen lag. Doch wo sollte der Knabe einen solchen Gegenstand herbekommen haben? Taschen- und Standuhren kosteten in jener Zeit sehr viel Geld. Selbst wenn seine Eltern sich eine Uhr hätten leisten können, wo hätten sie sie kaufen sollen? Im frühen achtzehnten Jahrhundert gab es (abgesehen von dem Autodidakten John Harrison selbst), soweit wir wissen,

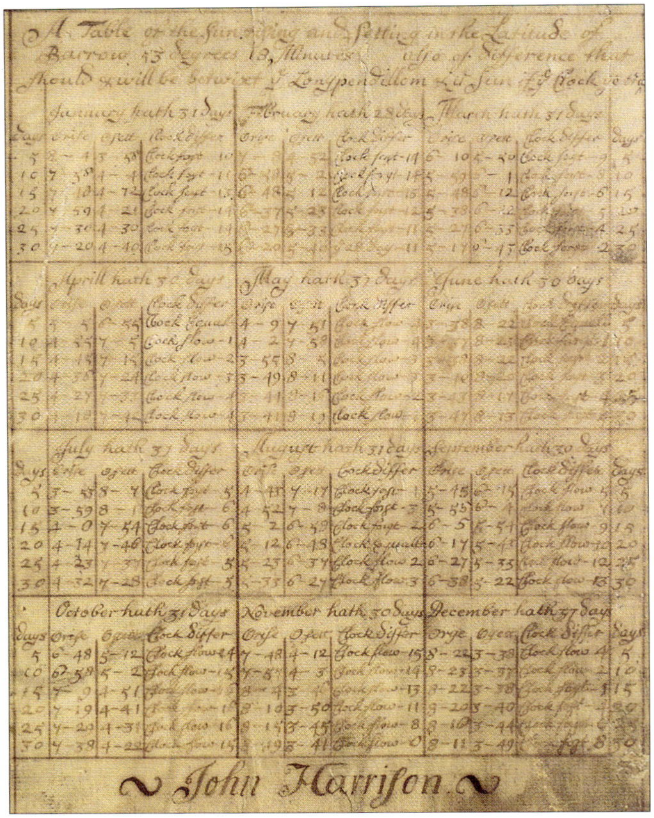
A Table of the Sun rising and setting in the Latitude of Barrow 53 degrees 13 Minutes also of Difference that should & will be betwixt ye Long pendillom & ye Sun dyl Clock

January hath 31 days · February hath 28 days · March hath 31 days

Aprill hath 30 days · May hath 31 days · June hath 30 days

July hath 31 days · August hath 31 days · September hath 30 days

October hath 31 days · November hath 30 days · December hath 31 days

John Harrison

Die Tabelle, die John Harrison für seine Uhr von 1717 errechnete, zeigt die »Zeitgleichung«, die Anzahl der Minuten und Sekunden, die man hinzufügen oder abziehen muß, wenn man die Uhr mittels einer Sonnenuhr stellt. Während Uhren das ganze Jahr hindurch dem gleichen Zeitmaß unterliegen (mittlere Zeit), ist die Sonnenzeit einem Zyklus des Zu- und Abnehmens unterworfen, weil die Erde eine schiefe Achse besitzt und die Sonne in einer elliptischen Bahn umkreist. Nur viermal im Jahr stimmen Sonnenzeit und mittlere Zeit überein. Die Diskrepanz nennt man die Zeitgleichung.

keinen einzigen Uhrmacher im nördlichen Lincolnshire.

Harrison baute 1715 und 1717 noch zwei weitere, fast identische Holzuhren. Die Pendel und hohen Gehäuse dieser Zeitmaschinen sind verlorengegangen, so daß nur die Uhrwerke erhalten sind, mit Ausnahme eines Teils der Tür (etwa von der Größe eines DIN-A3-Blattes) von der dritten Uhr. Er blieb der Nachwelt erhalten, weil ein innen aufgeklebtes Dokument das weiche Holz schützte. Dieses Dokument, Harrisons »Tabelle der Zeitgleichung«, wird heute zusammen mit seiner ersten Uhr in einer Vitrine in der Guildhall gezeigt.

Mit Hilfe der Tabelle konnte man die Abweichung zwischen der »wahren« Sonnenzeit (wie sie von einer Sonnenuhr angezeigt wird) und der künstlichen, aber genaueren »mittleren« Zeit (wie sie von mechanischen Uhren angezeigt wird) errechnen. Die Differenz zwischen Sonnenzeit und mittlerer Zeit wird, je nach Jahreszeit, größer und kleiner und kann in einer Kurve dargestellt werden. Heute wird die Zeit nicht mehr nach der Sonnenzeit angegeben, sondern nur nach dem Standard der sogenannten »Greenwich Mean Time«, doch zu Harrisons Zeit erfreuten sich Sonnenuhren noch großer Beliebtheit. Eine gute mechanische Uhr mußte mit dem kosmischen Uhrwerk in Einklang gebracht werden, und das geschah mit Hilfe der »Zeitgleichung«. Harrison kannte sich schon in seiner Jugend auf diesem Gebiet aus, ja er stellte sogar eigene astronomische Beobachtungen an und ermittelte die Daten für seine eigene Tabelle.

Das Wesen dieser Konversionstabelle faßte Harrison in einer handgeschriebenen

Titelei zusammen: »Tabelle der Sonnenaufgänge und -untergänge auf der Breite von Barrow 53 Grad 18 Minuten; sowie der Differenz, die es gibt & geben soll zwischen Pendule & Sonne, wenn die Uhr richtig geht.« Diese etwas malerische Formulierung ist Ausdruck ihrer Zeit, aber auch einer gewissen Umständlichkeit. Harrisons Bewunderer haben oft darauf hingewiesen, daß er sich schriftlich nicht klar ausdrücken konnte. Er schrieb gewunden und umständlich. Welch brillante Ideen sich in seinem Kopf auch entwickelt oder in seinen Uhren kristallisiert haben, sein sprachlicher Ausdruck war alles andere als glanzvoll. Sein letztes veröffentlichtes Werk, in dem er die ganze Geschichte seiner unerfreulichen Verhandlungen mit der Längenkommission darstellt, zeigt ihn auf dem Höhepunkt seiner endlosen Umständlichkeit. Der erste Satz erstreckt sich, ohne Punkt und Komma, über fünfundzwanzig Seiten.

In privaten Dingen wohl etwas direkter, machte Harrison Elizabeth Barrel einen Heiratsantrag, und am 30. August 1718 wurde sie seine Frau. Im darauffolgenden Sommer wurde ihr Sohn John geboren. Später erkrankte Elizabeth und starb in dem Frühling, bevor der Junge sieben wurde.

Es überrascht nicht, daß über das Privatleben des Witwers wenig bekannt ist, denn er führte kein Tagebuch und hat keine Briefe hinterlassen, in denen er über seine Arbeit oder seine Sorgen berichtet. Aus dem Kirchenbuch geht jedoch hervor, daß er ein halbes Jahr nach dem Tod seiner Frau wieder eine Braut fand. Am 23. November 1726 heiratete er die zehn Jahre jüngere Elizabeth Scott, mit der er fünfzig Jahre zusammenleben sollte. Bald wurden zwei Kinder geboren – 1728 ein Sohn, William, der der Liebling des Vaters war und seine rechte Hand wurde, 1732 eine Tochter, Elizabeth, von der bis auf den Tag ihrer Taufe (21. Dezember) nichts bekannt ist. John, der Sohn aus erster Ehe, starb achtzehnjährig.

Niemand weiß, wann oder wie Harrison erstmals vom Preis der Längenkommission hörte. Man kann allerdings annehmen, daß sich in Hull, der drittgrößten englischen Hafenstadt, die nur fünf Meilen nördlich von Barrow lag, solche Dinge herumgesprochen haben müssen. Von dort könnte die Nachricht durch irgendeinen Matrosen oder Kaufmann auf die andere Seite des Humber gelangt sein.

Harrison dürfte schon früh vom Problem der Längengradbestimmung gewußt haben – so wie jeder aufgeweckte Junge heutzutage weiß, daß Krebs noch immer

Brocklesby Park, ein Landgut etwa 15 Kilometer südlich von Barrow upon Humber, wurde zu Anfang des 18. Jahrhunderts neu gebaut, und die Stallungen wurden um 1720 errichtet. Die Stalluhr, die Harrison 1722 entwarf und konstruierte, wirkt von außen wie eine gewöhnliche Turmuhr, aber ihr hölzernes Gangwerk stellt Harrisons ersten Versuch dar, die Reibung zu überwinden – den Anfang seiner Suche nach dem präzisen Zeitmesser.

unheilbar ist und es keine vernünftige Möglichkeit zur Beseitigung von Atommüll gibt. Die geographische Länge war die große technologische Herausforderung der Zeit. Mit der Frage, wie man auf See Uhrzeit und Längengrad bestimmen konnte, hat Harrison sich vermutlich schon beschäftigt, bevor das britische Parlament die große Prämie aussetzte – zumindest jedoch, bevor er davon erfuhr. Ob er sich nun vordringlich mit dem Längengrad befaßte oder nicht, er arbeitete an Projekten, die sein Denken auf eine Lösung des Problems vorbereiteten.

Irgendwann um 1720, als Harrison eine gewisse örtliche Bekanntheit als Uhrmacher erlangt hatte, wurde er von Sir Charles Pelham beauftragt, eine Turmuhr für den neuen Stall des Gutshauses von Brocklesby Park zu erbauen.

Diese Arbeit führte Harrison, der als Knabe die Kirchenglocken geläutet hatte, in vertraute Höhen. Diesmal nicht, um das Glockenseil zu ziehen, sondern um ein neues Instrument zu konstruieren, das jedermann die wahre Zeit verkünden sollte.

Die Turmuhr in Brocklesby Park, die um 1722 fertiggestellt wurde, zeigt noch heute die Zeit an. Sie läuft seit über 270 Jahren – abgesehen von einer kurzen Unterbrechung im Jahre 1884, als sie überholt wurde. In dieser Uhr, angefangen bei dem schönen Gehäuse bis hin zum fast reibungsfreien Räderwerk, erweist sich die handwerkliche Meisterschaft eines großen Schreiners. Das Werk beispielsweise kommt ohne Öl aus. Es braucht nicht geschmiert zu werden, da die entscheidenden Teile aus *Lignum vitae* sind, einem tropischen Hartholz, das selbst Fett ausscheidet. Harrison verzichtete bewußt auf die Verwendung von Eisen oder Stahlteilen, da er befürchtete, daß sie bei feuchter Witterung rosten würden. Wenn er Metall benötigte, griff er auf Messing zurück.

Die Turmuhr von Brocklesby Park befindet sich in einem fein gearbeiteten hölzernen Schränkchen im Dachgeschoß über den Ställen. Alle Zapfen sind aus Lignum vitae, *einem von Natur aus öligen Hartholz, so daß die Uhr ohne Schmiermittel laufen kann. Die Hemmung ist die erste Version von Harrisons praktisch reibungsloser Hemmung, der sogenannten »Grasshopper«-Hemmung, die so heißt, weil ihre Bewegung der der Hinterbeine dieses Insekts ähnelt.*

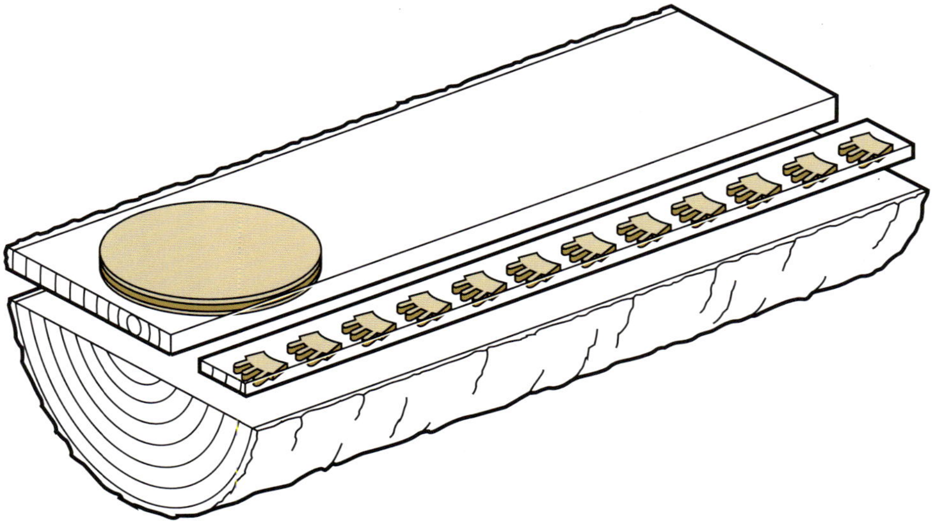

Diese Abbildung zeigt die Teile eines Eichenstamms, die Harrison für Kern und Zähne seiner hölzernen Zahnräder auswählte. Der Kern wurde aus einer Planke genommen, die durch die Mitte des Stammes lief, um einem Verziehen des Rades vorzubeugen; die Zähne nahm er von weiter außen, wo die neuen Wachstumsringe breiter waren und den Zähnen eine größere Festigkeit verliehen.

Die Zahnräder aus Eichenholz sind nach einem neuen Prinzip konstruiert. Die Räder ähneln einer Kinderzeichnung der Sonne – die Maserungslinien laufen strahlenförmig, wie mit Stift und Lineal gezogen, vom Radmittelpunkt bis zu den Zahnenden. Um eine möglichst große Langlebigkeit der Holzteile zu erreichen, verwendete Harrison Eiche von schnell wachsenden Bäumen, deren Jahresringe weit auseinanderstehen. Aufgrund des hohen Anteils an jungem Holz liefern solche Bäume Holz mit weiter Maserung und großer Härte. (Unter dem Mikroskop weist die Struktur von Jahresringen eine gewisse Ähnlichkeit mit einer Bienenwabe mit ihren Höhlungen auf, während neues Holz zwischen den Ringen glatt und dicht erscheint.) An anderer Stelle, wo es Harrison statt auf Härte vor allem auf Leichtigkeit des Materials ankam, wie bei den zentralen Radteilen, verwendete er langsam wachsende Eiche. Dieses Holz, dessen Jahresringe dichter beieinander liegen, ist stärker gemasert und nicht so schwer.

Daß Harrison hervorragende Kenntnisse auf dem Gebiet der Holzverarbeitung besaß, wird heutzutage anhand von Röntgenuntersuchungen deutlich. Klar ist auch, daß die wartungsfreie Turmuhr von Brocklesby Park sein erster großer Schritt in Richtung auf eine Schiffsuhr war. Eine Uhr ohne Öl, seinerzeit etwas Unerhörtes, würde auf See vermutlich sehr viel genauer gehen als alle Uhren, die bislang gebaut worden waren. Denn Schmieröl wurde während der Reise, je

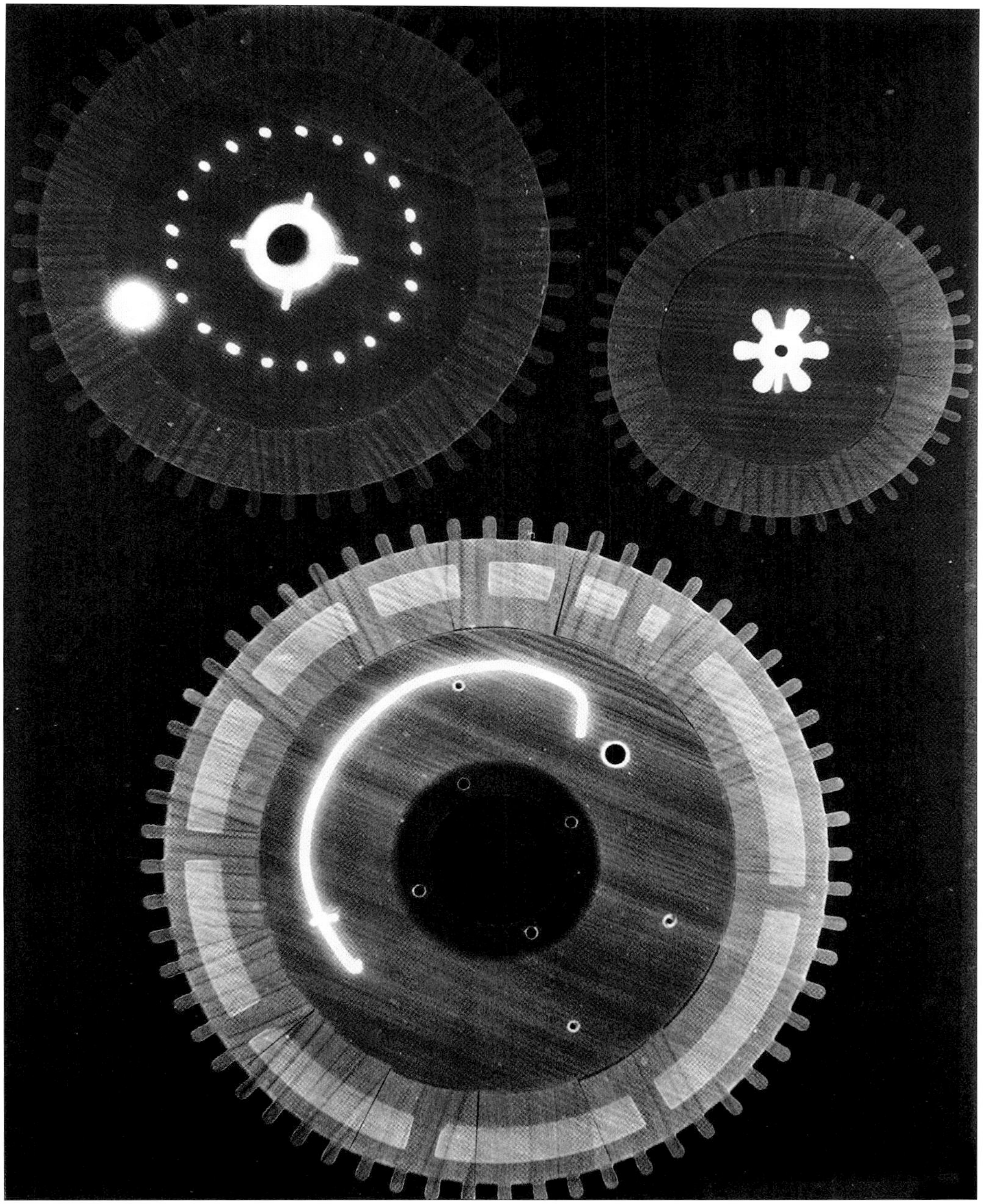

Harrison konstruierte seine Zahnräder so, daß die Zähne eine strahlenförmige Maserung besaßen, was ihnen die nötige Stärke verlieh und ein Abbrechen verhinderte. Dieses Röntgenbild zeigt, wie die perfekt eingepaßten Segmente in die tiefen Schlitze im Radrand geklebt wurden. Das Holz war so gut abgelagert und sorgfältig ausgewählt, daß die Räder selbst nach 250 Jahren noch fast so gut und exakt wie damals sind.

nach Temperatur, dicker oder dünner, so daß die Uhr schneller oder langsamer ging – oder überhaupt stehenblieb.

Die nächsten Uhren baute Harrison gemeinsam mit seinem Bruder James, der elf

Harrison entwarf dieses Rostpendel, um zu verhindern, daß eine Temperaturschwankung die Länge des Pendelstabes veränderte. Steigt die Temperatur, so wird der Ausdehnung der (blauen) Stahlstäbe, die oben am Rahmen aufgehängt sind, nach unten durch die Ausdehnung der (gelben) Messingstäbe entgegengewirkt, die auf dem Rahmen unten stehen und sich nach oben ausdehnen. Fällt die Temperatur, wird die nach oben gerichtete Zusammenziehung der Stahlstäbe durch die nach unten gerichtete der Messingstäbe verhindert. So bleibt die Länge des Pendels (und damit die Zeit der Pendelbewegung) konstant. Kleinere Korrekturen der Kompensation konnten mit dem »Metallflöten«-Justierer (Detail im Bild) vorgenommen werden.

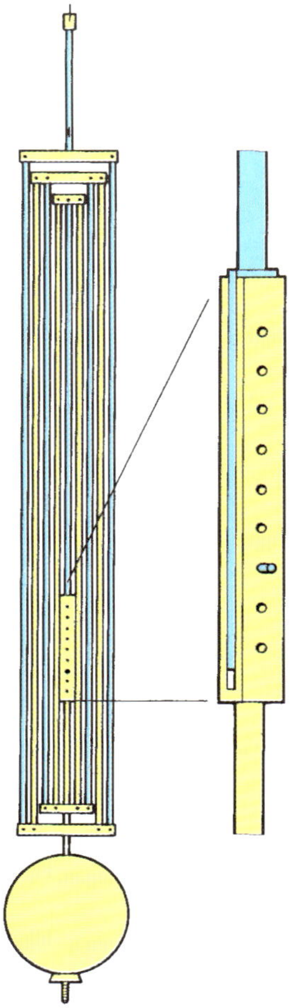

Jahre jünger, aber ein ähnlich talentierter Handwerker war. Von 1725 bis 1727 bauten die beiden zwei große Stand- oder Großvateruhren. James Harrison signierte sie beide in fetten Buchstaben direkt auf den bemalten Holzgehäusen. Der Name John Harrison taucht nirgends auf, weder außen noch innen, aber kein Horologe der Welt zweifelt daran, daß es John war, der die Konstruktionszeichnungen angefertigt hat und die treibende Kraft war. Nach der Großzügigkeit zu urteilen, die er in späteren Jahren an den Tag legte, wollte er seinen jüngeren Bruder vielleicht ermutigen, indem er ihm erlaubte, seinen Namen auf das gemeinsame Produkt zu setzen.

Die beiden großen Standuhren waren mit zwei Neuerungen ausgestattet, dem »Rostpendel« und der »Grasshopper-Hemmung«, die eine nahezu vollkommene Ganggenauigkeit erlaubten. Warum das Rostpendel so heißt, zeigt ein Blick durch das kleine Guckloch im Gehäuse der Harrisonschen Standuhr, die in der Guildhall ausgestellt ist. Man sieht, daß das Pendel aus mehreren parallelen Stäben von unterschiedlichen Metallen besteht, die Ähnlichkeit mit einem Rost haben, wie man ihn zum Grillen verwendet. Und Hitze macht diesem Rostpendel auch tatsächlich nichts aus.

Die meisten Pendel der damaligen Zeit dehnten sich bei Wärme aus, wurden also länger und gingen langsamer. Wenn sich das Pendel bei Kälte wieder zusammenzog, ging die Uhr schneller. Jedes Metall besaß diese ärgerliche Eigenschaft, doch jedes Metall hatte seine eigene typische Verhaltensweise. Indem Harrison lange und kurze Stäbe aus zwei unterschiedlichen Metallen (Messing und Stahl) in einem Pendel verband, konnte er dieses Problem ausschalten. Bei schwankenden Temperaturen hoben sich die unterschiedlichen Ausdehnungstendenzen der Metalle auf, so daß das Pendel nie zu langsam oder zu schnell ausschlug.

Die Grasshopper-Hemmung – der Teil der Uhr, der ihren Pulsschlag reguliert – bekam diesen Namen, weil die kreuzweise angeordneten Arme, die geräuschlos

Links: Dies ist die erste der drei bekannten Standuhren, die die Brüder Harrison zwischen 1725 und 1730 angefertigt haben, um John Harrisons Erfindungen für den Präzisionsuhrenbau zu testen. Ihr Äußeres entsprach der neuesten Mode, so daß man sie nach Abschluß der Experimente verkaufen konnte. Anscheinend war John für den Entwurf verantwortlich, aber signiert und daher auch angefertigt hat sie sein jüngerer Bruder James.
Rechts: Diese besondere Uhr, die wohl zwischen 1725 und 1726 entstanden ist, diente Harrison wahrscheinlich als Testgerät für seine vielen Erfindungen. Das obere hölzerne Querstück des Rahmens wurde von einer Kerze angesengt. Dies geschah wohl, als jemand, vielleicht Harrison selbst, das Laufwerk beleuchten wollte, um die Grasshopper-Hemmung zu prüfen und zu justieren.

Wenn das Pendel nach rechts schwingt, kommt der Spindellappen A der Hemmung mit einem Zahn des Zahnrads in Kontakt, das dann über diesen Spindellappen das Pendel bei seiner Rückkehr nach links stößt.

Wenn der Spindellappen B in Kontakt mit einem anderen Zahn gebracht wird, stößt das Rad zurück, läßt den Spindellappen A frei, so daß er sich vom Rad löst.

Durch den Spindellappen B wird das Pendel dann nach rechts gestoßen. Diese Bewegungen werden durch die anderen Komponenten der Hemmung geregelt.

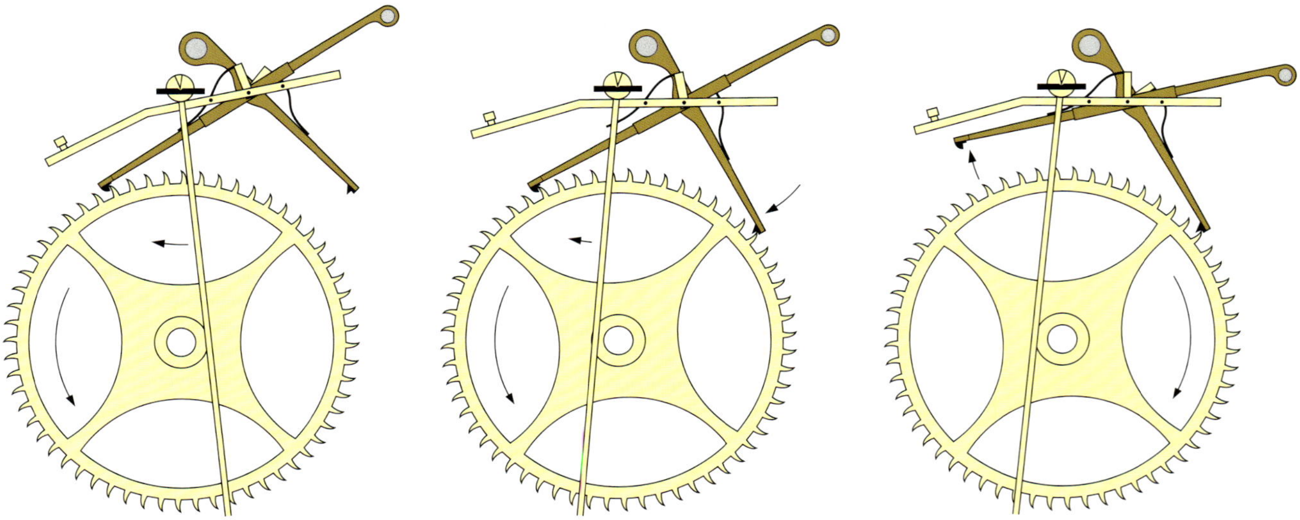

Die Hemmung sorgt für die Verbindung zwischen den Rädern des Zeitmessers, die die Kraft übertragen und die Zeiger antreiben, und dem Pendel, das die Geschwindigkeit bestimmt, mit der die Uhr läuft. Bei jedem Schwingen des Pendels läßt die Hemmung einen der Zähne des Zahnrads los und überträgt die Kraft, um das Pendel in Bewegung zu halten. Viele verschiedene Methoden wurden hierfür ersonnen. Die Grasshopper-Hemmung wurde entwickelt, um die Reibung und Abnutzung zu verhindern, durch die auf die Dauer die Funktionsgenauigkeit beeinträchtigt würde.

und im Gegensatz zu älteren Hemmungsmodellen reibungsfrei liefen, an die Beinbewegungen von Heuschrecken erinnerten.

Die Ganggenauigkeit ihrer mit Rostpendel und Grasshopper-Hemmung versehenen Uhren überprüften die Gebrüder Harrison anhand der regelmäßigen Sternbewegungen. Als astronomisches Visier diente ihnen ein Fensterkreuz und der Schornstein des Nachbarhauses. Nacht für Nacht notierten sie, wann bestimmte Sterne hinter dem Schornstein verschwanden. Aufgrund der Erdrotation mußte jeder Stern exakt 3 Minuten und 56 Sekunden (Sonnenzeit) früher erscheinen als in der Nacht zuvor. Jede Uhr, die diesen Sternenfahrplan einhält, erweist sich als ebenso vollkommen wie Gottes prächtiges Uhrwerk selbst.

Die Rückseite von Harrisons Präzisions-Standuhr (um 1725/26) zeigt das Rostpendel, das an justierbaren zykloiden Backen aufgehängt ist. Alle Neuerungen Harrisons konnten fein verstellt werden, was für Tests nötig war. Nach langwierigen Versuchen unter unterschiedlichsten Bedingungen behauptete Harrison, seine Uhren gingen innerhalb eines Monats allenfalls eine Sekunde vor oder nach und bräuchten 40 oder 50 Jahre lang nicht gereinigt zu werden. Diese »Regulatoren« dienten als Maß, als er seine Schiffsuhren auf Zuverlässigkeit und Präzision überprüfte.

In diesen nächtlichen Versuchen betrug die Abweichung der Harrisonschen Uhren nie mehr als eine einzige *Sekunde* pro *Monat*. Demgegenüber gingen die besten Uhren der damaligen Zeit durchschnittlich eine *Minute* pro *Tag* falsch. Erstaunlicher als die bemerkenswerte Präzision dieser Harrisonschen Uhren war nur

Dieses um 1910 aufgenommene Photo zeigt im Hintergrund neben der Tür zu John Harrisons Haus einen kleinen Vorbau. Das war vermutlich der Raum, in dem Harrison die Dehnungskoeffizienten verschiedener Metalle testete. Mit einem an der Südwand befestigten Gerät führte er dort im Sommer und Winter 1727/28 Experimente zur Ausdehnung und Zusammenziehung von Messing, Stahl und Silber durch. Aufgrund der Ergebnisse konnte er sein Rostpendel bauen, das trotz Temperaturschwankungen die gleiche Länge beibehält. So überwand er eines der größten Probleme der präzisen Zeitmessung.

John Harrison und seine erste Frau kauften am 22. Februar 1726 dieses Cottage aus dem 17. Jahrhundert in Barrow upon Humber. Wahrscheinlich testete er hier seine Präzisions-Regulatoren und seine erste »See-Uhr«, die H-1. Trotz Versuchen, dieses historische Bauwerk zu retten, wurde es im November 1968 abgerissen, um eine zweite Zufahrt zu einem Geschäft anzulegen. 1994 mußte das ganze Gelände einem Neubaugebiet weichen.

noch der Umstand, daß zwei ohne fremde Hilfe arbeitende Provinzhandwerker dieses beispiellose Resultat erreicht hatten – und nicht etwa Meister wie Thomas Tompion oder George Graham, die in den Uhrmacherzentren des kosmopolitischen London über teure Materialien und erfahrene Mechaniker verfügten.

Wie Harrison später schrieb, hatte er sich, angeregt durch Visionen vom Längengradpreis, um 1727 bereits dem speziellen Problem der Schiffsuhr zugewendet. Es war klar, daß er reich und berühmt werden konnte, wenn es ihm gelang, seine präzisen Uhren seetüchtig zu machen.

Das Problem der Schmiermittel war gelöst, er hatte ein fast reibungsfreies Uhrwerk entwickelt, das noch größere Präzision ermöglichte, und er hatte ein Pendel für alle Jahreszeiten konstruiert. Er war bereit, es mit der salzigen Meeresluft und den stürmischen Ozeanen aufzunehmen. Aber er wußte, daß er – welche Ironie! – auf sein Rostpendel verzichten mußte, wenn er die 20 000 Pfund Sterling gewinnen wollte.

Obwohl das Rostpendel an Land triumphiert hatte – Pendel blieb Pendel, und kein Pendel konnte die stürmische See überleben. Harrison überlegte sich nun, den mit einem Gewicht versehenen Pendelstab durch federnde, gegeneinander wirkende Schwingarme zu ersetzen, die noch den mächtigsten Wogen standhalten würden.

Sobald er, nach fast vier Jahren Arbeit, mit seinen neuen Konstruktionszeichnungen zufrieden war, fuhr er in das zweihundert Meilen entfernte London, um sein Projekt der Längenkommission vorzulegen.

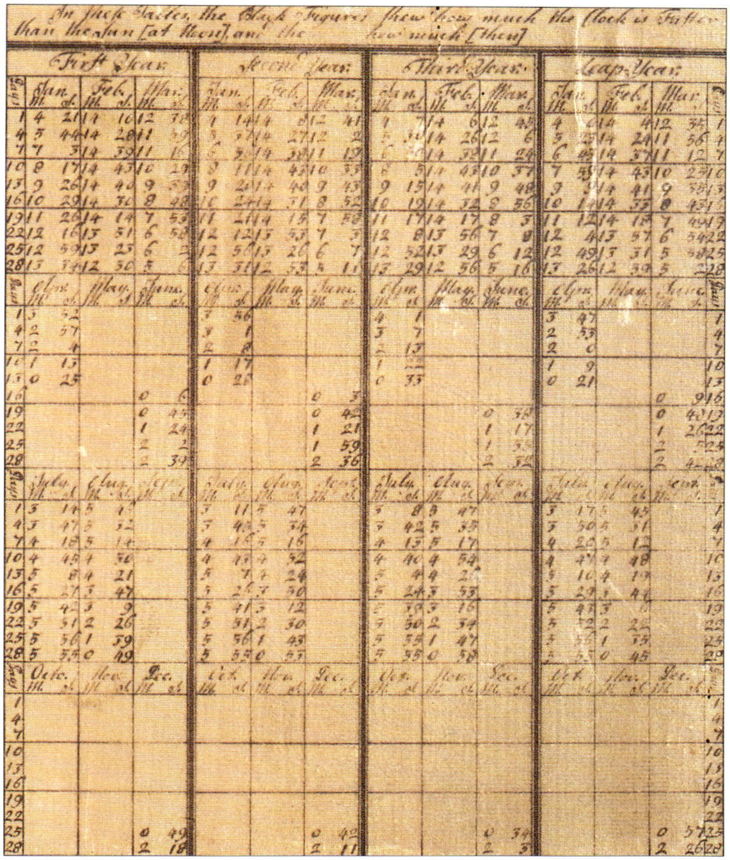

Diese Tabelle der Zeitgleichungen stammt von Harrison. Er hat sie an die Innenseite der Tür seines Regulators von 1728 geklebt. Im Gegensatz zu der Tabelle, die er für seine Uhr von 1717 (s. S. 86) angefertigt hat, hat Harrison hier den Vierjahreszyklus des Schaltjahrs berücksichtigt.

8

Die Heuschrecke sticht in See

Wo auf dieser geschwätzigen Welt finde ich

Eine Longitüde ohne Platitüde?

Christopher Fry

Die Dame ist nicht fürs Feuer

Als John Harrison im Sommer 1730 in London eintraf, war die Längenkommission nirgends aufzufinden. Obwohl dieses ehrwürdige Gremium schon fünfzehn Jahre existierte, hatte es keine offizielle Adresse. Ja, es war überhaupt noch nie zusammengetreten.

Die Vorschläge, die der Kommission unterbreitet worden waren, hatten sich als so uninteressant und belanglos erwiesen, daß einzelne Kommissionsmitglieder den hoffnungsfrohen Erfindern einfach nur Ablehnungsbriefe geschrieben hatten. Kein einziger Plan hatte soviel Hoffnung geweckt, als daß fünf Kommissionsmitglieder – das gesetzlich vorgeschriebene Quorum – sich auch nur die Mühe gemacht hätten, zusammenzukommen und das Verfahren eingehend zu prüfen.

Harrison wußte jedoch, daß der Kommission unter anderem der berühmte Dr. Halley angehörte, weshalb er sich sofort nach Greenwich begab, um den großen Astronomen in der Königlichen Sternwarte zu besuchen.

Nach John Flamsteeds Tod im Jahre 1720 war Halley zum zweiten Königlichen

John Harrisons erster Zeitmesser für Seeleute, bekannt als H-1, hat vier Zifferblätter. Oben werden die Sekunden, links die Minuten, rechts die Stunden und unten der Monatstag angezeigt. Diese etwa eineinhalb Meter hohe Uhr wurde innerhalb von fünf Jahren, 1730–1735, hergestellt.

Astronomen Englands ernannt worden – eine Entscheidung, bei der sich der Puritaner Flamsteed im Grabe herumgedreht hätte, denn zu Lebzeiten hatte er Halley immer wieder getadelt, er trinke Brandy und fluche »wie ein Schiffskapitän«. Und natürlich hatte er weder Halley noch dessen Komplizen Newton verziehen, daß sie seine Sternkataloge geraubt und gegen seinen Willen veröffentlicht hatten.

Halley war beliebt, freundlich zu seinen Untergebenen, und er blieb auch als Direktor der Sternwarte ein Mann mit Humor. Mit seinen Mondbeobachtungen und der Entdeckung der Eigenbewegungen der Fixsterne trug er unermeßlich zum Ruhm des Observatoriums bei – selbst wenn die Geschichte stimmen sollte, daß er und Peter der Große eines Nachts, übermütig wie Schuljungen, einander mit einem Schubkarren durch den Park kutschierten und durch Hecken schoben. Halley empfing Harrison mit großer Höflichkeit. Er hörte aufmerksam zu, als Harrison seine neuartige Schiffsuhr beschrieb, und ließ sich die Entwürfe zeigen. Er war beeindruckt und sagte das auch. Trotzdem wußte er, daß die Längenkommission eine mechanische Lösung für ein – aus ihrer Sicht – rein astronomisches Problem nicht akzeptieren würde. Die Kommission hatte, wie schon gesagt, ein

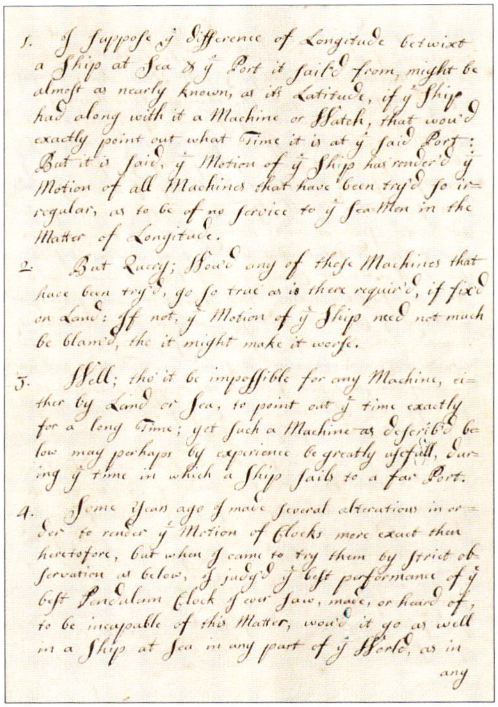

1. I suppose ye Difference of Longitude betwixt a Ship at Sea & ye Port it sail'd from, might be almost as nearly known, as its Latitude, if ye Ship had along with it a Machine or Watch, that wou'd exactly point out what Time it is at ye said Port: But it is said, ye Motion of ye Ship has render'd ye Motion of all Machines that have been try'd so irregular, as to be of no service to ye Sea-Men in the Matter of Longitude.

2. But Query; Wou'd any of these Machines that have been try'd, go so true as is there requir'd, if fix'd on Land: If not, ye Motion of ye Ship need not much be blam'd, tho it might make it worse.

3. Well; tho' it be impossible for any Machine, either by Land or Sea, to point out ye time exactly for a long Time; yet such a Machine as describ'd below may perhaps by experience be greatly usefull, during ye time in which a Ship sails to a far Port.

4. Some Years ago I made several alterations in order to render ye Motion of Clocks more exact then heretofore, but when I came to try them by strict observation as below, I judg'd ye best performance of ye best Pendulum Clock I ever saw, made, or heard of, to be incapable of this Matter, wou'd it go as well in a Ship at Sea in any part of ye World, as in

any

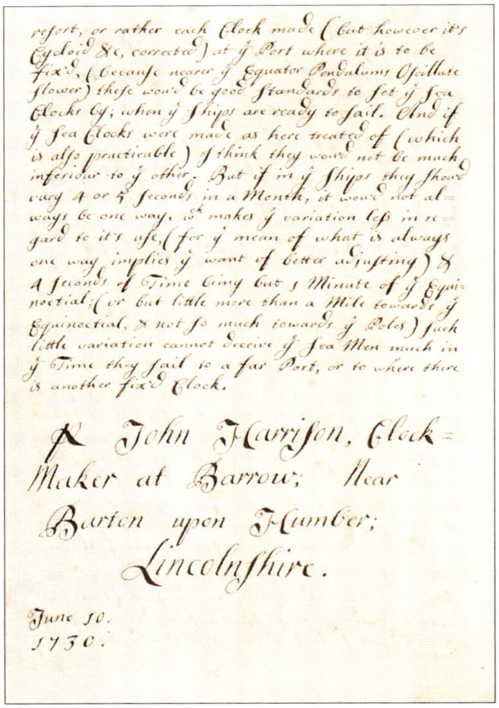

resort, or rather each Clock made (but however it's Cycloid &c, corrected) at ye Port where it is to be fix'd, (because nearer ye Equator Pendulums Oscillate slower) these wou'd be good Standards to set ye Sea Clocks by; when ye Ships are ready to sail. And if ye Sea Clocks were made as here treated of (which is also practicable) I think they wou'd not be much inferiour to ye other. But if in ye Ships they shou'd vary 4 or 5 seconds in a Month, it wou'd not always be one way, wch makes ye variation less in regard to it's use, (for ye mean of what is always one way, implies ye want of better adjusting) & 4 seconds of Time being but 1 Minute of ye Equinoctial; (or but little more than a Mile towards ye Equinoctial, & not so much towards ye Poles) such little variation cannot deceive ye Sea Men much in ye Time they sail to a far Port, or to where there is another fix'd Clock.

Per John Harrison, Clock=
Maker at Barrow; Near
Barton upon Humber;
Lincolnshire.

June 10.
1730.

Als Harrison nach London fuhr, um finanzielle Unterstützung für seine geplante Schiffsuhr zu suchen, nahm er wahrscheinlich sein 22seitiges Manuskript mit, dessen erste und letzte Seite hier gezeigt werden. Es faßt seine bis dahin geleistete Arbeit zusammen und beschreibt detailliert seine Präzisions-Regulatoren sowie seine Pläne für einen Zeitmesser zur Längengradbestimmung. Auf der mit dem 10. Juni 1730 datierten letzten Seite schlägt Harrison vor, das Längengradproblem zu lösen, indem man in jedem Hafen einen seiner Regulatoren aufstellte, so daß nach diesem Richtmaß die Schiffsuhren gestellt werden könnten.

Übergewicht an Astronomen, Mathematikern und Navigatoren. Halley selbst verbrachte den größten Teil seiner Zeit mit der Beobachtung der Mondbewegungen, um die Methode der Monddistanzen zur Längengradbestimmung zu vervollkommnen. Er war aber durchaus aufgeschlossen für andere Ansätze.

Statt Harrison direkt in die Höhle des Löwen zu schicken, schlug er ihm vor, zunächst den bekannten Uhrmacher George Graham aufzusuchen. George Graham (der »Ehrliche«, wie er später genannt wurde) würde Harrisons Entwurf am ehesten beurteilen können. Zumindest war er in der Lage, die Feinheiten der Konstruktion zu verstehen.

Harrison befürchtete zwar, Graham werde ihm die Idee stehlen, hielt sich aber trotzdem an Halleys Rat. Was hätte er sonst auch tun sollen?

Am Ende eines langen Tages sagte ihm der etwa zwanzig Jahre ältere Graham seine Unterstützung zu. Harrison schilderte ihre erste Begegnung in seiner unnachahmlichen Sprache: »Mr. Graham verhielt sich, wie ich fand, zunächst sehr unfreundlich zu mir, welches mich wohl gerne veranlaßt hätte, ebenfalls grob zu werden; doch wie auch immer, schließlich brach das Eis ... und am Ende zeigte er sich in der Tat überaus erstaunt über die Gedanken oder Methoden, die ich ersonnen.«

George Graham (ca. 1674–1751) war zu seiner Zeit der bedeutendste Hersteller von Uhren und wissenschaftlichen Instrumenten. In einem entlegenen Dorf im Norden Englands geboren, fuhr er mit etwa 14 Jahren nach London und arbeitete für den berühmten Uhrmacher Thomas Tompion. 1721 wählte man ihn zum Mitglied der Royal Society. Er beschäftigte später einige führende Uhrmacher der Zeit, darunter Thomas Mudge, John Bird und John Shelton. John Harrison erkannte an, daß er Grahams großzügiger und selbstloser Unterstützung vieles verdankte.

Harrison traf um zehn Uhr vormittags bei Graham ein, und um acht Uhr abends fachsimpelten die beiden noch immer. Graham, der große Instrumentenmacher, Mitglied der Royal Society, bat Harrison, den Dorftischler, zum Essen zu bleiben. Als Harrison sich schließlich verabschiedete, bekam er jede erdenkliche Ermutigung mit auf den Weg, einschließlich eines großzügigen zinslosen Darlehens, mit dessen Rückzahlung es keine Eile hatte.

In den nächsten fünf Jahren arbeitete Harrison an seiner ersten Schiffsuhr, die später unter der Bezeichnung Harrisons Nr. 1 (H-1) bekannt wurde, da sie das erste von mehreren Modellen war. Sein Bruder James half ihm, obschon die Uhr seltsamerweise von keinem der Brüder signiert wurde. Das Werk bestand aus hölzernen Zahnrädern, wie das schon bei den älteren Uhren der Harrisons der Fall gewesen war. Aber im ganzen hatte dieser Apparat keine Ähnlichkeit mit irgendeiner Uhr, die vorher oder später konstruiert wurde.

Mit ihrem breiten Gestell, den hoch herausragenden Teilen und den in merkwürdigen Winkeln hervorstehenden Schwingarmen erinnert diese aus glänzendem Messing gebaute Uhr an ein antikes Schiff, das nie existiert hat. Sie sieht aus wie eine Kreuzung aus Galeere und Galeone mit hohem, dekorativem Bug, zwei aufragenden, segellosen Masten und knaufartig zulaufenden Messingrudern, die von Reihen unsichtbarer Männer gepullt zu werden scheinen. Es ist ein Schiffsmodell, das aus seiner Flasche entwichen ist und auf dem Zeitenmeer treibt.

Daß dieser Apparat der Zeitmessung dient, machen die Zifferblätter an der Vorderseite der H-1 deutlich. Ein Zifferblatt zeigt die Stunden an, ein zweites die Minuten, ein drittes die Sekunden und ein viertes schließlich die Tage. Das Erscheinungsbild dieser insgesamt vor Kompliziertheit geradezu strotzenden Maschine deutet indessen an, daß sie mehr ist als nur eine perfekte Uhr. Die großen Spiralfedern und die ungewöhnliche Maschinerie verlocken den Betrachter, das Ding zu kapern und damit in eine andere Zeit zu reisen. Kein phantasievoller Film über Zeitreisen hat allen Bemühungen Hollywoods zum Trotz jemals eine überzeugendere Zeitmaschine hervorgebracht.

Die H-1, etwa zweiunddreißig Kilogramm schwer, wurde von den Harrisons in einem Gehäuse untergebracht, das 1,20 Meter hoch, breit und tief war. Möglicherweise sollte es die irritierende Form der Uhr verbergen. Von außen war vermutlich nur die Vorderseite mit den vier runden Zifferblättern zu sehen, eingerahmt von acht Engeln und vier Kronen in einem Gewirr von verschlungenen, blattlosen Ranken. Dieses Gehäuse ist aber genauso verschollen wie die seiner frühen Uhren, so daß jetzt jeder Besucher die Werke betrachten kann. Die H-1 befindet sich heute in einer Panzerglasvitrine im National Maritime Museum in Greenwich, wo sie zur großen Freude der Besucher in reibungsfreiem Glanz (täglich aufgezogen) noch immer klaglos läuft. Die dekorative Vorderansicht harmoniert allerdings nicht so recht mit dem Werkskelett – sie wirkt wie eine gutgekleidete Frau hinter einem Röntgenschirm, der ihr schlagendes Herz entblößt.

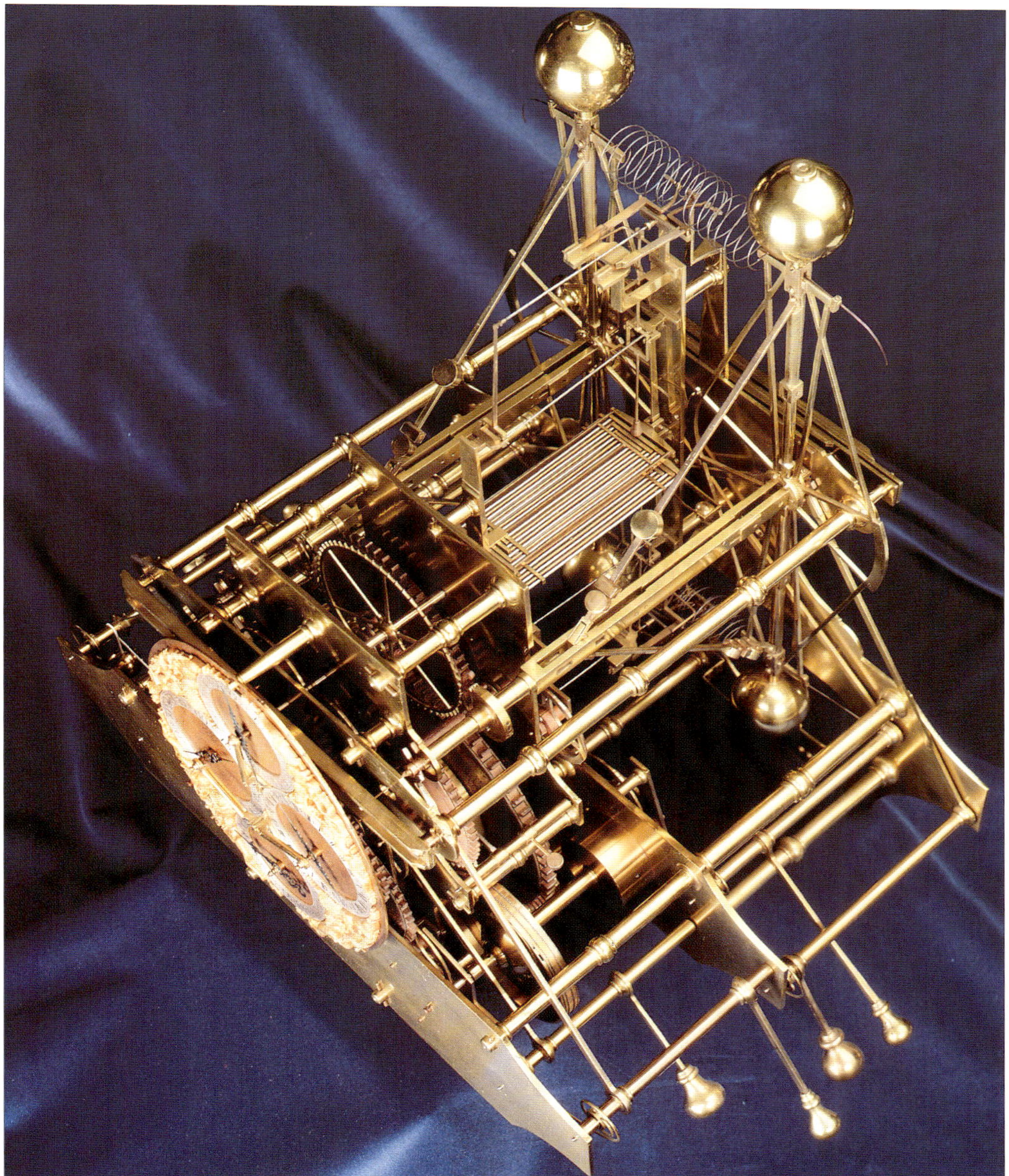

Die im Inneren der H-1 hinten angebrachten Rostpendel gleichen Temperaturschwankungen aus, indem sie die effektive Länge der Unruhfeder justieren, die die Schwingungsphase der Stabhemmungen reguliert. Die Hemmungen, die an beiden Enden polierte Messingkugeln gleichen Gewichts tragen, sind im Zentrum auf praktisch reibungslose Art mit zwei flachen Messingbändern verbunden, so daß die Schiffsbewegungen ihre Schwingungen nicht beeinträchtigen.

Die H-1 war von Anfang an ein Kontrastprogramm. Sie war ein Kind ihres Zeitalters und doch ihrer Zeit voraus, und als sie erschien, war die Welt des Wartens schon müde. Sie erfüllte zwar ihre Aufgabe, aber mit so unglaublicher Präzision, daß die Leute verwirrt waren.

Die Gebrüder Harrison erprobten die H-1 an Bord eines Lastkahns auf dem Humber. 1735 schaffte John sie dann nach London und führte sie George Graham vor. Dieser präsentierte die wunderbare Schiffsuhr hocherfreut nicht etwa der Längenkommission, sondern der Royal Society, die sie wie einen Helden empfing. Nach Absprache mit Halley und drei weiteren, ebenso beeindruckten Fellows schrieb Graham dann diese beglaubigenden Worte über die H-1 und ihren Erbauer:

»John Harrison hat mit viel Mühe und unter großem finanziellen Aufwand eine Maschine zur Zeitmessung auf See ersonnen und ausgeführt, deren Prinzip uns ein sehr hohes und ausreichendes Maß an Genauigkeit zu versprechen scheint. Wir sind der Ansicht, daß sie staatliche Unterstützung verdient, damit eine gründliche Erprobung und eine Verbesserung ihrer einzelnen Vorrichtungen erfolgen kann. Dergestalt ließen sich die Unregelmäßigkeiten der Zeitmessung verhindern, die naturgemäß aus den Schwankungen von Wärme und Kälte, feuchter und trockener Luft und den unterschiedlichen Bewegungen des Schiffes resultieren.«

Trotz des großen Aufsehens verging noch ein Jahr, ehe die Admiralität es schaffte, einen Termin für die offizielle Erprobung festzusetzen. Und statt die H-1 nach den Westindischen Inseln zu schicken, wie es im Longitude Act vorgeschrieben war, mußte Harrison seine Uhr an Bord der H. M. S. *Centurion* bringen, die nach Lissabon gehen sollte. Am 14. Mai 1736 ließ Sir Charles Wager, der Erste Seelord, Kapitän Proctor von der *Centurion* das folgende Schreiben überbringen:

»Sir, das Instrument, das an Bord Eures Schiffes gebracht wurde, ist von allen Mathematikern der Stadt, die es gesehen haben (und nur wenige haben es nicht gesehen), als das beste bezeichnet worden, das zum Zwecke der Zeitmessung jemals gebaut wurde; wie es sich auf See verhält, werdet Ihr beurteilen können. Ich habe an Sir John Norris geschrieben und ihn gebeten, das Instrument und dessen Erbauer (der, wie ich glaube, bei Euch an Bord ist) mit dem ersten verfügbaren Schiff zurückzuschicken ... Der Mann soll nach Ansicht derjenigen, die ihn kennen, ein sehr tüchtiger und vernünftiger Erfinder sein und imstande, mit entsprechender Unterstützung noch mehr herauszufinden, als ihm bereits gelungen ist; ich ersuche Euch daher, den Mann höflich zu behandeln und ihm so freundlich zu begegnen wie nur irgend möglich.«

Kapitän Proctor antwortete prompt:

»Das Instrument befindet sich in meiner Kabine, damit der Mann seine Observationen unter günstigen Bedingungen anstellen kann. Ich finde ihn sehr nüchtern, sehr fleißig und obendrein sehr bescheiden, so daß meine guten Wünsche ihn begleiten. Aber die Schwierigkeit, die Zeit genau zu messen, da dem so viele ungleichmäßige Erschütterungen und Bewegungen entgegenstehen, bereitet mir Sorge um den rechtschaffenen Mann, und ich fürchte, er hat sich Unmögliches vorgenommen. Doch ich werde, Sir, alles für ihn tun und ihm alle Hilfe zuteil werden lassen, die in meiner Macht steht, und ihm von dem Anteil berichten, den Ihr an seinem Erfolg nehmt, und von Eurem Wunsch, daß er wohl behandelt werden möge ...«

Um die Präzision von Harrisons Maschine hätte sich Proctor nicht zu sorgen brauchen. Es war der Magen, der Harrison zu schaffen machte. Während der rauhen Überfahrt stand der Uhrmacher fast die ganze Zeit an der Reling, wenn er sich nicht gerade um seine Uhr kümmerte, die sich in der Kajüte des Kapitäns befand. Wie schade, daß Harrison sich nicht selber mit den beiden Schwingstäben und den vier Spiralfedern ausstatten konnte, die während der gesamten Fahrt einen erschütterungsfreien Gang des Uhrwerks ermöglichten. Zum Glück bliesen starke Winde die *Centurion* in nur einer Woche nach Lissabon.

Der gute Kapitän Proctor starb plötzlich bei der Ankunft, noch ehe er einen schriftlichen Bericht verfaßt hatte. Nur vier Tage später wurde Roger Wills, Kapitän der H. M. S. *Orford*, angewiesen, Harrison nach England zurückzubringen. Laut Wills' Aufzeichnungen war das Wetter »sehr gemischt, Sturm und Flaute in raschem Wechsel«, so daß er für die Rückfahrt vier Wochen brauchte. Als sich das Schiff schließlich der englischen Küste näherte, glaubte Wills aufgrund seiner Berechnungen, sich vor Start Point zu befinden, einer Landzunge bei Dartmouth. Harrison hielt dagegen, daß es sich nach seinen Berechnungen mit der Schiffsuhr um Lizard Point handeln müsse, mehr als sechzig Meilen weiter westlich. Und genauso war es.

Die H-1 wurde 1736 probeweise nach Lissabon geschickt. Bei der Rückfahrt, nach vier sowohl stürmischen als auch windstillen Monaten, wurde in der Ferne Land gesichtet. Die Seeleute glaubten, es sei Start Point, aber Harrison behauptete mit einem Blick auf seine Uhr, es sei Lizard Point. Als sie näher kamen, stellten die Seeleute fest, daß Harrison recht hatte. Seine Uhr hatte den Längengrad des Schiffes um 68 Meilen korrigiert.

Diese Korrektur beeindruckte Kapitän Wills außerordentlich. Später gab er in einer eidesstattlichen Erklärung seinen Navigationsfehler zu und lobte Harrisons präzisen Zeitmesser. Für Harrison war dieses Zeugnis vom 24. Juni 1737 ein Schulterklopfen von professioneller Seite und zugleich der Auftakt zu einer glanzvollen Woche, denn am 30. Juni traten die Mitglieder der Längenkommission zum ersten Mal zusammen – dreiundzwanzig Jahre nach ihrer Einsetzung! –, und zwar aufgrund seiner wunderbaren Maschine.

Harrison trat mit seiner H-1 vor die achtköpfige Kommission, die sein Werk zu beurteilen hatte. Er erkannte mehrere wohlwollende Gesichter unter ihnen. Neben Dr. Halley, den er bereits auf seiner Seite wußte, sah er Sir Charles, den Ersten Seelord, der sich am Vorabend der Jungfernfahrt der H-1 für eine freundliche Behandlung seiner Person eingesetzt hatte. Und da war Admiral Norris, der Kommandeur der Flotte in Lissabon, der Harrisons Rückfahrt auf der *Orford* arrangiert hatte. Unterstützung konnte er auch von den beiden anwesenden Hochschullehrern erwarten, Dr. Robert Smith, Astronomieprofessor in Cambridge, und Dr. James Bradley, Astronomieprofessor in Oxford, die das Beglaubigungsschreiben mit unterzeichnet hatten, das Graham im Namen der Royal Society verfaßt hatte. Dr. Smith teilte sogar Harrisons musikalische Interessen und vertrat ebenfalls eine eigenwillige Tonleitertheorie. Zu den Vertretern der Wissenschaft gehörte auch Sir Hans Sloane, der Präsident der Royal Society. Die

beiden übrigen Kommissionsmitglieder kannte Harrison nicht. Sie repräsentierten die politische Macht – Arthur Onslow, der Speaker des Unterhauses, und Lord Monson, der Commissioner of Lands and Plantations.
Harrison hatte alles zu gewinnen. Mit seinem kostbaren Besitz stand er vor einer Gruppe von Wissenschaftlern und Politikern, die alle durchaus geneigt waren, stolz auf das zu sein, was er für König und Vaterland getan hatte. Mit Fug und Recht durfte er eine Erprobungsfahrt zu den Westindischen Inseln verlangen, um nachzuweisen, daß die H-1 die 20 000 Pfund Sterling wert war, die im Longitude Act versprochen worden waren. Aber er war zu sehr ein Perfektionist, um sich damit zufriedenzugeben.
Statt dessen wies Harrison auf die Schwachpunkte der H-1 hin. Er war überhaupt der einzige Anwesende, der Kritik an der Schiffsuhr übte, die auf der Probefahrt von London nach Lissabon und zurück nicht mehr als ein paar Sekunden Abweichung pro vierundzwanzig Stunden gezeigt hatte. Gleichwohl erklärte er, daß seine Uhr noch immer einige »Mängel« offenbare, die er zu korrigieren gedenke. Er räumte ein, daß der Mechanismus noch nicht ausgereift sei. Auch könne er die Uhr wesentlich kleiner machen. Wenn die Kommission sich imstande sehe, ihm etwas Geld zukommen zu lassen, könne er noch einmal zwei Jahre in die Entwicklung eines zweiten, verbesserten Modells stecken. Und dann würde er wieder vor die Kommission treten und eine offizielle Erprobungsfahrt zu den Westindischen Inseln verlangen. Jetzt aber noch nicht.
Die Kommission billigte einen Vorschlag, den sie nicht ablehnen konnte. Und von den 500 Pfund, die Harrison als Unterstützung beantragt hatte, sollte er die Hälfte, das versprach die Kommission, so bald wie möglich bekommen. Die zweite Hälfte könne er anfordern, sobald er das fertige Erzeugnis einem Kapitän der Royal Navy zur Erprobung übergeben habe. Wenn es soweit sei, hieß es im Protokoll der Sitzung, könne Harrison den neuen Zeitmesser persönlich zu den Westindischen Inseln begleiten oder aber eine »vertrauenswürdige Person« entsprechend beauftragen. (Vielleicht hatten die Kommissionsmitglieder ja von Harrisons Seekrankheit gehört und trafen bereits Vorsorge.)
Schließlich noch eine letzte Bestimmung: Nach beendeter Erprobung sollte Harrison seine zweite Uhr, zusammen mit der ersten, »staatlichen Zwecken zur Verfügung stellen«.

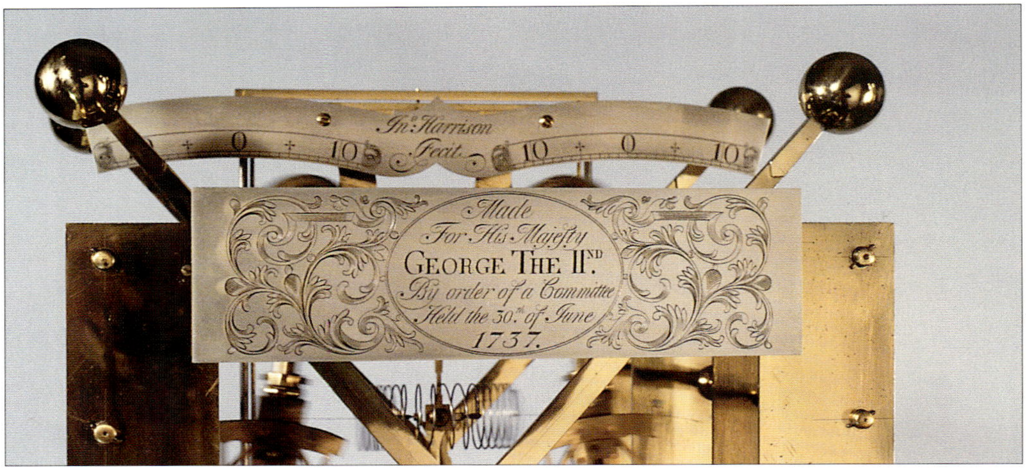

Bei der ersten Zusammenkunft der Längenkommission 1737 erhielt John Harrison 250 Pfund Sterling als Vorschuß für die Konstruktion seiner zweiten Schiffsuhr, der H-2. Die Inschrift auf diesem Zeitmesser deutet darauf hin, daß Harrison die Bezahlung als eine Art königlichen Auftrag verstand.

Ein besserer Geschäftsmann hätte sich gegen diesen Punkt wohl gewehrt. Harrison hätte nämlich einwenden können, daß die Kommission zwar einen Anspruch auf die von ihr geförderte zweite Uhr hatte, nicht jedoch auf das erste Modell, das er auf eigene Kosten gebaut hatte. Statt sich aber auf einen kleinlichen Streit um Besitzrechte einzulassen, betrachtete er das Interesse der Kommission als Ermutigung. Für ihn ergab sich daraus, daß er nunmehr in Diensten der Kommission stand – wie ein Künstler, der den Auftrag bekam, ein großes Gemälde für den Thron anzufertigen – und daß er mit einem fürstlichen Lohn rechnen durfte.

Diese Sichtweise drückte sich auch in der etwas pompösen Widmung aus, die er auf der Vorderseite der zweiten Uhr anbrachte. Über dem nüchternen, schmucklosen Zifferblatt der H-2 brachte er eine reichverzierte silberne Tafel an, auf der die folgende Inschrift eingraviert ist: »Angefertigt für Seine Majestät Georg II., im Auftrag einer Kommission, ergangen den 30sten Juni 1737.« Falls aber Harrison irgendwelche Illusionen über die Bedeutung der H-2 gehegt hatte, so zerstörte er sie selbst recht bald. Als er die neue Uhr im Januar 1741 der Längenkommission präsentierte, war er schon nicht mehr zufrieden. Sein Auftritt unterschied sich daher kaum von der Art und Weise, wie er seine erste Uhr präsentiert hatte. Eigentlich wollte er nur mit dem Segen der Kommission nach Hause fahren und es noch einmal versuchen. Folglich wurde die H-2 nie auf See erprobt.

Die zweite Uhr, ein neununddreißig Kilogramm schwerer Messingapparat (der jedoch, wie versprochen, in ein kleineres Gehäuse paßte), war in jeder Hinsicht

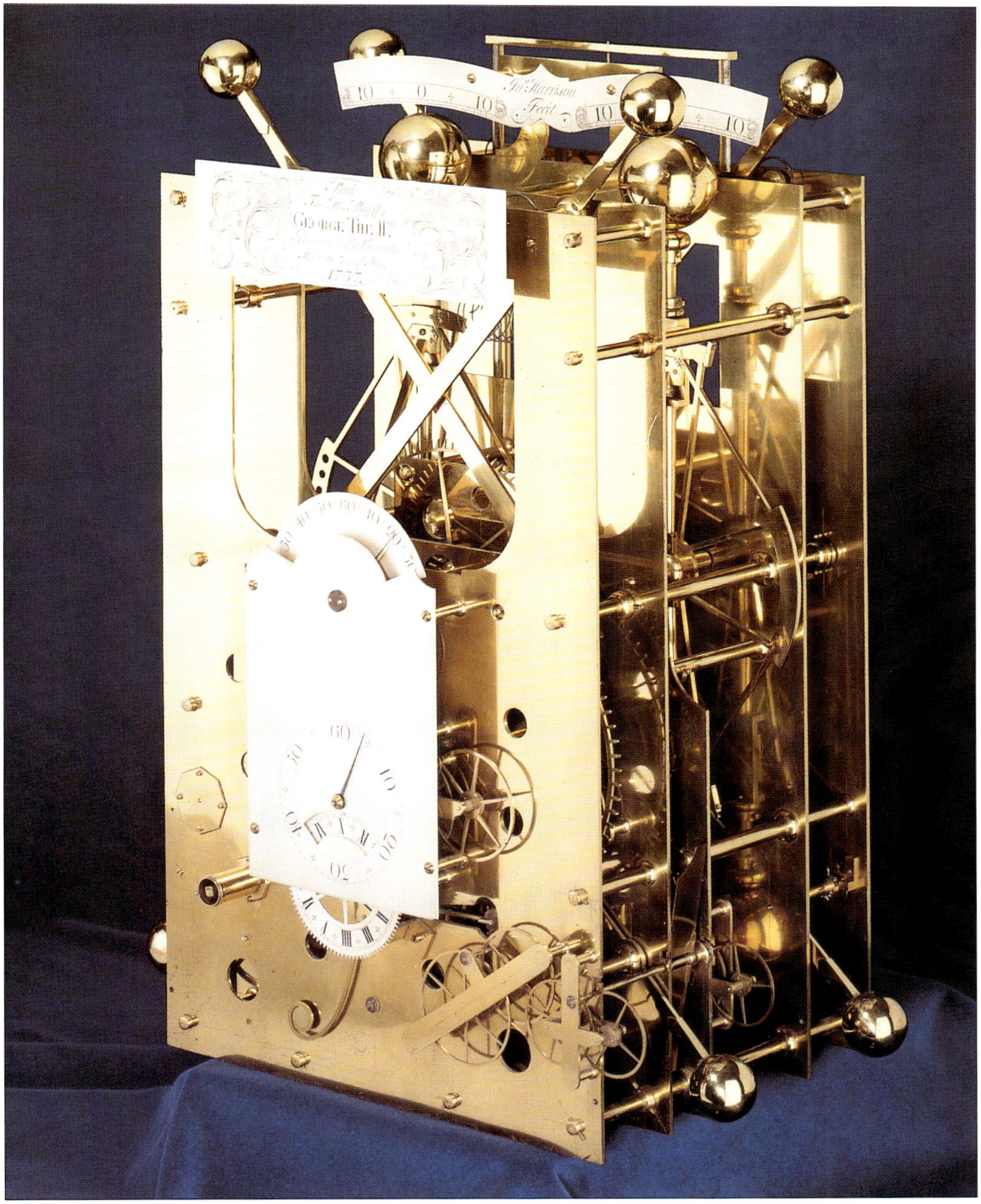

Die H-2 ist höher, nimmt aber wesentlich weniger Platz ein als ihre Vorgängerin, die H-1, die mit dem Uhrenkasten und der kardanischen Aufhängung einen großen Teil der Kapitänskajüte ausgefüllt haben muß. Die H-2 wurde in nur zwei Jahren fertiggestellt, aber nie auf See ausprobiert, weil Harrison bei den Tests bemerkte, daß sie einige Fehler hatte, die sich nicht so leicht beheben ließen. Deshalb gab er sie auf und begann, sein drittes Gerät zu konstruieren.

so ungewöhnlich wie die erste. Sie enthielt mehrere Verbesserungen – unter anderem einen Mechanismus für einen gleichmäßigeren Antrieb und eine reaktionsfähigere Temperaturkompensation –, die jede für sich eine kleine Revolution

Diese Seitenansicht der H-2 zeigt die Aufziehfeder, eine Vorrichtung, die Harrison entwarf, um der Hemmung eine dauerhaftere Kraftquelle zu geben. Die H-2 ist im wesentlichen eine verfeinerte Version der H-1. Die Zahnräder aus Messing und diverse andere Details sollten die Zuverlässigkeit auf See erhöhen.

darstellten. Auch bestand die Maschine einige strenge Prüfungen mit fliegenden Fahnen. Im Jahresbericht der Royal Society für 1741/42 steht, daß die H-2 großer Hitze und Kälte ausgesetzt wurde und »stundenlangen Erschütterungen, die sehr viel heftiger waren als das, was die Bewegung eines Schiffes bei Sturm bewirken würde«.

Die H-2 überstand nicht nur diese Tortur, sondern erhielt auch die volle Unterstützung der Royal Society: »Und das Ergebnis dieser Experimente (soweit das ohne Erprobung zur See festgestellt werden kann) ist das folgende: Der Gang dieser Uhr ist hinreichend regelmäßig und exakt, um die Länge eines Schiffes innerhalb der vom Parlament festgelegten Grenzen zu bestimmen und wahrscheinlich sogar noch viel genauer.«

Für Harrison jedoch war das alles nicht gut genug. Die Obsession, mit der er seine hervorragendsten Erfindungen ersann – nur seinen eigenen Vorstellungen folgend, unabhängig von der Meinung anderer –, machte ihn taub für Anerkennung. Es war doch ganz egal, was die Royal Society von der H-2 hielt, wenn die Uhr seinen eigenen Ansprüchen nicht genügte!

Der achtundvierzigjährige Harrison, der mittlerweile in London wohnte, verschwand wieder in seiner Werkstatt und arbeitete die nächsten zwanzig Jahre hindurch an der H-3, die er seine »kuriose dritte Maschine« nannte. Er gab kaum ein Lebenszeichen von sich und tauchte nur auf, um bei der Kommission gelegentliche Fördergelder in Höhe von 500 Pfund abzuholen. Dann beschäftigte er sich wieder mit dem Problem, die stabförmigen Unruhen der ersten beiden Zeitmesser in die runden Unruhreifen zu verwandeln, die die dritte Uhr charakterisierten.

Unterdessen stand die H-1 weiterhin im Rampenlicht. Graham hatte sich die große Uhr von Harrison ausgeliehen und stellte sie in seinem Geschäft aus. Menschen kamen aus dem ganzen Land, um sie zu sehen.

Pierre Le Roy aus Paris, der den Titel des Königlichen Uhrmachers verdientermaßen von seinem Vater Julien Le Roy geerbt hatte, stattete der H-1 im Jahre 1738 seinen Besuch ab und erwies ihr seinen Tribut. Er bezeichnete die Uhr als

»außerordentlich einfallsreiche Erfindung«. Le Roys Erzrivale, der Schweizer Uhrmacher Ferdinand Berthoud, äußerte sich ähnlich, als er die H-1 im Jahre 1763 sah.

Der englische Maler William Hogarth, dessen Besessenheit von Fragen der Zeit und Zeitmessung wohlbekannt war und der seine berufliche Laufbahn tatsächlich als Graveur von Taschenuhrgehäusen begonnen hatte, interessierte sich lebhaft für die H-1. In seinem populären Werk *Leben eines Wüstlings* (1735) hatte Hogarth einen »Längengradverrückten« porträtiert, der eine dümmliche Lösung des Längengradproblems an die Wand der Irrenanstalt malt. Dank der H-1 wurde das ganze Längengradthema nicht mehr auf der Ebene von Witzen behandelt, sondern von Künstlern und Wissenschaftlern auf höchstem Niveau diskutiert. In seiner 1753 veröffentlichten Schrift *The Analysis of Beauty* (Die Analyse der Schönheit) bezeichnete Hogarth die H-1 als »eines der exquisitesten Uhrwerke, die je hergestellt wurden«.

Wie tief das Längengradproblem in das Bewußtsein der Menschen eingedrungen war, zeigt der englische Maler William Hogarth 1735 auf dem letzten Bild seiner achtteiligen Serie »Leben eines Wüstlings«. Es stellt einen »Längengradverrückten« dar.

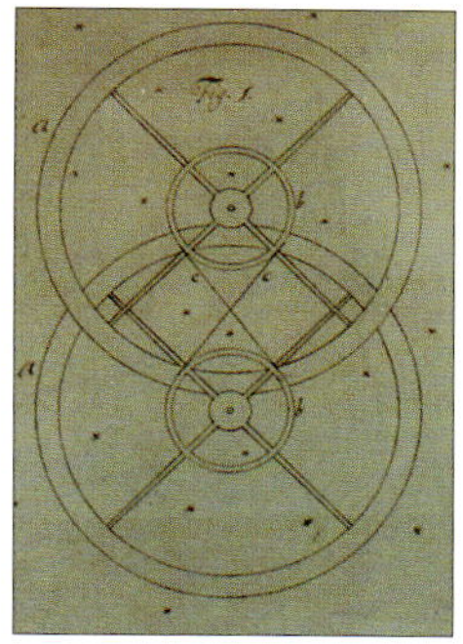

Als Harrison die H-2 testete, stellte er fest, daß die Schwingungsphase der Stabhemmung bei abrupten Vor- und Rückwärtsbewegungen durch eine zentrifugale Kraft beeinflußt werden konnte. Der Mechanismus, den er zur Lösung des Problems entwarf, ist auf dieser Skizze zu sehen: Für den Sekundentakt besitzt die H-3 zwei große und schwere Hemmungen, die übereinander angebracht und durch dünne Messingbänder miteinander verbunden sind.

9

Die Zeiger der Himmelsuhr

Der wandernde Mond stieg am Himmel auf,
Und nirgends verweilte er,
Voller Stille war sein Lauf,
Und mit ihm gingen ein, zwei Sterne.
Samuel Taylor Coleridge
The Rime of the Ancient Mariner

John Hadley (1682–1744), ein Hersteller optischer Instrumente, der die Methode des Schleifens und Polierens von Linsen beträchtlich verbesserte, wurde 1717 zum Mitglied der Royal Society und 1728 zu ihrem Vizepräsidenten gewählt. Am 13. Mai 1731 beschrieb er der Royal Society zwei Spiegelquadranten, die er erfunden hatte. Der eine war ein Instrument für die Verbesserung der Genauigkeit bei Messungen der Monddistanz, der andere war eigens für die Messung der Höhe der Sonne, des Mondes oder eines Sterns über dem Horizont auf See bestimmt. Letzterer bedeutete einen großen Fortschritt bei den Navigationsinstrumenten und wurde als Hadleyscher Quadrant bekannt.

Der wandernde Mond – voll, halb, als Sichel – leuchtete für die Navigatoren des achtzehnten Jahrhunderts nun endlich wie ein heller Zeiger der Himmelsuhr. Das weite Himmelszelt war das Zifferblatt, während Sonne, Planeten und Sterne die Zahlen auf sein Antlitz malten.

Ein Seefahrer konnte allerdings den Stand dieser Himmelsuhr nicht mit einem raschen Blick erfassen, sondern nur mit komplizierten Beobachtungsinstrumenten, deren Messungen sicherheitshalber bis zu sieben Malen wiederholt und miteinander verglichen wurden, sowie mit Logarithmentafeln, die weit im voraus von menschlichen Rechnern für die Seefahrer zusammengestellt worden waren. Man benötigte etwa vier Stunden, um die Zeit von der Himmelsuhr abzulesen – das heißt, wenn das Wetter gut war. Wenn Wolken erschienen, verbarg sich die Uhr hinter ihnen.

Die Himmelsuhr war John Harrisons Hauptkonkurrent im Kampf um den Längenpreis. Die Methode der Monddistanzen, der die Berechnung der Mondbahn zugrunde lag, war die einzige vernünftige Alternative zu Harrisons Zeitmessern.

Der Hadleysche Quadrant ermöglichte es dem Seemann, die Höhe der Sonne oder eines Sterns zu bestimmen, indem er dessen reflektiertes Bild mit der Ebene des Horizonts in Übereinstimmung brachte. Da er leichter zu benutzen und präziser als seine Vorgänger (Kreuzstab und Davis-Stab) war, verwendeten die Seeleute dieses Instrument schon bald zur Ermittlung des Breitengrades auf See, und er blieb das ganze 19. Jahrhundert hindurch in Gebrauch.

Es ist ein merkwürdiges Zusammentreffen, daß Harrison seine Schiffsuhren genau in dem historischen Moment vorstellte, da Wissenschaftler endlich all die Theorien, Instrumente und Daten zusammengetragen hatten, die notwendig waren, um die Himmelsuhr gebrauchen zu können.

In der Bestimmung der Länge auf See, einem Bereich menschlichen Strebens, in dem seit Jahrhunderten kein Fortschritt zu verzeichnen gewesen war, wetteiferten plötzlich zwei rivalisierende, offenbar gleich gute Methoden miteinander. Die Perfektionierung dieser beiden Verfahren vollzog sich, auf parallelen Bahnen, zwischen den dreißiger und sechziger Jahren des achtzehnten Jahrhunderts. Harrison, der Eigenbrötler, verfolgte seinen eigenen Weg durch ein Labyrinth von Uhrwerken, während seine Gegenspieler, die Professoren für Astronomie und Mathematik, den Kaufleuten, Seeleuten – und dem Parlament – den Mond versprachen.

1731, ein Jahr, nachdem Harrison die Bauanleitung für die H-1 in Wort und Bild niedergelegt hatte, schufen zwei Erfinder – ein Amerikaner und ein Engländer – unabhängig voneinander jenes lang ersehnte Instrument, auf das die Methode der Monddistanzen angewiesen war. In den Annalen der Wissenschaftsgeschichte gelten John Hadley, ein englischer Landedelmann, der das Instrument als erster der Royal Society vorführte, und Thomas Godfrey, ein armer Glaser aus Philadelphia, der fast zeitgleich dieselbe Idee hatte, als seine gleichberechtigten Erfinder. (Später stellte sich heraus, daß auch Sir Isaac Newton ein ganz ähnliches Instrument skizziert hatte, aber die Zeichnung fand sich erst lange nach seinem Tod in einem Berg von Papieren, die er Halley hinterlassen hatte. Auch Halley selbst, wie zuvor schon Robert Hooke, hatte ähnliche Entwürfe für den gleichen Zweck zu Papier gebracht.)

Die meisten englischen Seeleute bezeichneten den Quadranten natürlich als Hadleyschen und nicht als Godfreyschen Quadranten. Manche nannten ihn auch Oktant, weil die gebogene Skala einen Achtelkreis bildete. Andere bezeichneten ihn, unter Verweis auf die beiden Spiegel, die das Instrument doppelt so leistungsfähig machten, als »Spiegelquadranten«. Ganz gleich, unter welchem Namen – das Instrument half den Seeleuten bald, Breite *und* Länge zu bestimmen.

Ältere Visierinstrumente, vom Astrolab bis zum Jakobsstab, waren seit Jahrhunderten zur Bestimmung von Breite und Ortszeit verwendet worden, indem man den Stand der Sonne oder eines bestimmten Sterns über dem Horizont maß. Doch der neue, mit zwei Spiegeln versehene Quadrant erlaubte es, den Stand von zwei Himmelskörpern sowie die Entfernung zwischen ihnen zu messen. Mochte das Schiff noch so stampfen und schlingern, die vom Navigator anvisierten Objekte behielten, aufeinander bezogen, ihre Position. Zudem war der Hadleysche Quadrant mit einem künstlichen Horizont ausgestattet, der sich als Lebensretter erwies, wenn der tatsächliche Horizont bei Dunkelheit oder Nebel verschwand.

Aus dem Quadranten entwickelte sich rasch ein noch genaueres Gerät, der Sextant, der mit einem Teleskop und einer größeren Meßskala ausgestattet war. Diese Verbesserungen erlaubten es, die sich ständig wandelnden Entfernungen zwischen Mond und Sonne beziehungsweise zwischen Mond und Sternen nach Einbruch der Dunkelheit exakt zu bestimmen.

Mit detaillierten Sternenkarten und einem zuverlässigen Instrument konnte ein guter Navigator jetzt auf dem Deck seines Schiffes stehen und die Monddistanzen messen. (Sorgfältigere Navigatoren setzten sich, um eine ruhigere Hand zu haben, und die ganz Pingeligen legten sich auf den Rücken.) Dann konsultierte er eine Tabelle, in der die Winkelabstände zwischen dem Mond und verschiedenen Himmelskörpern zu den verschiedenen Tageszeiten angegeben waren, wie sie in London oder Paris festgestellt werden könnten. (Wie der Begriff impliziert, werden Winkelabstände in Grad ausgedrückt. Sie bezeichnen die Größe des Winkels zweier Visierlinien, die vom Auge des Beobachters zu den beiden angepeilten

Objekten verlaufen.) Wenn der Mond beispielsweise in einem Winkel von dreißig Grad zu Regulus stand, dem Stern im Herzen des Sternbilds Löwe, verglich der Navigator seine Ortszeit mit der für den Heimathafen vorausberechneten Zeit dieser speziellen Position. Wenn die Beobachtung unseres Navigators um ein Uhr nachts Ortszeit stattfand und dieselbe Konstellation über London laut Tabelle für vier Uhr morgens angegeben war, dann war das Schiff der Londoner Zeit drei Stunden hinterher – befand sich also auf einer Länge von fünfundvierzig Grad westlich von London.

»He da, alter Junge, rauchst du?« ruft eine freche Sonne in einer Londoner Zeitungskarikatur, die die Methode der Monddistanzen darstellte, dem Mond zu. »Nein, du Scheusal«, erwidert der scheue Mond, »halt dich auf Distanz!«

Der Hadleysche Quadrant stützte sich auf die Vorarbeiten von Astronomen, die die Positionen der Fixsterne auf dem himmlischen Zifferblatt bestimmt hatten. Allein John Flamsteed widmete dem monumentalen Projekt der Himmelsvermessung rund vierzig Jahre seines Lebens. Als erster Königlicher Astronom führte er 30 000 einzelne Beobachtungen durch, allesamt genau protokolliert und mit Teleskopen bestätigt, die er selbst baute oder von seinem eigenen Geld kaufte. In Flamsteeds Katalog waren dreimal so viele Sterne verzeichnet wie in dem Sternatlas, den Tycho Brahe im dänischen Uranienborg kompiliert hatte, und seine Angaben waren um ein vielfaches präziser.

Da Flamsteed sich auf den Himmel über Greenwich beschränken mußte, sah er nicht ungern, daß der flamboyante Halley im Jahre 1676, unmittelbar nach der Gründung der Königlichen Sternwarte, in Richtung Südatlantik aufbrach. Halley errichtete auf St. Helena ein Miniatur-Greenwich. Es war der richtige Ort, aber leider die falsche Atmosphäre, so daß Halley durch den Dunst über St. Helena nur 341 neue Sterne entdeckte. Gleichwohl trug ihm das den schmeichelhaften Ruf eines »Tycho des Südens« ein.

Während seiner eigenen Amtszeit als Königlicher Astronom, von 1720 bis 1742, beschäftigte sich Halley ausgiebig mit der Mondbahn. Die Vermessung des Himmels war schließlich nur ein Vorspiel zu der viel größeren Herausforderung, den Weg des Mondes durch die Sternfelder zu verzeichnen.

Der Mond bewegt sich auf einer elliptischen Bahn um die Erde, so daß sich seine Entfernung zur Erde und seine Relation zu den Sternen im Hintergrund ständig

ändert. Und da sich überdies die Variationen der Mondbewegung über jeweils achtzehn Jahre nahezu zyklisch wiederholen, kann eine vernünftige Vorausberechnung der Mondbahn nur auf der Grundlage von Daten erfolgen, die über mindestens achtzehn Jahre hinweg gesammelt wurden.
Halley beobachtete den Mond nicht nur Tag und Nacht, sondern studierte auch alte Dokumente über Mond- und Sonnenfinsternisse, um Hinweise zur Mondumlaufbahn zu gewinnen. Alles, was er an Daten finden konnte, mochte ihm helfen, die Tabellen aufzustellen, die von den Navigatoren benötigt wurden. Halley schloß aus diesen Quellen, daß die Geschwindigkeit, mit der sich der Mond um die Erde bewegte, im Laufe der Zeit zunahm. (Heute sagen die Wissenschaftler, daß sich der Mond nicht schneller bewegt, sondern daß sich die Erdrotation infolge der Gezeitenreibung verlangsamt, aber Halley hatte recht, wenn er eine relative Veränderung feststellte.)
Noch vor seiner Ernennung zum Königlichen Astronomen hatte Halley die Rückkehr jenes Kometen vorausgesagt, der seinen Namen unsterblich machen sollte. 1718, nur hundert Jahre nach Tycho Brahes Sternatlas, bewies er überdies, daß drei der hellsten Sterne in den zwei Jahrtausenden seit ihrer Entdekkung durch griechische und chinesische Astronomen ihre Position verändert hatten. Den Seefahrern versicherte er indessen, daß diese »Eigenbewegung« der Fixsterne, obschon eine seiner größten Entdeckungen, über Äonen hinweg kaum wahrnehmbar sei und den Nutzen der Himmelsuhr nicht beeinträchtige.

Dieser Hadleysche Quadrant mit 13-Zoll-Radius von 1750 trägt den Namen seines Eigentümers, Kapitän Alexander Caldwell. Um das Gewicht zu verringern, besaßen diese Instrumente meist Holzrahmen; in diesem Fall wurde Messing für die Gradskala verwendet, die als diagonale Skala eingraviert ist, sowie für den Zeigerarm, mit dessen Einteilung man Beobachtungen bis auf drei Minuten eines Grades genau ablesen kann. Wegen des Spiegelprinzips ist die 90-Grad-Skala eines Hadleyschen Quadranten in einem Bogen von 45 Grad enthalten. Da der Rahmen somit einen Achtelkreis darstellt, wurde dieses Instrument später als »Oktant« bekannt, um es von dem ähnlichen, aber größeren und raffinierteren Sextanten zu unterscheiden.

James Bradley (1693–1762) begann seine Laufbahn in der Kirche. Wegen seines Interesses für die Astronomie wurde jedoch Edmond Halley auf ihn aufmerksam, durch dessen Einfluß er 1718 mit 25 Jahren zu einem Mitglied der Royal Society gewählt wurde. Mit seiner Ernennung zum Professor für Astronomie in Oxford 1721 wurde er ex officio Mitglied der Längenkommission. Dieses Porträt entstand, nachdem er 1742 Halley als Königlicher Astronom gefolgt war. Bradley zählte neben Halley und anderen Mitgliedern der Royal Society zu den ersten, die John Harrison unterstützten.

Im Alter von dreiundachtzig Jahren wollte Halley, noch immer ein rüstiger Mann, die Fackel des Königlichen Astronomen an James Bradley, seinen rechtmäßigen Erben, übergeben, doch König Georg II. wollte davon nichts hören. Erst nach Halleys Tod knapp zwei Jahre später, nur wenige Wochen nach dem Neujahrstag 1742, konnte Bradley sein Amt antreten. Für John Harrison, den Halley stets bewundert hatte, verhieß dieser Amtswechsel nichts Gutes. Bradley hatte sich zwar im Jahre 1735 für die Schiffsuhr eingesetzt, aber alles, was außerhalb der Astronomie lag, interessierte ihn im Grunde nicht.

Bradley hatte sich schon in frühen Jahren mit seinem Versuch, die Entfernung zu den Sternen zu messen, einen Namen gemacht. Obschon ihm eine genaue Berechnung nicht gelang, erbrachte seine Arbeit mit einem gut sieben Meter langen Fernrohr den ersten konkreten Beweis dafür, daß sich die Erde tatsächlich durch den Raum bewegte.

Im Zusammenhang mit dem gescheiterten Versuch, stellare Distanzen zu messen, ermittelte Bradley auch einen neuen Wert der Lichtgeschwindigkeit, der etwas genauer war als die ältere Schätzung von Ole Römer. Bradley berechnete außerdem den erstaunlichen Durchmesser des Jupiter und entdeckte kleinste Verschiebungen in der Neigung der Erdachse, die er korrekterweise der Anziehungskraft des Mondes zuschrieb.

Sobald Bradley sich in Greenwich als Königlicher Astronom etabliert hatte, betrachtete er, wie zuvor schon Flamsteed und Halley, die Verbesserung der Navigation als seine Hauptaufgabe. Mit seinen Präzisionskarten des Himmels – und seiner bescheidenen Ablehnung einer Gehaltserhöhung – übertraf er noch den pflichtgetreuen Flamsteed, der sein Leben den Sternkatalogen gewidmet hatte.

Aber auch in der Pariser Sternwarte lag man nicht auf der faulen Haut. 1750 brach der Astronom Nicolas Louis de Lacaille zum Kap der Guten Hoffnung auf, um dort weiterzumachen, wo Halley Jahre zuvor aufgehört hatte. An die zweitausend Sterne wurden von ihm katalogisiert. Lacaille drückte dem Himmel der südlichen Hemisphäre seinen Stempel auf, indem er mehrere neue Sternbilder entdeckte, die er nach den Größen seines eigenen Pantheons benannte – Telescopium, Microscopium, Sextans und Horologium.

Auf diese Weise errichteten die Astronomen einen der drei Pfeiler, welche die Methode der Monddistanzen trugen: Sie ermittelten die Positionen der Sterne und studierten die Bahn des Mondes. Erfinder hatten den zweiten Pfeiler gelie-

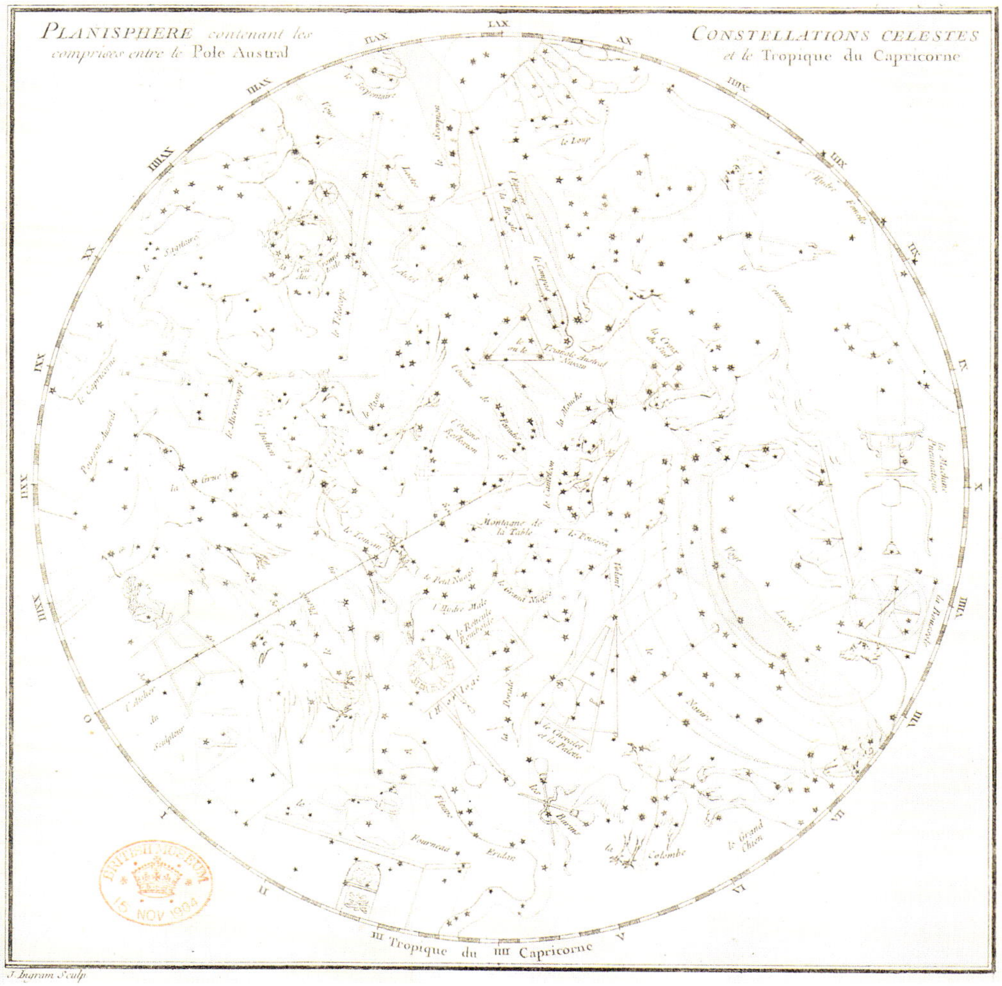

Nicolas Louis de Lacaille (1713–1762), einer der führenden französischen Astronomen des 18. Jahrhunderts, beobachtete bei einer Expedition zum Kap der Guten Hoffnung zwischen 1750 und 1752 den südlichen Sternenhimmel. Einige neue Konstellationen, die er entdeckte, benannte er nach populären wissenschaftlichen Instrumenten.

Tobias Mayer (1723–1762) gelang der Durchbruch, durch den die Monddistanzmessung eine praktikable Methode wurde, um auf See den Längengrad zu bestimmen. Als junger Mann interessierte er sich für Kartographie und Mathematik. 1750 wurde er Professor an der Georg-August-Universität in Göttingen, wo er sich mehr mit der Mondtheorie und dem Längengradproblem beschäftigen konnte. Zwischen 1751 und 1755 führte er mit Leonhard Euler einen ausgedehnten Briefwechsel. Eulers Arbeiten über Differentialgleichungen ermöglichten es Mayer, die Mondabstandstabellen zu errechnen.

fert – das technische Mittel, mit dem Seeleute die entscheidenden Distanzen zwischen Mond und Sonne oder anderen Sternen messen konnten. Zur Vervollkommnung der Methode fehlten jetzt nur noch die zeitlich geordneten Mondtabellen, anhand derer man die gemessenen Entfernungen in Längengradpositionen übersetzen konnte. Die Erarbeitung dieser Mondephemeriden erwies sich als der schwierigste Teil des Problems. Die Kompliziertheit der Mondumlaufbahn erschwerte jeden Fortschritt bei der Vorausberechnung der Winkelabstände des Mondes zur Sonne und zu den Sternen.

Bradley nahm daher mit großem Interesse die Mondtabellen des deutschen Mathematikers und Astronomen Johann Tobias Mayer auf, der behauptete, dieses fehlende Glied gefunden zu haben. Mayer glaubte auch, den Längengradpreis beanspruchen zu können, weshalb er seine Tabellen nebst einem neuen kreisförmigen Beobachtungsinstrument an Lord Anson schickte, der der Längenkommis-

Leonhard Euler (1707–1783) war einer der herausragendsten Mathematiker des 18. Jahrhunderts. Mit 20 wurde er zur Akademie in St. Petersburg eingeladen und wurde dort sechs Jahre später Nachfolger von Daniel Bernoulli als Professor für Mathematik. Eulers Pionierarbeit über Differentialgleichungen versetzten Tobias Mayer in die Lage, die Monddistanzmessung zu einer brauchbaren Methode der Längengradbestimmung auf See zu entwickeln. Als Anerkennung seines Beitrags erhielt Euler 1765 von der Längenkommission 300 Pfund Sterling.

sion angehörte (der nämliche George Anson, inzwischen Erster Seelord, der die *Centurion* 1741 auf ihrer dramatischen Fahrt zum Südpazifik über Kap Hoorn nach Juan Fernandez geführt hatte). Admiral Lord Anson reichte die Tabellen zur Begutachtung an Bradley weiter.

Mayer, der in Nürnberg tätig war, berechnete genaue Koordinaten für die vom Homannschen Landkarteninstitut veröffentlichten Karten. Dazu zog er unter anderem die Daten von Mondfinsternissen und Sternbedeckungen heran. Obwohl Mayer hauptsächlich Landkarten erarbeitete, mußte er sich genau wie ein Seemann bei seinen Positionsberechnungen auf den Mond stützen. Und da er die Mondpositionen so oft vorausbestimmen mußte, erfand er ein Hilfsmittel, das sich direkt auf das Längengradproblem auswirkte: Er schuf die erste Tabelle, welche die Mondpositionen in Zwölf-Stunden-Abständen angab. Wertvolle Dienste leistete ihm dabei seine langjährige Korrespondenz mit dem Schweizer

Links: In einem undatierten Brief an die Längenkommission bat Mayer um eine Belohnung für seine Mondtabellen und die begleitende Anleitung, wie mit ihrer Hilfe der Längengrad auf See zu finden sei. Mayer erlebte die Preisverleihung nicht mehr. Nachdem man seine Tabellen mit Erfolg beim zweiten Test der H-4 benutzt hatte, bewilligte die Längenkommission 1765 seinen Erben 3000 Pfund Sterling.

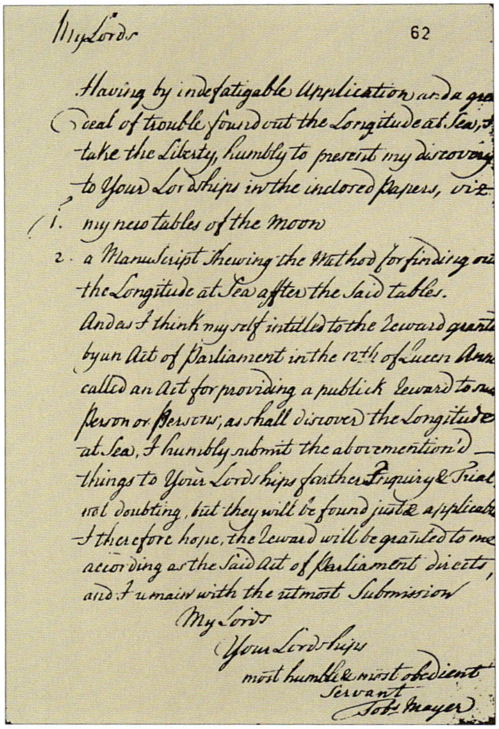

My Lords 62

Having by indefatigable Application and a grea
deal of trouble found out the Longitude at Sea, I
take the Liberty, humbly to present my discoveri
to Your Lordships in the inclosed Papers, viz.
1. my new tables of the moon
2. a Manuscript shewing the Method for finding ou
the Longitude at Sea after the said tables.
And as I think my self intitled to the Reward grant
by an Act of Parliament in the 12th of Queen Anne
called an Act for providing a publick Reward to su
Person or Persons, as shall discover the Longitude
at Sea, I humbly submit the abovemention'd
things to Your Lordships farther Enquiry & Trial,
not doubting, but they will be found just & applicab
I therefore hope, the Reward will be granted to me
according as the said Act of Parliament directs,
and I remain with the utmost Submission
My Lords
Your Lordships
most humble & most obedient
Servant
Tob. Mayer

Rechts: Tobias Mayers Tabulae Motuum Solis et Lunae Novae et Correctae *(Neue und korrekte Tabellen der Bewegungen der Sonne und des Mondes) ist eine Bearbeitung des Manuskripts, das seine Witwe 1763 der Längenkommission vorlegte. Unter der Leitung von Nevil Maskelyne wurden im Jahr 1770 2000 Kopien davon gedruckt.*

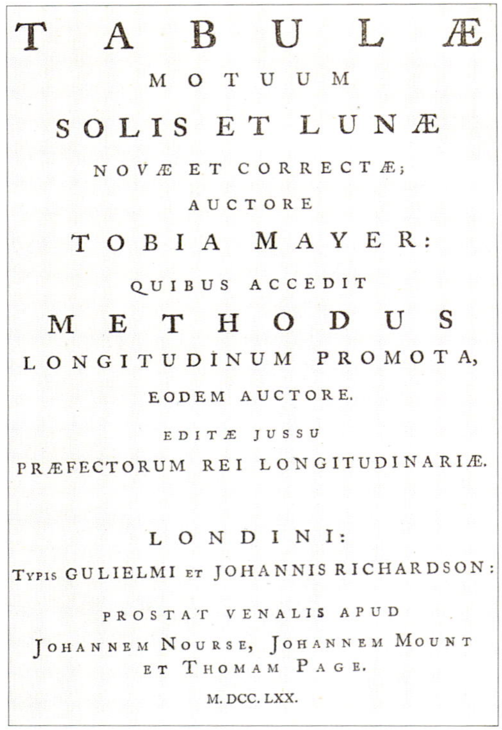

TABULÆ
MOTUUM
SOLIS ET LUNÆ
NOVÆ ET CORRECTÆ;
AUCTORE
TOBIA MAYER:
QUIBUS ACCEDIT
METHODUS
LONGITUDINUM PROMOTA,
EODEM AUCTORE.
EDITÆ JUSSU
PRÆFECTORUM REI LONGITUDINARIÆ.

LONDINI:
TYPIS GULIELMI ET JOHANNIS RICHARDSON:
PROSTAT VENALIS APUD
JOHANNEM NOURSE, JOHANNEM MOUNT
ET THOMAM PAGE.
M. DCC. LXX.

Mathematiker Leonhard Euler, der die relativen Bewegungen von Sonne, Erde und Mond in einer Reihe eleganter Gleichungen zusammengefaßt hatte.

Bradley maß die Mayerschen Projektionen der Mondbewegung an Hunderten von Beobachtungen, die er selbst in Greenwich machte. Die Vergleiche elektrisierten ihn, weil Mayer sich nie um mehr als anderthalb Bogenminuten geirrt hatte. Diese Präzision bedeutete, daß man die Länge bis auf einen halben Grad Abweichung genau bestimmen konnte – und das war die magische Zahl für den höchsten Preis der Längenkommission. 1757, noch im selben Jahr, in dem er die Tabellen erhalten hatte, ließ Bradley sie von Kapitän John Campbell an Bord der *Essex* auf See prüfen. Wiederholte Erprobungen wurden, trotz des Siebenjährigen Krieges, in bretonischen Küstengewässern durchgeführt, und die Methode der Monddistanzen schien neue Hoffnungen zu wecken. Als Mayer 1762 neununddreißigjährig an einer Infektion starb, sprach die Längenkommission seiner Witwe in Anerkennung seiner Verdienste 3000 Pfund zu. Noch einmal 300 Pfund gingen an Leonhard Euler.

Um mit der Methode der Monddistanzen den Längengrad zu finden, mußte der Seemann nahezu gleichzeitig drei Winkelmessungen vornehmen und die Zeit der Beobachtungen bestimmen: die Höhe des Mondes über dem Horizont, die Höhe eines Sterns (oder der Sonne) über dem Horizont und die Distanz des Mondes von dem Stern (oder der Sonne). Nachdem er die notwendigen Berechnungen vorgenommen und die Wirkungen von Refraktion, Parallaxe und Kimm (Winkel des Punkts auf dem scheinbaren zum wirklichen Horizont) ausgeglichen hatte, zog der Seemann seine Mondtabellen zu Rate, um die Zeit zu bestimmen, zu der die Beobachtungen am Bezugspunkt, für den die Tabellen errechnet waren, stattgefunden hatten. Anhand der Differenz zwischen der Ortszeit des Schiffes und der Zeit, die die Tabellen anzeigten, konnte er dann den Längengrad des Schiffes errechnen.

So wurde die Methode der Monddistanzen überall auf der Welt von unabhängig arbeitenden Forschern propagiert, und jeder steuerte seinen kleinen Anteil zu einem Projekt von ungeheuren Dimensionen bei. Kein Wunder, daß überall nur noch von diesem Verfahren geredet wurde.

Selbst die Schwierigkeit, Monddistanzen zu messen, erhöhte das Ansehen der Methode. Ein Navigator mußte ja nicht nur die Höhen der verschiedenen Him-

Ramsden
London

melskörper und den Winkelabstand zwischen ihnen messen, sondern auch berücksichtigen, daß die Brechung des Lichts am Horizont die Gestirne dort scheinbar in größerer Höhe stehen ließen, als es in Wirklichkeit der Fall war. Auch mit dem Problem der Mondparallaxe mußte man sich herumschlagen, da die Tabellen für einen Beobachter am Erdmittelpunkt formuliert waren, während ein Schiff sich natürlich auf Meereshöhe bewegt. Außerdem war zu beachten, daß der Seemann auf dem Achterdeck gut sieben Meter hoch stehen mochte. All diese Faktoren mußten entsprechend einkalkuliert werden. Wer mit diesen geheimnisvollen mathematischen Daten umgehen konnte und zugleich seefest war, konnte sich zu Recht beglückwünschen.

Die Admiräle und Astronomen der Längenkommission sprachen sich trotzdem schon früh für die – noch keineswegs ausgereifte – Methode der Monddistanzen aus, in der sie das logische Ergebnis ihrer eigenen Erfahrungen mit Meer und Himmel sahen. Ende der 1750er Jahre – nachdem zahlreiche Personen zu diesem bedeutenden internationalen Projekt beigetragen hatten – schien die Methode endlich vor der praktischen Verwirklichung zu stehen.

John Harrison dagegen präsentierte der Welt ein kleines tickendes Ding in einer Kiste! Lächerlich!

Schlimmer noch, die ganze Kompliziertheit des Längengradproblems schien bereits in Harrisons Uhrwerk eingebaut zu sein. Man benötigte weder Kenntnisse in Mathematik oder Astronomie noch große Erfahrung, um damit zu arbeiten. Für Wissenschaftler und Himmelsnavigatoren hatte diese Uhr etwas Unziemliches. Sie verlangte keine Anstrengung. Sie war nicht respektabel. In früheren Zeiten wäre Harrison mit seiner Zauberkiste wegen Hexerei angeklagt worden. So wie die Dinge lagen, führte Harrison einen einsamen Kampf gegen das wissenschaftliche Establishment. Aufgrund der eigenen hohen Maßstäbe und der enormen Skepsis seiner Gegner verschanzte er sich immer mehr in seiner Position. Statt die Ehre und Anerkennung zu bekommen, die er für seine Leistungen erwarten durfte, mußte er sich zahlreichen unangenehmen Prüfungen stellen, nachdem er 1759 sein Meisterwerk, die vierte Uhr, H-4, vollendet hatte.

Dieser Sextant mit einem Radius von 15 Zoll, der um 1772 von Jesse Ramsden in London hergestellt wurde, ist eines der Instrumente der Längenkommission, die Kapitän Cook auf seiner dritten Reise an Bord der Discovery benutzt haben soll. Der Sextant, so genannt, weil sein Rahmen ein Sechstel eines Kreises beschreibt, wurde aus dem Oktanten speziell für Monddistanzmessungen entwickelt. Er ist ganz aus Messing, war mit einem Teleskop verbunden, und die Feineinteilung seiner 120-Grad-Skala erlaubt das Ablesen bis auf eine Bogenminute genau.

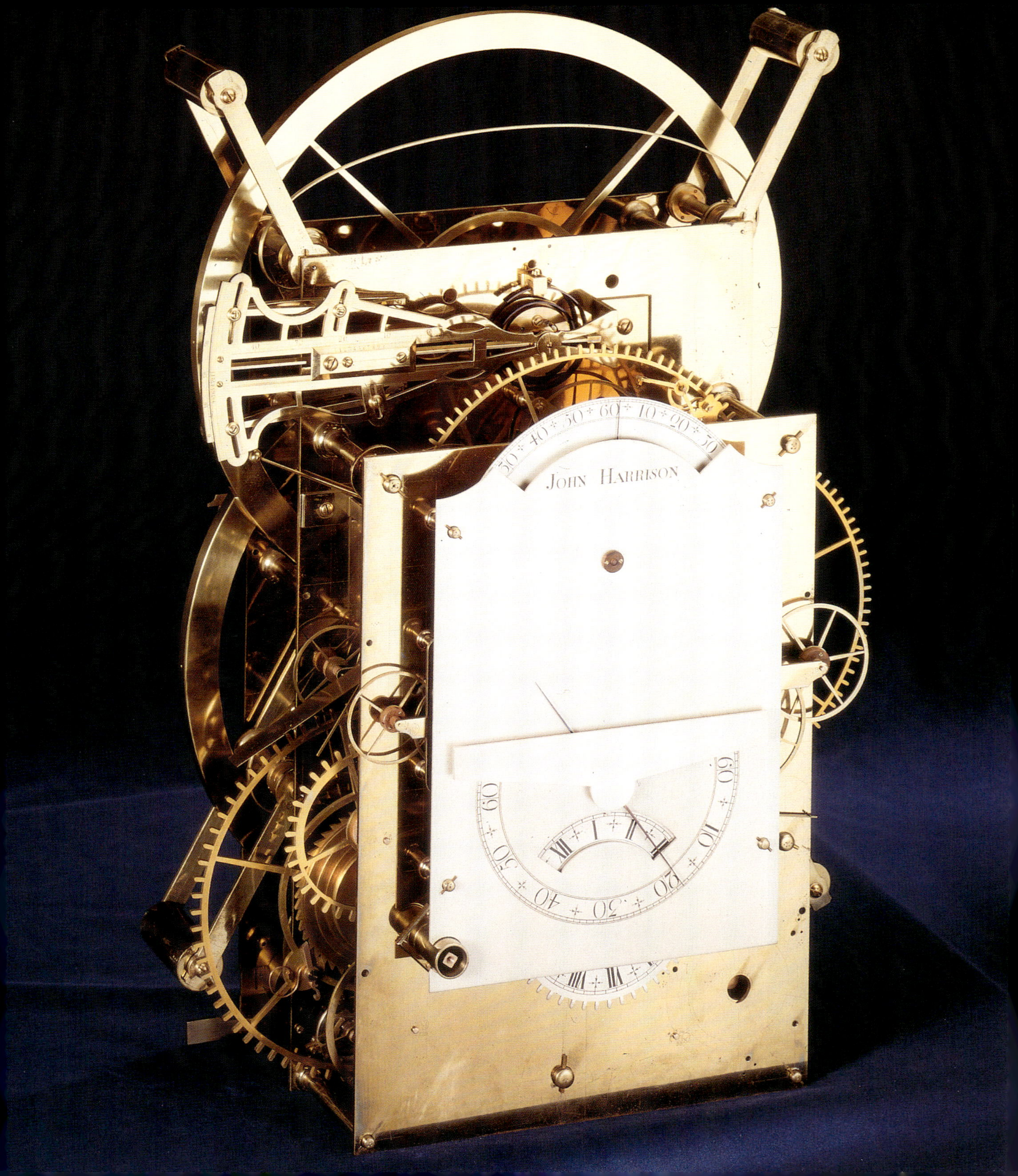
JOHN HARRISON

10

Der diamantene Zeitmesser

Das Schränkchen ist aus Gold
Und Perlen und Kristall gemacht,
In seinem Innern öffnet sich eine Welt
Und eine kleine, wunderschöne Mondnacht.

William Blake
The Crystal Cabinet

Rom, heißt es, wurde nicht an einem Tag erbaut. Acht Jahre dauerte allein der Bau der Sixtinischen Kapelle und noch einmal elf Jahre die Ausmalung. Michelangelo stand von 1508 bis 1512 auf seinem Gerüst, um die Decke mit Fresken zu Themen aus dem Alten Testament zu bemalen. Vierzehn Jahre vergingen zwischen Entwurf und Fertigstellung der Freiheitsstatue. Ebenfalls vierzehn Jahre dauerte die Gestaltung des Mount Rushmore Monuments. Der Bau von Suez- und Panamakanal dauerte jeweils zehn Jahre, und zwischen dem Entschluß, einen Menschen auf den Mond zu bringen, und der erfolgreichen Landung der Apollo-Raumkapsel dürften gleichfalls zehn Jahre vergangen sein.

John Harrison arbeitete neunzehn Jahre an seiner H-3.

Historiker und Biographen können nicht erklären, warum dieser Mann, der in zwei Jahren eine Turmuhr baute, ohne nennenswerte Erfahrungen auf diesem Gebiet zu haben, und in neun Jahren zwei bahnbrechende Schiffsuhren konstruierte, warum dieser Mann sich bei der H-3 so viel Zeit gelassen hat. Nichts deutet darauf hin,

1741, bei der zweiten Sitzung der Längenkommission, kündigte Harrison an, er konstruiere gerade einen dritten Zeitmesser, den er innerhalb von zwei Jahren fertigstellen wolle. Die H-3 stellte ihren Erbauer aber vor mehrere, fast unüberwindliche Schwierigkeiten und war erst 1760 testbereit, 19 Jahre nachdem er mit der Konstruktion begonnen hatte. Aber inzwischen hatte Harrison schon angefangen, einen viel kleineren Zeitmesser zu bauen, und die H-3 wurde, genau wie die H-2, nie auf See erprobt. Dieser neue Zeitmesser war sogar noch kleiner als die H-2, nämlich nur etwa 60 Zentimeter hoch.

Die Copley-Medaille, die höchste Auszeichnung der Royal Society, wurde mit diesen Münzstempeln geprägt, dann wurden der Name des Empfängers und das Datum eingraviert. Diese gewöhnlich einmal im Jahr verliehene Goldmedaille erhielt John Harrison 1749 für die Verbesserungen, die er in der Präzisions-Zeitmessung erreicht hatte. Zu dem Zeitpunkt arbeitete Harrison bereits seit knapp neun Jahren an seiner dritten Schiffsuhr, und ein Ende der Arbeit war nicht in Sicht.

daß der besessene Arbeiter Harrison gebummelt hat oder sich ablenken ließ. Im Gegenteil, es spricht einiges dafür, daß er *ausschließlich* an der H-3 arbeitete, womöglich auf Kosten seiner Gesundheit und der Familie, denn sein Projekt beanspruchte ihn so sehr, daß er keine anderen lukrativeren Aufträge annehmen konnte. Er baute zwar aus Geldnot ein paar schlichte Uhren, lebte in dieser Zeit aber offenbar nur von den Mitteln der Längenkommission, die den Ablieferungstermin mehrere Male verschob und ihm fünfmal einen Betrag von 500 Pfund zukommen ließ.

Die Royal Society, die im Jahrhundert zuvor als angesehenes Wissenschaftskolleg gegründet worden war, blieb in dieser Zeit der Prüfungen fest an Harrisons Seite. Sein Freund George Graham und andere ihm gewogene Mitglieder dieses Gremiums bestanden darauf, daß Harrison seine Werkstatt zumindest einmal verließ, um am 30. November 1749 die Copley-Goldmedaille entgegenzunehmen. (Spätere Träger dieser Auszeichnung waren unter anderen Benjamin Franklin, Henry Cavendish, Joseph Priestley, James Cook, Ernest Rutherford und Albert Einstein.)

Auf die Medaille, die höchste Auszeichnung, die seine Freunde vergeben konnten, folgte später das Angebot, ihn in die Royal Society aufzunehmen. Harrison hätte dann die prestigeträchtigen Buchstaben F. R. S. (Fellow of the Royal Society) hinter seinen Namen setzen können. Doch er lehnte ab. Er bat darum, die Ehre seinem Sohn William zukommen zu lassen. Dabei muß er gewußt haben, daß die Mitgliedschaft für wissenschaftliche Verdienste verliehen wird. Sie kann weder übertragen noch vererbt werden, nicht einmal an engste Angehörige. Gleichwohl wurde William im Jahre 1765 aufgrund eigener Leistungen in die Royal Society aufgenommen.

Dieses unsignierte und undatierte Ölbild soll ein Selbstporträt William Harrisons (1728–1815) sein, der wie ein wohlhabender Gentleman lebte, nachdem er den größten Teil des restlichen Preisgeldes und viele Besitztümer seines Vaters geerbt hatte. Wahrscheinlich handelt es sich bei dem Mann auf dem Bild in Wirklichkeit aber um Williams Sohn John (1761–1842).

Der einzige noch lebende Sohn John Harrisons machte sich die Sache seines Vaters zu eigen. William, der noch ein Kind war, als die Arbeit an den Schiffsuhren begann, verbrachte seine Jugendjahre in der Gesellschaft der H-3. Bis zum fünfundvierzigsten Lebensjahr arbeitete er gemeinsam mit seinem Vater an den Längengradzeitmessern, begleitete sie auf ihren Erprobungsfahrten und stand Harrison senior in den Auseinandersetzungen mit der Längenkommission zur Seite.

Die H-3 mit ihren 753 Einzelteilen war für die Harrisons offenbar eine Herausforderung, die sie mit Bravour meisterten. Kein einziges Mal verfluchten sie das Instrument, das ihr Leben so lange beherrschte. Im Rückblick auf seinen beruflichen Werdegang schrieb Harrison später etwas wirr, aber voller Dankbarkeit über die H-3 und die strengen Lektionen, die sie ihm erteilt hatte: »Wären nicht einige Transaktionen gewesen, die ich bei meiner dritten Maschine hatte ..., so hätte ich bedeutsame oder höchst nützliche Dinge oder Entdeckungen ohne sie niemals erfahren oder ent-

Details der H-3

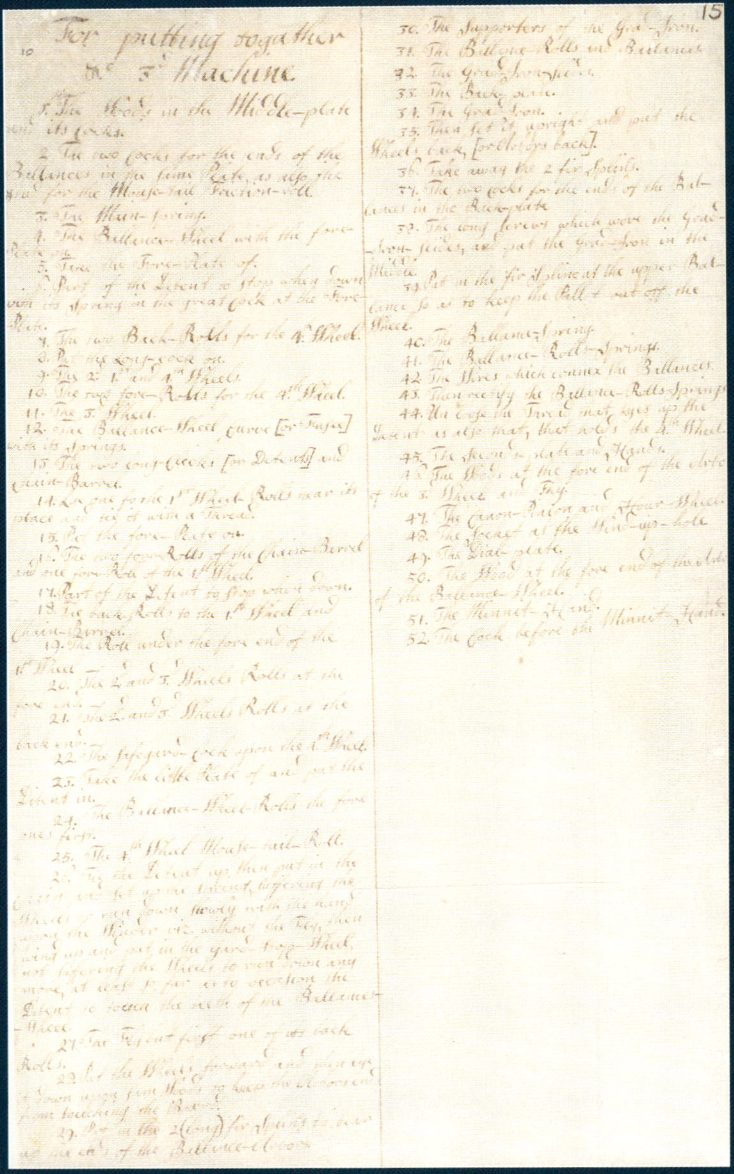

For putting together No 3d Machine

1. The [illegible] in the Middle-plate and its cocks.
2. The two cocks for the ends of the Ballances in the same Plate, as also the [illegible] for the Mouse-tail Friction-roll.
3. The Main-spring.
4. The Ballance-Wheel with the fore-Plate on.
5. Take the Fore-Plate of.
6. Part of the Detent to stop when down with its spring in the great cock at the Fore-Plate.
7. The two Back-Rolls for the 4th Wheel.
8. Put the long-cock on.
9. The 2d. 1st and 4th Wheels.
10. The two fore-Rolls for the 4th Wheel.
11. The 3d. Wheel.
12. The Ballance-Wheel cover [or [illegible]] with its springs.
13. The two long-Cocks [or [illegible]] and Chain-Barrel.
14. [illegible] for the 1st Wheel-Rolls near its place and tie it with a Thread.
15. Put the fore-Plate on.
16. The two fore-Rolls of the Chain-Barrel and one fore-Roll of the 1st Wheel.
17. Part of the Detent to stop when down.
18. The back-Rolls to the 1st Wheel and Chain-Barrel.
19. The Roll under the fore end of the 1st Wheel.
20. The 2d and 3d. Wheels Rolls at the fore end.
21. The 2d. and 3d. Wheels Rolls at the back end.
22. The [illegible]-cock upon the 4th Wheel.
23. Take the little Plate of and put the Detent in.
24. The Ballance-Wheel-Rolls the fore ones first.
25. The 4th Wheel Mouse-tail-Roll.
26. [illegible] the Detent up then put in the [illegible] [illegible]

30. The Supporters of the [illegible]-Iron.
31. The Ballance-Rolls and Ballances.
32. The [illegible]-Iron-[illegible].
33. The Back-plate.
34. The [illegible]-Iron.
35. Then set it upright and put the Wheels back, [or [illegible] back].
36. Take away the 2 [illegible].
37. The two cocks for the ends of the Ballances in the Back-plate
38. The long screws which [illegible] the [illegible]-Iron-[illegible], and put the [illegible]-Iron in the Middle.
39. Put in the [illegible] at the upper Ballance so as to keep the [illegible] out of the Wheel.
40. The Ballance-Spring.
41. The Ballance-Roll-Springs.
42. The Wires which connect the Ballances.
43. Then rectify the Ballance-Rolls-Springs
44. [illegible] the [illegible] that [illegible] up the Detent as also that, that holds the 4th Wheel.
45. The [illegible]-plate and Hands.
46. The [illegible] at the fore end of the [illegible] of the 3. Wheel and [illegible].
47. The [illegible] and Hour-Wheel.
48. The [illegible] at the Wind-up-hole
49. The Dial-plate.
50. The [illegible] at the fore end of the [illegible] of the Ballance-Wheel.
51. The Minnet-Hand.
52. The Cock before the Minnet-Hand.

Harrison fertigte diese Anweisungen als Hilfe beim Zusammenbau von H-3 an. Korvettenkapitän R. T. Gould, der Ende der 1920er, Anfang der 1930er Jahre sieben Jahre mit der Restaurierung dieses Geräts verbrachte, bezeichnete das Zusammenbauen und Auseinandernehmen des Mechanismus als außerordentliche komplexe und zeitraubende Arbeit, die er, um verschiedene Justierungen vorzunehmen, oftmals wiederholen mußte. Diese Liste der Arbeitsschritte offenbart einen der Gründe, warum Harrison so lange brauchte, um die H-3 fertigzustellen.

Diese Zeichnung der H-3 rechts gehört zu einer Serie von Zeichnungen von etwa 1840, als das Gerät restauriert wurde. Die in der Ecke unten rechts an die Platte geschraubte runde Scheibe ist die Abdeckung des ersten verdeckten Rollenlagers, das Harrison erfand, um die Reibung zu reduzieren. Diese Einrichtung ist der Vorläufer des Kugellagers, das heute beim Maschinenbau so viel benutzt wird.

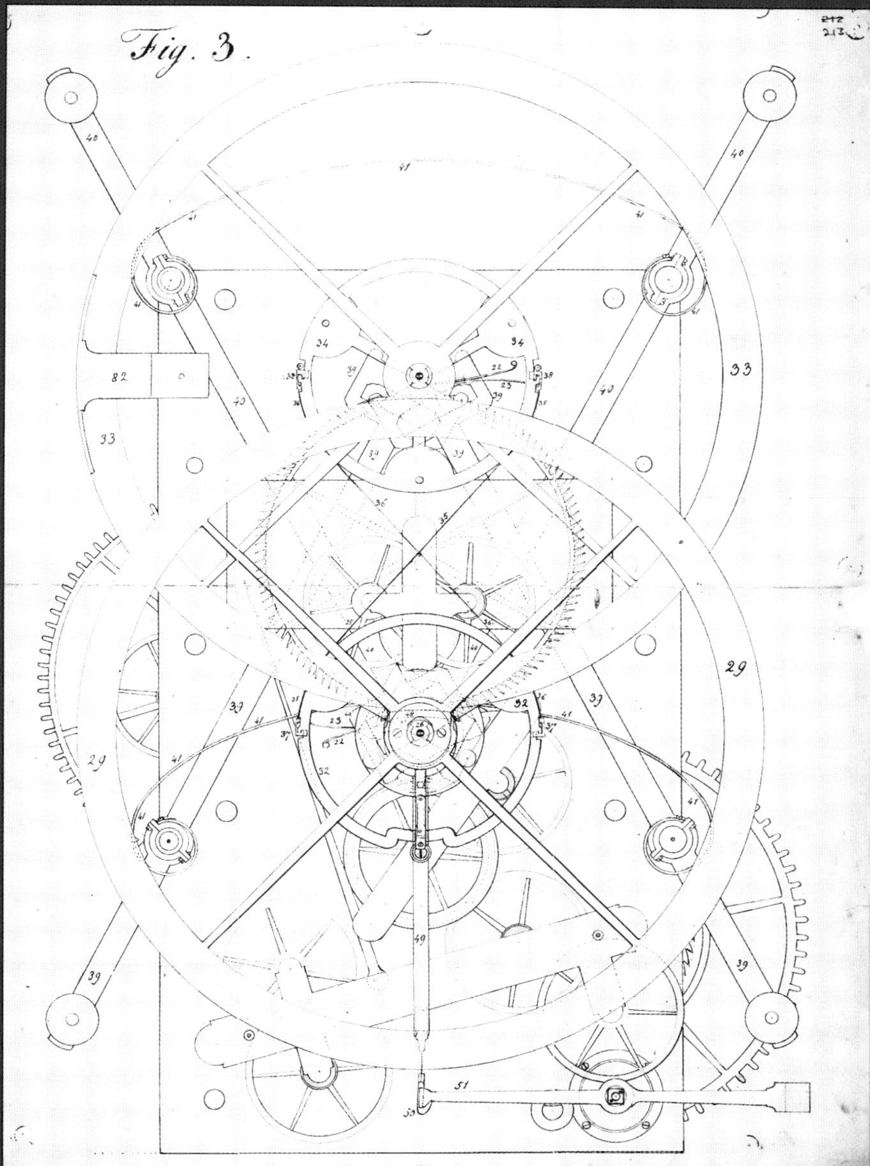
Fig. 3.
40
40
41
41
34
34
82
33
33
40
29
29
39
39
49
51

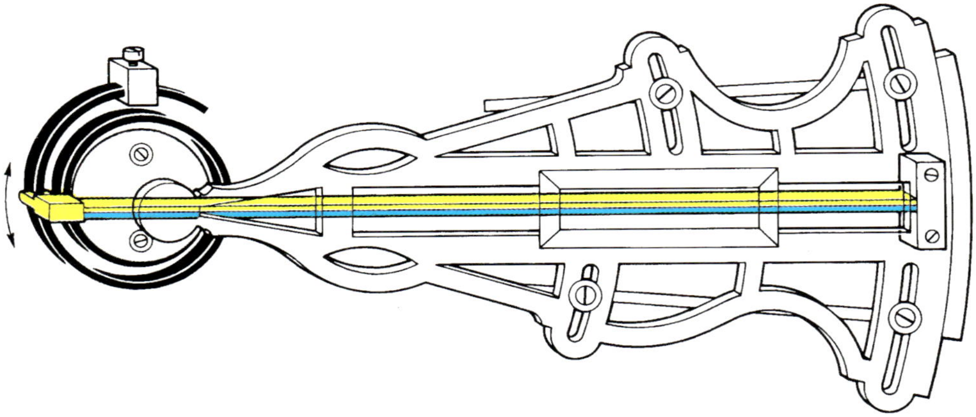

Der Bimetallstreifen der H-3, den Harrison vor 1749 erfand, besteht aus zwei dünnen Metallstreifen, einem aus Messing (gelb) und einem aus Stahl (blau). Er ist mit dem einen Ende fest an den geigenförmigen Rahmen genietet, mit dem anderen durch zwei Stifte verbunden, die die Unruhfeder umschließen. Sobald die Temperatur steigt, biegt sich durch die größere Ausdehnung des Messings der Bimetallstreifen nach unten und reduziert die effektive Länge der Unruhfeder, um ihre Ausdehnung und die Veränderung ihrer Elastizität auszugleichen. Wenn die Temperatur sinkt, vollführt der Bimetallstreifen automatisch die erforderliche Justierung in die entgegengesetzte Richtung.

deckt …, es lohnte all das Geld und die Zeit, die sie mich kostete – meine kuriose dritte Maschine.«

Ein neuartiges Teil, das Harrison für seine H-3 entwickelte, wird bis heute in Thermostaten und anderen Temperaturreglern verwendet. Es trägt den recht unpoetischen Namen Bimetallstreifen. Dieser Bimetallstreifen kann, genau wie das Rostpendel, nur besser, automatisch Temperaturschwankungen ausgleichen, die die Ganggeschwindigkeit des Uhrwerks beeinflussen. Harrison hatte zwar bei den ersten beiden Schiffsuhren auf das Pendel verzichtet, verwendete aber noch kombinierte Messing- und Stahlstäbe in der Nähe der Unruhen, um die Uhren gegen Temperaturschwankungen unempfindlich zu machen. Für die H-3 konstruierte er nun zum gleichen Zweck einen vereinfachten zusammengenieteten Stab aus dünnem Messingblech und Stahl.

Auch der neuartige Mechanismus, den Harrison zur Reibungsverminderung entwickelte, wird nach wie vor verwendet – in Form von Kugellagern, die bei fast allen Maschinen mit beweglichen Teilen heute für störungsfreien Lauf sorgen.

Die H-3, die schlankeste der Schiffsuhren, wiegt nur achtundzwanzig Kilogramm – sieben Kilogramm weniger als die H-1 und zwölf weniger als die H-2. Statt der hantelförmigen Unruhstäbe mit ihren vier Pfund schweren Messingkugeln an beiden Enden hat die H-3 zwei große, kreisrunde, gegeneinander schwingende

Unruhreife, die durch Metallbänder gekoppelt sind und von einer einzigen Spiralfeder reguliert werden.

Mit Blick auf die engen Kapitänskajüten hatte Harrison sich bemüht, die Uhr möglichst kompakt zu halten. Er hat nie überlegt, eine Längengrad-Taschenuhr anzufertigen, die in die Westentasche des Kapitäns passen würde, denn jedermann wußte ja, daß eine Taschenuhr niemals die gleiche Präzision erreichen konnte wie eine große Uhr. Die H-3, mit ihren sechzig mal dreißig Zentimetern recht klein, war bis an die einer Schiffsuhr möglichen Grenzen gegangen. Obwohl Harrison mit ihrer Leistung noch nicht ganz zufrieden war, erschien ihm ihr Format für die Seefahrt genau richtig.

Ein merkwürdiger Zufall – so man an Zufälle glaubt – änderte diese Auffassung. Da in seinen Zeitmessern so viel Messing verarbeitet war, hatte Harrison natürlich verschiedene Handwerker in London kennengelernt, unter anderem John Jefferys, ein Mitglied der Worshipful Company of Clockmakers. 1753 fertigte Jefferys für Harrison eine Taschenuhr zum privaten Gebrauch an. Offensichtlich hielt er sich dabei an Harrisons Angaben, denn die Uhr ist mit einem kleinen Bimetallstreifen ausgestattet, der bei Kälte und Wärme für regelmäßigen Gang sorgen sollte. Andere zeitgenössische Taschenuhren hatten eine Fehlanzeige von

John Harrisons Taschenuhr, 1753 von John Jefferys angefertigt, ist die älteste noch erhaltene Taschenuhr, die sowohl mit einer Kraftreserve (damit sie beim Aufziehen weiterläuft) als auch einer Temperaturkompensation (einem Bimetallstreifen) ausgerüstet ist. Das Zifferblatt weist Narben aus dem Zweiten Weltkrieg auf: In Hull trafen Bomben das Gebäude, worin sich in einem Safe diese Taschenuhr befand.

Bei der Sitzung der Längenkommission am 19. Juni 1755 bat Harrison um mehr Mittel für die Fertigstellung der H-3 und für den Bau von zwei Uhren, »einer von solcher Größe, daß sie in der Tasche getragen werden kann, und die andere größer«. Diese andere war die H-4. Erstere, die er seine »geringere« Taschenuhr nannte, ist auf dieser Zeichnung zu sehen. Ob sie je gebaut wurde, ist nicht bekannt.

zehn Sekunden pro Grad Temperaturschwankung. Und im Unterschied zu allen vorangegangenen Taschenuhrmodellen, die beim Aufziehen entweder stehenblieben oder langsamer gingen, verfügte Jefferys' Modell über eine Konstanthaltung des Aufzugs.

Einige Uhrenspezialisten betrachten Jefferys Zeitmesser als die erste wahre Präzisionstaschenuhr. Harrisons Name steht zwar, im übertragenen Sinne, überall auf der Uhr, aber nur John Jefferys hat sie auf dem Deckel signiert. (Daß sie heute im Museum der Company of Clockmakers gezeigt werden kann, ist ein kleines Wunder, denn sie lag im Juweliersafe eines Geschäfts, das während der Schlacht um England im Zweiten Weltkrieg einen Volltreffer abbekam, und schmorte dann zehn Tage unter den rauchenden Trümmern.)

Diese Uhr erwies sich als erstaunlich zuverlässig. Harrisons Nachfahren erinnerten sich, daß sie immer in seiner Tasche steckte. Da er sich auch theoretisch mit

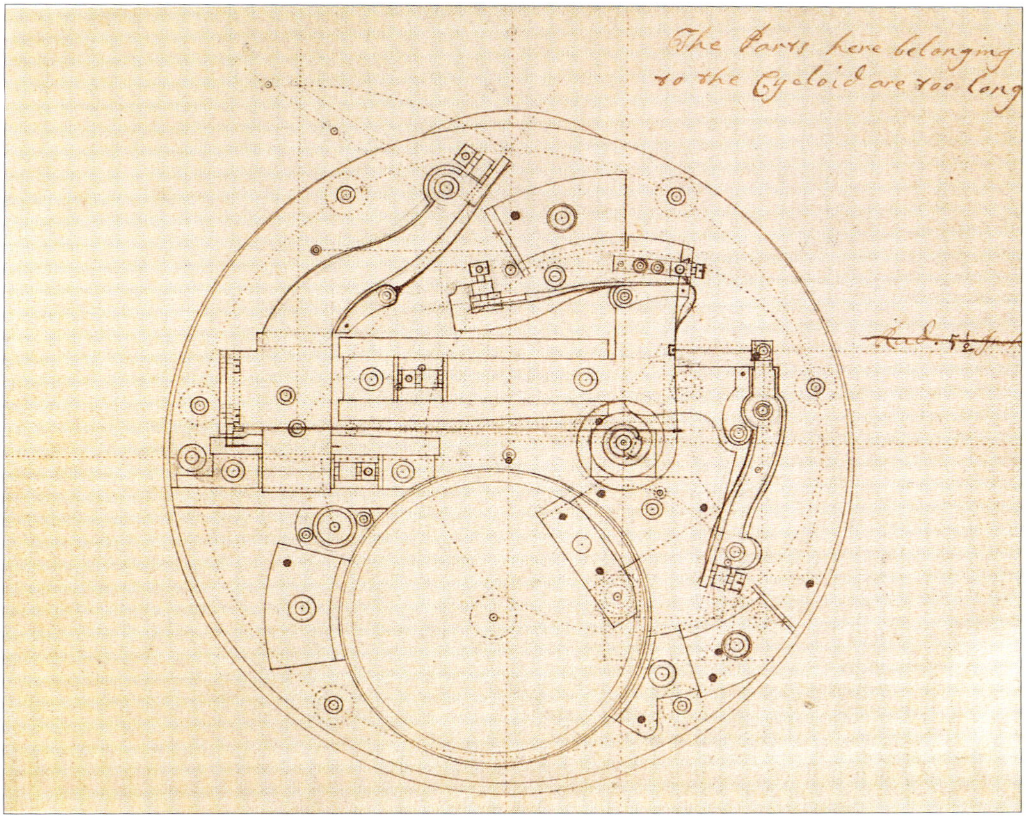

Diese Zeichnung des Uhrwerks der H-4, angefertigt von John Harrison, stammt aus einer ganzen Reihe von Detailentwürfen.

ihr auseinandersetzte, wurde die Schiffsuhr in seiner Vision allmählich immer kleiner. 1755 erwähnte er Jefferys' Taschenuhr bei einem seiner Auftritte vor der Längenkommission, als er die letzte Verzögerung der Arbeit an der H-3 erklären mußte. Laut Sitzungsprotokoll sagte Harrison, nach seinen Erfahrungen mit einer Taschenuhr, die bereits nach seinen eigenen Angaben gefertigt sei (also Jefferys' Uhr), habe er »Grund zu der Annahme, daß solche kleinen Instrumente von großem Nutzen sein können in bezug auf den Längengrad«.

Als Harrison im Jahre 1759 die H-4 fertigstellte, jene Uhr, die ihm am Ende den Längengradpreis eintrug, hatte sie sehr viel mehr Ähnlichkeit mit Jefferys' Uhr als mit irgendeiner ihrer legitimen Vorgängerinnen, der H-1, H-2 oder H-3.

Die H-4, das letzte Glied aus dieser großen Messingfamilie, ist so verblüffend wie ein Kaninchen, das aus einem Zylinder gezogen wird. Obwohl mit zwölf Zentimetern Durchmesser für eine Taschenuhr sehr groß, ist sie für eine Schiffs-

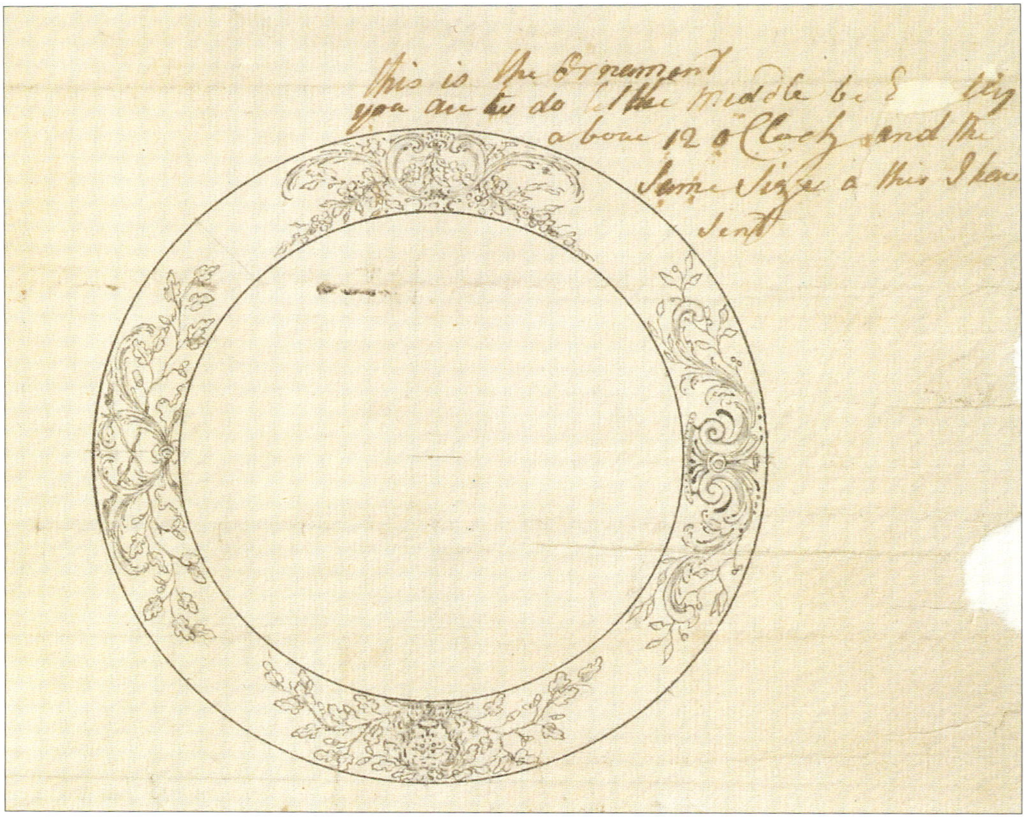

Von den vier Entwürfen für die Verzierung auf dem Außenring des Zifferblatts der H-4 wählte Harrison den oberen, wie die Anweisung für den Zifferblattmaler zeigt.

uhr klein. Sie wiegt nicht mehr als knapp drei Pfund. Das in einem doppelten Silbergehäuse verborgene, vornehm weiße Zifferblatt zeigt vier phantasievolle, schwarz ausgeführte florale Schmuckmotive, symmetrisch angeordnet um zwei Kreise mit römischen Stunden, arabischen Sekunden und drei Zeigern aus blauem Stahl, die unbeirrt die richtige Zeit anzeigen. H-4 (»The Watch«, wie sie bald hieß) galt als Inbegriff von Eleganz und Präzision.

Harrison war sehr von seiner Arbeit angetan und drückte dies auch klarer aus, als er je einen Gedanken formuliert hat. »Ich möchte behaupten, daß es kein anderes mechanisches oder mathematisches Ding auf der Welt gibt, das schöner oder in der Beschaffenheit kurioser ist als diese meine Uhr oder Zeitmesser für den Längengrad ..., und ich danke dem Allmächtigen von Herzen, daß ich so lange leben durfte, um sie in gewissem Maße vollenden zu können.«

Noch schöner als das Äußere sind die inneren Bestandteile dieses Wunders.

Die H-4, mit der Harrison den Preis gewann, war überraschend klein, verglichen mit seinen drei früheren Uhren. Die H-4 wurde erstmals beim Treffen der Längenkommission 1755 erwähnt, 1759 vollendet und bei zwei Fahrten auf See, 1761/62 nach Jamaika und 1764 nach Barbados, erprobt.

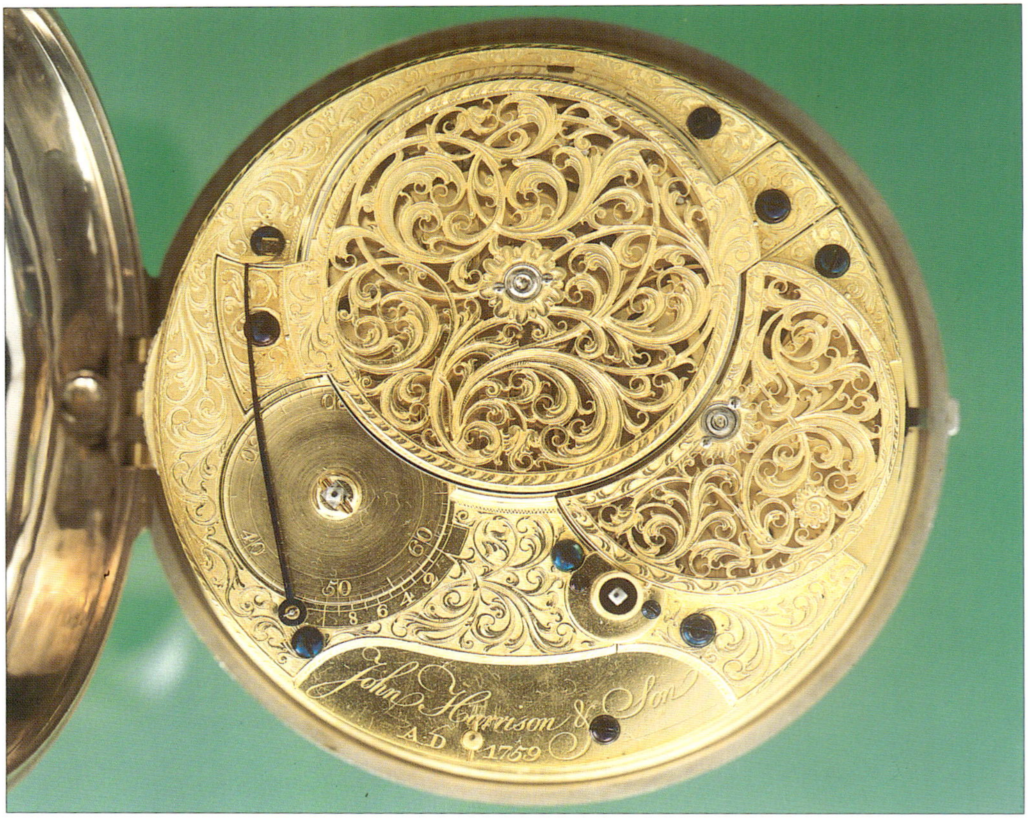

Bei der Herstellung der H-4 wurden keine Kosten gescheut. Die feinen Gravuren auf der Rückseite passen zu dem Zeitmesser, der die Vollendung einer mehr als 30jährigen Arbeit darstellte und eine der berühmtesten Taschenuhren aller Zeiten werden sollte.

Gleich unter dem silbernen Deckel schützt eine dekorativ durchbrochene und reich ziselierte Platine das Werk. Ihre Gestaltung hat keine andere Funktion als die, den Betrachter in Erstaunen zu setzen. Eine klare Signatur am unteren Platinenrand lautet »John Harrison & Son A.D. 1759«. Und unter der Platine, verborgen zwischen den Rädern, führen Diamanten und Rubine den Kampf gegen die Reibung. Diese winzigen, außerordentlich schön geschliffenen Juwelen erfüllen die Aufgabe, die in Harrisons großen Schiffsuhren den reibungsfrei laufenden Rädern und mechanischen Grasshopper-Hemmungen zugeteilt worden war.
Wie Harrison das Schleifen der Juwelen gelang, bleibt eines der größten Geheimnisse der H-4. In seiner Beschreibung heißt es bloß: »Die Hemmungsflächen sind Diamanten.« Keine weitere Erklärung, weshalb er sich für dieses Material entschied oder wie er die Steine in ihre Form brachte. Und obwohl die Uhr im Verlauf jahrelanger Prüfungen von Uhrmachern und Astronomen auseinander-

genommen und untersucht wurde – in bezug auf die Diamanten sind weder Fragen noch Debatten protokolliert.

Die H-4, die heute im Londoner National Maritime Museum in aller Pracht ausgestellt wird, zieht alljährlich Millionen von Besuchern an. Bevor sie zu diesem Ausstellungsstück kommen, haben sie meist schon die H-1, H-2 und H-3 betrachtet. Erwachsene und Kinder stehen gleichermaßen fasziniert vor den großen Schiffsuhren und bewegen die Köpfe im Rhythmus der Unruhhebel von H-1 und H-2, die wie Metronomzeiger hin und her schwingen. Sie atmen im Rhythmus des regelmäßigen Tickens und sind überrascht, wenn der Flügel, der aus dem Chassis der H-2 herausragt, plötzlich seine sporadischen Drehbewegungen vollführt.

Aber die H-4 entwickelt die größte Wirkung. Diese Uhr, die angeblich der Endpunkt eines systematisch voranschreitenden Entwicklungsprozesses war, stellt doch etwas ganz Eigenes dar. Außerdem steht sie still, in auffälligem Gegensatz zu den anderen tickenden Uhren. Nicht nur, daß ihr Mechanismus in dem silbernen Gehäuse verborgen ist, auch die Zeiger rühren sich nicht. Selbst der Sekundenzeiger hält still. Die H-4 läuft nicht.

Sie *könnte* laufen, wenn das Museum es zuließe, doch die Kuratoren erlauben es nicht. Sie verweisen darauf, daß die H-4 quasi den Status einer verehrten Reliquie oder eines unersetzlichen Kunstwerks genieße, das der Nachwelt erhalten werden muß. Die Uhr aufzuziehen, hieße sie zu ruinieren.

In aufgezogenem Zustand läuft die H-4 dreißig Stunden. Sie müßte also täglich aufgezogen werden, wie die großen Schiffschronometer auch. Doch anders als ihre Vorgänger, verträgt die H-4 tägliche Eingriffe des Menschen nicht, und sie bezeugt das stumm, aber eindrucksvoll. Trotz ihrer großen Berühmtheit – nicht selten hat man sie als die bedeutendste Uhr aller Zeiten gepriesen – wurde sie ziemlich schlecht behandelt. Noch vor fünfzig Jahren lag sie, zusammen mit Kissen und Aufziehschlüssel, in ihrem Originalkasten. Beide sind seitdem verlorengegangen, eben weil die H-4 *benutzt* wurde – indem man sie an die verschiedensten Orte brachte, sie vorführte, aufzog, reinigte und wieder woanders zeigte. 1963 kam die H-4, trotz der ernüchternden Lehre des verschwundenen Kastens, anläßlich einer Ausstellung im Washingtoner Marineobservatorium in die USA.

Am 24. Januar 1963, etwa 200 Jahre nach ihrer zweiten Testfahrt (nach Barbados), verließ die H-4 Englands Küsten zu einer dritten Reise, diesmal an Bord der H. M. S. Lowestoft, *die von Portsmouth nach Norfolk, Virginia, segelte. Nach der Ankunft brachte man die H-4 zur britischen Botschaft nach Washington, D. C., und dort überreichte der britische Botschafter sie am 8. März dem US Secretary of the Navy für eine Ausstellung im US Naval Observatory. Während des ganzen Jahrs der Ausstellung, die John Harrisons Erfindungen zum Thema hatte, wurde die H-4 am Laufen gehalten. Am 3. Mai 1964 brachte man die H-4 in New London, Connecticut, an Bord der H. M. S.* Adamant, *und am 21. Mai traf die Uhr in Devonport nahe Plymouth wieder in England ein.*

Harrisons große Schiffsuhren, wie auch seine Turmuhr von Brocklesby Park, können dank ihrer reibungsfrei konstruierten Werke regelmäßigen Gebrauch sehr viel besser aushalten. Harrison hat durch überlegte Verwendung einzelner Bauteile Pionierarbeit auf dem Gebiet der Entwicklung reibungsfreier Uhren geleistet. Aber selbst er war nicht imstande, die reibungsfreien Räder und Gleitlager so zu verkleinern, daß er sie in seine H-4 hätte einbauen können. Folglich mußte er die Uhr ölen.

Uhrenöl muß regelmäßig erneuert werden (das ist heute nicht anders als zu Harrisons Zeiten). Das Öl verändert nämlich seine Viskosität, so daß es am Ende nicht mehr schmiert, sondern sich in irgendwelchen Winkeln abgesetzt hat und das Werk zu beschädigen droht. Wenn die H-4 gehen soll, würde man sie also regelmäßig (etwa alle drei Jahre) reinigen müssen. Und weil dazu eine komplette Zerlegung aller Teile erforderlich ist, würde man riskieren, einige Teile – trotz aller Vorsicht und Ehrfurcht – zu beschädigen.

Außerdem nutzen sich bewegliche Teile, selbst wenn man sie schmiert, bei ständiger Reibung ab und müssen ersetzt werden. In Anbetracht dieses natürlichen Verschleißprozesses nehmen die Kuratoren an, daß die H-4 innerhalb von drei, vier Jahrhunderten ein völlig anderes Instrument wäre als das, welches Harrison uns vor drei Jahrhunderten hinterlassen hat. In ihrem gegenwärtigen scheintoten Zustand könnte die H-4, wohlbehütet, ein unbegrenzt langes Leben vor sich haben. Sie könnte Hunderte, wenn nicht Tausende von Jahren überdauern – wie es sich für eine Uhr gehört, die man als die *Mona Lisa* oder die *Nachtwache* der Uhrmacherkunst bezeichnet hat.

11

Prüfungen mit Feuer und Wasser

Zwei Monde sind verstrichen und mehr,
Seit etliche von diesen Helden hehr
Beschlossen, Stärke und Geschick zu proben
Und den Preis auf *Flamsteed Hill* auszuloben ...
Doch sieh dich vor, Rev. M-sk-l-n,
Du wissenschaftlicher Harlekin,
Mit Gaukelei kommst du nicht dahin,
Denn der Stifter dieser reichen Lorbeeren
Ist gerecht, wie Jupiter mit seinen Himmelsheeren.

C.P. *»Greenwich Hoy!« oder »The Astronomical Racers«*

Eine Geschichte, die einen Helden feiert, muß auch einen Bösewicht haben – in unserem Fall ist es der Reverend Nevil Maskelyne, der als »Astronom des Seemanns« in die Geschichte eingegangen ist.

Fairerweise muß man sagen, daß Maskelyne wohl eher ein Antiheld als ein Bösewicht, eher starrsinnig als hartherzig war. John Harrison jedoch haßte ihn leidenschaftlich und mit gutem Grund. Das Verhältnis zwischen diesen beiden Männern war derart gespannt, daß aus dem Kampf um den Längengradpreis eine erbitterte Schlacht wurde.

Maskelyne unterstützte die Methode der Monddistanzen, machte sie sich ganz zu eigen und verkörperte sie schließlich. Der Mann und die Methode verschmolzen mühelos miteinander, da Maskelyne, der erst mit zweiundfünfzig Jahren heiratete, sich zum Sklaven akkurater Beobachtung und sorgfältiger Berechnung gemacht hatte. Über alles führte er Buch, von astronomischen Ereignissen bis zu privaten Dingen (achtzig Jahre lang notierte er jeden ausgegebenen Penny), und alles protokollierte er mit der gleichen unpersönlichen Distanziert-

Als dieses Porträt 1785 entstand, war Nevil Maskelyne (1732–1811) 53 und seit 20 Jahren Königlicher Astronom. Während seiner langen Amtszeit tat er viel für die Anerkennung der Königlichen Sternwarte und für die Himmelsnavigation, indem er jährlich den Nautical Almanac *herausgab. Sein leidenschaftlicher Glaube an die Methode der Monddistanzen machte ihn allerdings während der zweiten Erprobung der H-4 zu John Harrisons Gegner, und seine Ernennung zum Königlichen Astronom 1765 stellte ihn zwischen Harrison und den ausgesetzten Preis von 20 000 Pfund Sterling.*

heit. Sogar seine Autobiographie schrieb er in der dritten Person. »Dr. M«, heben die erhaltenen handschriftlichen Aufzeichnungen an, »ist der letzte männliche Sproß einer alten Familie, die seit langem in Purton, in der Grafschaft Wiltshire, ansässig ist.« Auf den folgenden Seiten schreibt Maskelyne von sich als »er« oder »unser Astronom« – noch bevor seine Hauptfigur im Jahre 1765 zum Königlichen Astronomen ernannt wurde.

Maskelyne, der vierte in einer langen Reihe von Nevils, wurde am 5. Oktober 1732 geboren. Damit war er rund vierzig Jahre jünger als Harrison, auch wenn er offenbar nie richtig jung gewesen ist. Schon in frühen Jahren »streberhaft« und »besserwisserisch«, wie ein Biograph schreibt, stürzte er sich auf das Studium der Astronomie und Optik, von Anfang an mit dem festen Vorsatz, ein bedeutender Wissenschaftler zu werden. Seine Brüder William und Edmund erscheinen in den Briefen der Familie als »Billy« und »Mun« und seine Schwester Margaret als »Peggy«, aber Nevil war immer und ausschließlich Nevil.

Im Unterschied zu John Harrison, der keine Schulbildung erhielt, besuchte Nevil Maskelyne Westminster School und studierte in Cambridge. Er arbeitete, um nicht die vollen Studiengebühren bezahlen zu müssen, in der Küche. Als Fellow von Trinity College trat er in den geistlichen Stand, was ihm den Titel Reverend eintrug, und eine Zeitlang war er Pfarrer in Chipping Barnet, etwa fünfzehn Kilometer nördlich von London.

Irgendwann in den 1750er Jahren, noch während des Studiums, lernte Maskelyne dank seines lebenslangen Interesses an der Astronomie und über seine Cambridger Kontakte James Bradley, den dritten Königlichen Astronomen, kennen. In ihrer pedantischen Art paßten die beiden gut zueinander, und so versuchten sie gemeinsam, das Längengradproblem zu lösen.

Bradley war zu diesem Zeitpunkt gerade dabei, die Methode der Monddistanzen mit Hilfe der Tabellen zu kodifizieren, die Johann Tobias Mayer, der deutsche Astronom und Mathematiker, ihm zugeschickt hatte. Um ihre Genauigkeit zu prüfen, soll Bradley, wie Maskelyne berichtet, zwischen 1755 und 1760 in Greenwich 1200 Beobachtungen und »komplizierte Kalkulationen« angestellt und mit Mayers Vorausberechnungen verglichen haben.

Für diese Dinge interessierte sich Maskelyne natürlich. 1761, anläßlich des groß angekündigten astronomischen Ereignisses namens Venusdurchgang (die Venus kreuzt dabei die Sonnenscheibe), erhielt er von Bradley den hochdotierten Auftrag, auf einer Expedition die Gültigkeit der Mayerschen Tabellen auf See zu überprüfen – und ihren Nutzen für die Seefahrt zu demonstrieren.

Maskelyne fuhr nach St. Helena – die kleine Atlantikinsel südlich des Äquators, auf der Halley ein Jahrhundert zuvor die südlichen Sterne beobachtet hatte und auf der Napoleon Bonaparte im darauffolgenden Jahrhundert seine letzten Jahre in der Verbannung verbringen sollte. Auf der Hin- und Rückfahrt griff Maskelyne, zu seiner und Bradleys Befriedigung, immer wieder zum Hadleyschen Quadranten und zu Mayers Mondtabellen, um auf See die geographische Länge zu bestimmen. In Maskelynes geübten Händen funktionierte die Methode der Monddistanzen ganz wunderbar.

Mit Hilfe der Monddistanzen bestimmte Maskelyne auch die bislang noch nicht bekannte geographische Länge von St. Helena.

Während seines Aufenthalts auf der Insel erledigte er seinen wichtigsten Auftrag. Mehrere Stunden lang beobachtete er den Planeten Venus, der sich wie ein kleiner dunkler Fleck über das Antlitz der Sonne bewegte. Zu einem solchen Venusdurchgang kommt es, wenn die Venus genau zwischen Erde und Sonne steht. Bedingt durch die Bahnen dieser drei Himmelskörper und ihre Positionen zueinander, ereignen sich Venusdurchgänge sozusagen paarweise (der eine acht Jahre nach dem anderen) – aber ein solches Doppelereignis kommt nur alle hundert Jahre vor.

Halley hatte 1677 auf St. Helena den weniger seltenen Merkur-

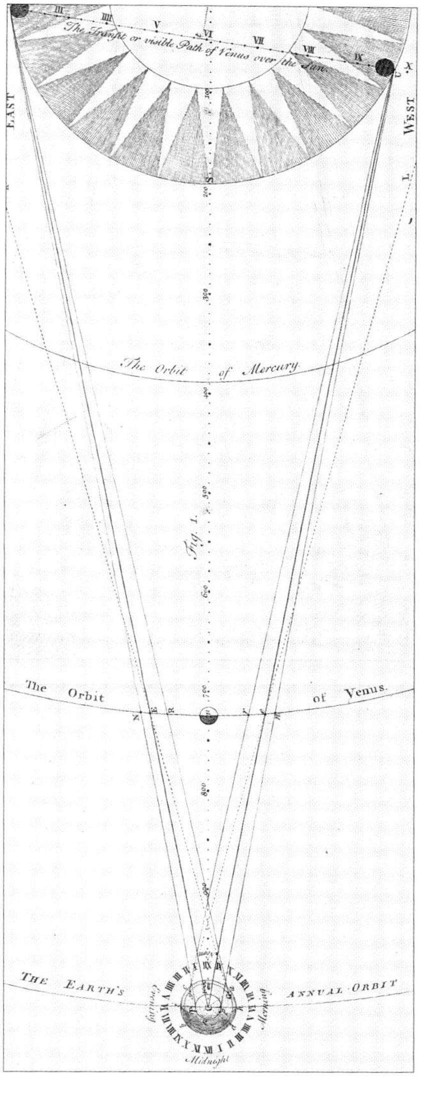

Diese Darstellung aus Fergusons Astronomy Explained *(1764) zeigt, wie die Parallaxe der Sonne (Winkel ETR) durch den Venusdurchgang bestimmt werden kann. Befindet sich die Venus am Punkt E ihrer Umlaufbahn, sieht ein Beobachter am Punkt C auf der Erde den Anfang des Durchgangs (Transit/T) am östlichen Sonnenrand. Ein Beobachter am Punkt G auf der Erde sieht das erst, wenn die Venus in ihrer Umlaufbahn Punkt R erreicht. Indem man den genauen Zeitpunkt dieser Beobachtungen feststellt und die Geschwindigkeit, mit der die Venus sich bewegt, berücksichtigt, findet man die Parallaxe der Venus von der Sonne (Winkel EGR). Da die Parallaxen der Planeten umgekehrt proportional zu ihrer Entfernung von der Sonne sind, läßt sich der Winkel ETR durch die bekannten proportionalen Entfernungen bestimmen. Da der Radius der Erde damals bereits errechnet war, ließ sich dann mit diesem Winkel CT die Entfernung der Erde von der Sonne feststellen.*

durchgang teilweise beobachtet. Begeistert über die Möglichkeiten, die in solchen astronomischen Ereignissen lagen, stellte er den Antrag, die Royal Society möge den nächsten Venusdurchgang (den er selbst natürlich ebensowenig erleben würde wie die Rückkehr des Halleyschen Kometen) beobachten lassen. Halley trug überzeugend vor, daß anhand vieler sorgfältiger Beobachtungen dieses Ereignisses, an verschiedenen, weit auseinanderliegenden Erdpunkten vorgenommen, die tatsächliche Entfernung zwischen Erde und Sonne berechnet werden könne.

Und so begab sich Maskelyne im Januar 1761 als Mitglied eines kleinen, aber weltumspannenden wissenschaftlichen Expeditionskorps auf die Reise nach St. Helena. Mehrere französische Astronomen etwa fuhren zu sorgfältig ausgewählten Beobachtungspunkten in Sibirien, Indien und Südafrika. Den ersten Venusdurchgang am 6. Juni 1761 beobachteten auch Charles Mason und Jeremiah Dixon auf einer erfolgreichen Beobachtungsreise zum Kap der Guten Hoffnung – mehrere Jahre, bevor die beiden britischen Astronomen ihre berühmte Grenzlinie zwischen Pennsylvania und Maryland zogen. Der zweite Venusdurchgang, vorausberechnet für den 3. Juni 1769, war Anlaß für die erste Reise von Kapitän James Cook, der das Ereignis von Polynesien aus beobachten wollte.

Maskelyne mußte zu seinem Leidwesen feststellen, daß sich die Wetterbedingungen auf St. Helena seit Halleys Besuch nicht verbessert hatten, so daß sich die letzte Phase des Venusdurchgangs hinter einer Wolkendecke verbarg. Trotzdem blieb er noch mehrere Monate auf St. Helena, um die dort wirksame Gravitation mit derjenigen von Greenwich zu vergleichen, die Entfernung zu dem hellen Stern Sirius zu messen und anhand von Mondbeobachtungen die Größe der Erde zu berechnen. Diese Arbeiten, neben seinem erfolgreichen Kampf an der Längengradfront, entschädigten ihn vollauf für die Schwierigkeiten bei der Beobachtung des Venusdurchgangs.

1761 fand noch eine weitere Reise statt, die von enormer Bedeutung für die Längengradgeschichte war, auch wenn sie in keinem Zusammenhang mit den Exkursionen anläßlich der Venusdurchgänge stand – William Harrison unternahm mit der H-4 seines Vaters eine Erprobungsfahrt nach Jamaika.

Harrisons erster Zeitmesser, die H-1, hatte sich nur bis Lissabon gewagt, und die H-2 war überhaupt nicht in See gestochen. Die H-3, in der fast zwanzig Jahre Arbeit steckten, wäre vielleicht 1759, unmittelbar nach ihrer Fertigstellung, auf

See erprobt worden, wenn nicht der Siebenjährige Krieg ausgebrochen wäre. Dieser weltweite Konflikt, an dem England, Frankreich, Rußland, Preußen und andere Länder beteiligt waren, umspannte drei Kontinente, einschließlich Nordamerika. Noch während des Krieges hatte der Königliche Astronom Bradley an Bord von Kriegsschiffen, die vor der feindlichen Küste Frankreichs patrouillierten, Tabellen der Monddistanzen überprüft. Aber kein halbwegs vernünftiger Mensch würde ein so einzigartiges Gerät wie die H-3 in solch unruhige Gewässer entsenden, wo es feindlichen Kräften in die Hände fallen konnte. Das zumindest war der Einwand, den Bradley anfänglich vortrug. Doch 1761, als die offizielle Prüfung der H-3 anstand, war von seinen Bedenken nichts mehr zu hören – obwohl der große Krieg noch immer wütete und von seinen sieben Jahren erst fünf hinter ihm lagen. Der Gedanke, Bradley könne tatsächlich *gewollt* haben, daß der H-3 etwas Schlimmes zustieße, ist fast unwiderstehlich. Jedenfalls scheint das weltweite Interesse an einer Beobachtung des Venusdurchgangs eine Rechtfertigung für alle Reisen gewesen zu sein, die zu dieser Zeit unter der Flagge der Wissenschaft unternommen wurden.

Im Sommer 1760, zwischen Fertigstellung und angesetzter Prüfung der H-3,

Der Hafen von Portsmouth, hier etwa zur Zeit des H-4-Versuchs, war einer der größten, sichersten und am besten befestigten Häfen Englands. Von hier aus brach William Harrison mit der H-4 zu ihrer Testfahrt nach Jamaika im November 1761 auf. Vor der Abfahrt wurde die Uhr auf Portsmouths Ortszeit am Meridian der Marineakademie eingestellt.

hatte Harrison der Längenkommission stolz die H-4, sein Glanzstück, präsentiert. Die Kommission sprach sich dafür aus, beide Instrumente, die H-3 und die H-4, auf derselben Reise zu erproben. Und so fuhr William Harrison im Mai 1761 mit der schweren H-3 auf dem Seeweg von London nach Portsmouth, wo er auf seine Einschiffungsorder warten sollte. John Harrison, der bis zur letzten Minute an seiner H-4 herumfeilte, wollte sich in Portsmouth mit William treffen und ihm kurz vor Auslaufen seines Schiffes den tragbaren Zeitmesser übergeben.

Fünf Monate später saß William noch immer in Portsmouth und wartete auf seine Order. Inzwischen war es Oktober geworden, und William war außer sich über die Verzögerung und krank vor Sorge um seine Frau Elizabeth, die sich von der Geburt ihres ersten Sohnes, John, noch immer nicht erholt hatte.

William hatte den Verdacht, daß Bradley die Prüfung bewußt hinauszögerte, um Zeit zu gewinnen, die seinem Freund Maskelyne helfen würde, Beweise für die Anwendbarkeit der Monddistanzmethode zusammenzutragen. Das mag sich nach einer fixen Idee anhören, aber William hatte Beweise dafür, daß Bradley persönlich am Längengradpreis interessiert war. In seinem Tagebuch schildert William, wie er und sein Vater bei einem Instrumentenbauer zufällig Dr. Bradley begegneten, der offensichtlich nicht gut auf sie zu sprechen war. »Der Doktor schien sehr ungehalten«, notierte William, »und er erklärte Mr. Harrison in großer Hitze, daß ohne ihn und seinen vermaledeiten Zeitmesser er und Mr. Mayer sich die zehntausend Pfund schon längst geteilt hätten.«

Als Königlicher Astronom saß Bradley in der Längenkommission und fungierte daher als Schiedsrichter im Kampf um den Längengradpreis. Williams Schilderung klingt so, als wäre Bradley selbst auch ein Konkurrent im Ringen um den Preis gewesen. Sein persönliches Interesse an der Methode der Monddistanzen könnte man heute als »Interessenkonflikt« bezeichnen, wenn dieser Begriff nicht eine zu schwache Definition dessen wäre, wogegen die Harrisons standen.

Was auch immer der Grund für die Verzögerung gewesen sein mag, im Oktober – William war inzwischen nach London zurückgekehrt – trat die Kommission zusammen. Und im November schiffte er sich endlich auf der H.M.S. *Deptford* ein. Nur mit der H-4 im Gepäck. Während des langen Wartens hatte sein Vater beschlossen, die H-3 nicht ins Rennen zu schicken. Die Harrisons setzten alles auf die Taschenuhr.

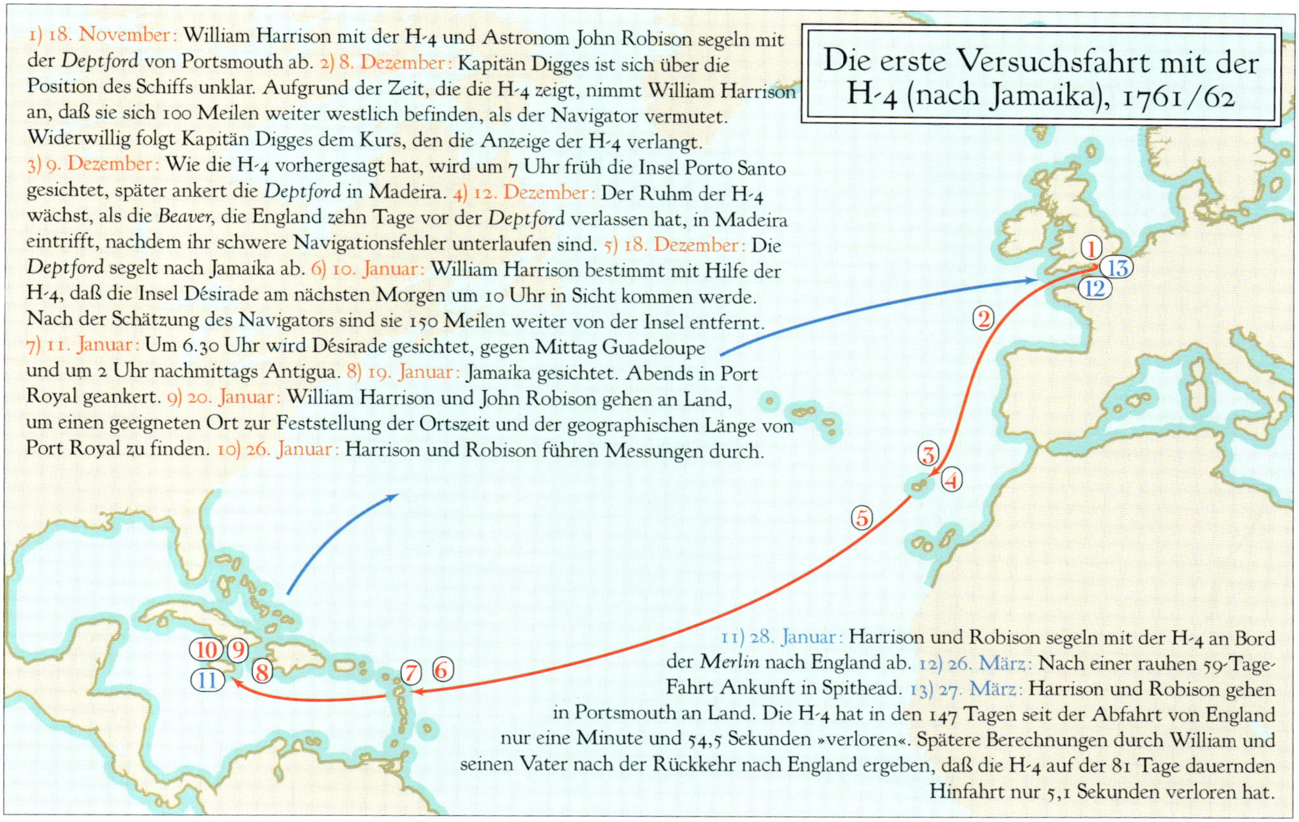

Die erste Versuchsfahrt mit der H-4 (nach Jamaika), 1761/62

1) 18. November: William Harrison mit der H-4 und Astronom John Robison segeln mit der *Deptford* von Portsmouth ab. 2) 8. Dezember: Kapitän Digges ist sich über die Position des Schiffs unklar. Aufgrund der Zeit, die die H-4 zeigt, nimmt William Harrison an, daß sie sich 100 Meilen weiter westlich befinden, als der Navigator vermutet. Widerwillig folgt Kapitän Digges dem Kurs, den die Anzeige der H-4 verlangt. 3) 9. Dezember: Wie die H-4 vorhergesagt hat, wird um 7 Uhr früh die Insel Porto Santo gesichtet, später ankert die *Deptford* in Madeira. 4) 12. Dezember: Der Ruhm der H-4 wächst, als die *Beaver*, die England zehn Tage vor der *Deptford* verlassen hat, in Madeira eintrifft, nachdem ihr schwere Navigationsfehler unterlaufen sind. 5) 18. Dezember: Die *Deptford* segelt nach Jamaika ab. 6) 10. Januar: William Harrison bestimmt mit Hilfe der H-4, daß die Insel Désirade am nächsten Morgen um 10 Uhr in Sicht kommen werde. Nach der Schätzung des Navigators sind sie 150 Meilen weiter von der Insel entfernt. 7) 11. Januar: Um 6.30 Uhr wird Désirade gesichtet, gegen Mittag Guadeloupe und um 2 Uhr nachmittags Antigua. 8) 19. Januar: Jamaika gesichtet. Abends in Port Royal geankert. 9) 20. Januar: William Harrison und John Robison gehen an Land, um einen geeigneten Ort zur Feststellung der Ortszeit und der geographischen Länge von Port Royal zu finden. 10) 26. Januar: Harrison und Robison führen Messungen durch.

11) 28. Januar: Harrison und Robison segeln mit der H-4 an Bord der *Merlin* nach England ab. 12) 26. März: Nach einer rauhen 59-Tage-Fahrt Ankunft in Spithead. 13) 27. März: Harrison und Robison gehen in Portsmouth an Land. Die H-4 hat in den 147 Tagen seit der Abfahrt von England nur eine Minute und 54,5 Sekunden »verloren«. Spätere Berechnungen durch William und seinen Vater nach der Rückkehr nach England ergeben, daß die H-4 auf der 81 Tage dauernden Hinfahrt nur 5,1 Sekunden verloren hat.

Damit ein korrektes Prüfungsverfahren gewährleistet war, hatte die Längenkommission angeordnet, daß die Kiste, in der die H-4 ruhte, mit vier verschiedenen Schlössern versperrt werden sollte. William bekam natürlich einen der Schlüssel, da ihm das tägliche Aufziehen der Uhr oblag. Die anderen drei Schlüssel gingen an vertrauenswürdige Männer, die bereit waren, jeden Handgriff Williams zu kontrollieren – William Lyttleton, designierter Gouverneur von Jamaika und Mitreisender an Bord der *Deptford*, Kapitän Dudley Digges sowie der Erste Steuermann, J. Seward.

Zwei Astronomen, einer in Portsmouth und einer, der mit nach Jamaika fuhr, sollten bei Abreise und Ankunft die genaue Ortszeit feststellen. William mußte seine Uhr nach ihren Angaben stellen.

Sehr bald zeigte sich, daß große Mengen Käse und etliche Fässer Bier ungenießbar waren. Kapitän Digges ordnete an, den verdorbenen Proviant über Bord zu

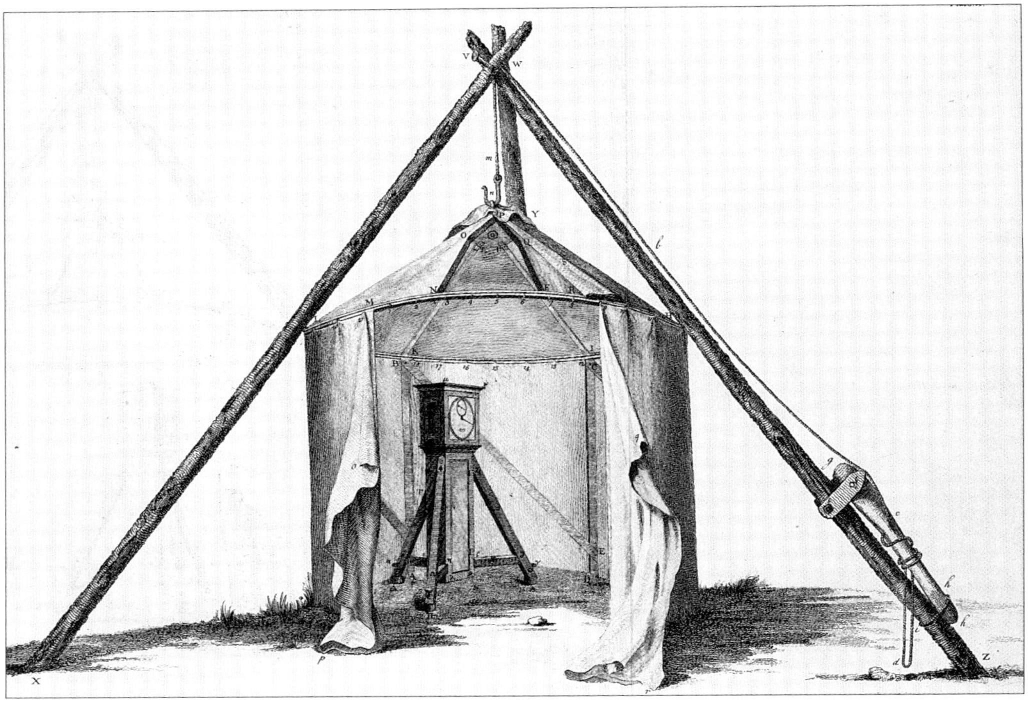

Um die Ortszeit durch gleiche Sonnenhöhen und den Längengrad durch die Eklipsen der Jupitermonde zu bestimmen, brauchte der Astronom eine provisorische Beobachtungsstation. Der Bau des Observatoriums, das William Harrison und John Robison in Jamaika benutzten, nahm sechs Tage in Anspruch, wobei sie wertvolle Beobachtungszeit verloren. Um solchem Zeitverlust vorzubeugen, entwarf William Bayly, einer der Astronomen auf Cooks dritter Reise (1776–1780), dieses transportable Observatorium. Das Zelt, das von drei miteinander verbundenen Baumstämmen gestützt wurde, diente dazu, die Instrumente vor den Elementen zu schützen, und ließ sich nach Bedarf drehen.

werfen, was eine Krise heraufbeschwor. »Heute«, lautet eine Eintragung im persönlichen Tagebuch des Kapitäns, »wurden alle Biervorräte vernichtet, die Leute müssen jetzt Wasser trinken.« William sicherte dem Kapitän ein baldiges Ende dieser Notlage zu, denn er hatte anhand der H-4 berechnet, daß die *Deptford* am nächsten Tag Madeira erreichen würde. Digges behauptete, daß die Uhr völlig falsch gehe, und schloß sogar eine Wette darauf ab. Doch am nächsten Morgen kam Madeira in Sicht, und man konnte frische Fässer Bier laden. Digges erklärte daraufhin, er werde die erste Harrisonsche Längengraduhr erwerben, sobald sie zu kaufen sei. Noch auf Madeira schrieb der Kapitän an John Harrison:

»Werter Herr, ich möchte Euch nur rasch mitteilen, ... mit welch großer Präzision Eure Uhr die Insel auf dem Meridian gefunden hat; laut Logbuch befanden wir uns 1 Grad 27 Minuten östlich, was wir nach einer französischen Karte ermittelt hatten, die auf der Länge von Teneriffa beruht. Daher glaube ich, daß Eure Uhr genau gehen muß. Adieu.«

Die Atlantiküberquerung dauerte fast drei Monate. Als die *Deptford* am 19. Januar 1762 schließlich im Hafen von Port Royal vor Anker ging, stellte John Robison, der Vertreter der Kommission, mit Hilfe seiner Instrumente die genaue Ortszeit fest. Robison und Harrison verglichen daraufhin die Uhren, um anhand des Zeitunterschieds den Längengrad von Port Royal zu ermitteln. Die H-4 hatte nur fünf Sekunden verloren – nach einundachtzig Tagen auf See!

Kapitän Digges, der mit Anerkennung nicht sparte, wo sie angemessen war, überreichte William – und zugleich dessen Vater *in absentia* – zur Erinnerung an die erfolgreiche Erprobung feierlich einen Oktanten, ein Winkelmeßgerät. Über diese Trophäe, die heute im National Maritime Museum gezeigt wird, heißt es in einem erläuternden Kommentar der Kuratoren, daß »dies ein merkwürdiges Geschenk ist für jemanden, der die Methode der Monddistanzen zur Längenbestimmung überflüssig machen wollte«. Es war, als hätte Kapitän Digges irgendwo einen Stierkampf gesehen – mit seiner Geste überreichte er William Ohren und Schwanz des besiegten Tieres. Aber selbst wenn er einen Zeitmesser besaß, der ihm sagte, wieviel Uhr es in London war, würde Digges noch immer seinen Oktanten brauchen, um auf See die Ortszeit bestimmen zu können.

Dudley Digges, der Kapitän der Deptford, *war so beeindruckt von der Leistung der H-4, daß er William Harrison als Andenken diesen Oktanten geschenkt haben soll, ein Instrument, mit dem man nicht nur den Breitengrad, sondern auch den Längengrad feststellen konnte, indem man die Ortszeit des Schiffes bestimmte. Aus der Differenz zwischen der Ortszeit und der Zeit des Heimathafens, die die Schiffsuhr angab, konnte leicht der Längengrad des Schiffes errechnet werden.*

Gut eine Woche nach ihrem Eintreffen auf Jamaika brachen William, Robison und die Uhr an Bord der *Merlin* wieder nach England auf. Das Wetter war erheblich schlechter, und William hatte große Mühe, die H-4 trocken zu halten. Brecher rollten fußhoch über die Decks, so daß sogar in der Kapitänskajüte zehn Zentimeter Wasser stand. Der arme seekranke William wickelte die Uhr in eine Decke, und wenn die Decke durchnäßt war, schlief er in ihr, um sie durch seine Körperwärme zu trocknen. Dank seiner Schutzmaßnahmen hatte er am Ende der Reise zwar hohes Fieber, doch er fühlte sich durch das Ergebnis bestätigt. Die

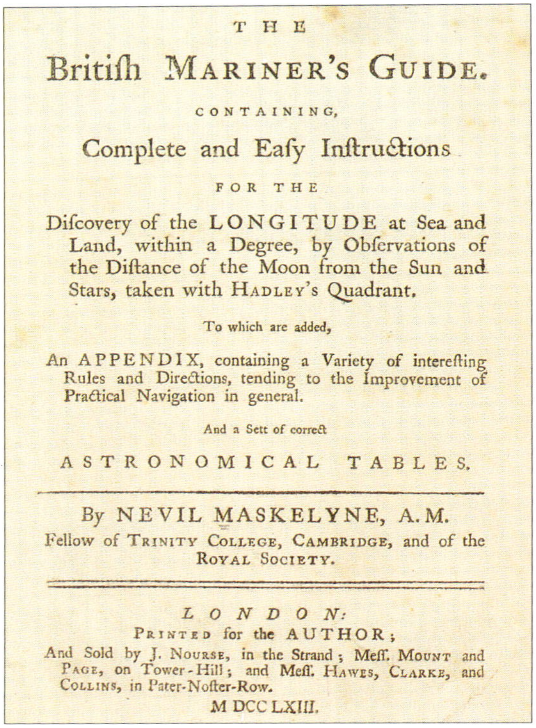
THE

British MARINER'S GUIDE.

CONTAINING,

Complete and Easy Instructions

FOR THE

Discovery of the LONGITUDE at Sea and Land, within a Degree, by Observations of the Distance of the Moon from the Sun and Stars, taken with HADLEY'S Quadrant.

To which are added,

An APPENDIX, containing a Variety of interesting Rules and Directions, tending to the Improvement of Practical Navigation in general.

And a Sett of correct

ASTRONOMICAL TABLES.

By NEVIL MASKELYNE, A. M.
Fellow of TRINITY COLLEGE, CAMBRIDGE, and of the ROYAL SOCIETY.

LONDON:
PRINTED for the AUTHOR;
And Sold by J. NOURSE, in the Strand; Mess. MOUNT and PAGE, on Tower-Hill; and Mess. HAWES, CLARKE, and COLLINS, in Pater-Noster-Row.
M DCC LXIII.

Als Nevil Maskelyne 1761 die vor der Westküste Afrikas gelegene Insel St. Helena besuchte, um den Venusdurchgang zu beobachten, behauptete er, mit den Mondtabellen von Tobias Mayer könne er die Länge bis auf ein Grad genau berechnen. Nach seiner Rückkehr veröffentlichte er The British Mariner's Guide, *in dem er beschrieb, wie er seine Beobachtungen auf See durchführte.*

H-4 tickte noch immer, als er am 26. März in England eintraf. Und ihre Fehlanzeige, Hin- und Rückreise zusammengenommen, betrug nur knapp zwei Minuten.

Der Preis hätte daraufhin sofort an John Harrison gehen müssen, denn seine Uhr erfüllte die Bedingungen des Longitude Act; doch alles verschwor sich gegen ihn, und die verdiente Auszeichnung blieb ihm versagt.

Im Juni trat zunächst die Längenkommission zusammen, um die Prüfungsergebnisse auszuwerten. Nachdem die Kommission vier Schlüssel und zwei Astronomen vorgeschrieben hatte, forderte sie nun, drei Mathematiker sollten die Zeitermittlungen von Portsmouth und Jamaika gründlich überprüfen, da beide Daten ihr plötzlich unzureichend und ungenau erschienen. Die Mitglieder der Kommission monierten auch, William habe sich nicht an die Regeln der Royal Society gehalten, wonach er die Länge von Jamaika anhand der Verfinsterungen der Jupitermonde hätte ermitteln müssen. Davon war William nichts bekannt, und er hätte ohnehin nicht gewußt, wie er das hätte anstellen sollen.

In ihrem Abschlußbericht vom August 1762 erklärte die Kommission daher: »Die mit der Uhr gemachten Experimente reichen nicht aus, um auf See die Länge zu bestimmen.« Die H-4 mußte sich daher einer neuen, strenger kontrollierten Prüfung unterziehen. Nochmals zu den Westindischen Inseln – und viel Glück auf den Weg.

Statt 20 000 Pfund erhielt John Harrison 1500 – in Anerkennung der Tatsache, daß seine Uhr »zwar noch nicht besonders geeignet erscheint, die Länge zu bestimmen ..., gleichwohl eine Erfindung von beträchtlichem Nutzen für die Allgemeinheit ist«. Noch einmal 1 000 Pfund sollte er bekommen, sobald die H-4 von ihrer zweiten Seereise zurückgekehrt war.

Maskelyne, der Anwalt der Konkurrenzmethode, war im Mai 1762 außerordentlich zufrieden von St. Helena nach London zurückgekehrt – dicht auf Williams

Fersen. Er ging sofort daran, die Mayerschen Mondtabellen ins Englische zu übersetzen und, nebst Gebrauchsanleitung, unter dem Titel *The British Mariner's Guide* (Leitfaden des britischen Seemannes) zu veröffentlichen – womit er eine wichtige Grundlage seines späteren Renommees schuf.

Mayer selbst war im Februar an einer schweren Infektion gestorben – neunundreißigjährig. Im Juli starb Bradley, der Königliche Astronom, im Alter von neunundsechzig Jahren. Sein Tod mag im Vergleich zu dem Mayers weniger verfrüht erschienen sein, wenn Maskelyne auch schwor, das Leben seines Mentors sei wegen der unermüdlichen Arbeit an den Mondtabellen viel zu früh zu Ende gegangen.

Den Harrisons wurde bald deutlich, daß Bradleys Ableben, was die Längenkommission anging, auch keine Hilfe war. Sein Tod änderte nichts an der unnachgiebigen Haltung der anderen Kommissionsmitglieder. Den ganzen Sommer über, während das Amt des Königlichen Astronomen vakant war und schließlich mit Nathaniel Bliss besetzt wurde, korrespondierte William mit der Kommission, um die Arbeit der Uhr ins rechte Licht zu setzen. Bei zwei Sitzungen im Juni und August mußte er harte Schläge einstecken, entmutigende Worte, die er seinem zu Hause gebliebenen Vater widerwillig überbrachte.

Nathaniel Bliss (1700–1764), der vierte Königliche Astronom, folgte Halley als Mathematikprofessor in Oxford, als dieser 1742 starb. Durch dieselben Beziehungen, die ihm zu dieser Stelle verholfen hatten, übernahm er im August 1762 nach James Bradleys Tod die Position des Königlichen Astronoms. Bliss überprüfte die Instrumente, die Maskelyne auf die Reise nach Barbados für den zweiten Test der H-4 mitnahm. Sein plötzlicher Tod beendete seine Laufbahn als Königlicher Astronom aber schon nach zwei Jahren.

Kaum hatte Bliss seinen Sitz als vierter Königlicher Astronom in der Längenkommission eingenommen, wandte er sich scharf gegen die Harrisons. Auch er war, genau wie Bradley, ein entschiedener Anhänger der Mondtabellen. Er behauptete, daß die Genauigkeit der Taschenuhr auf der Reise reiner Zufall gewesen sei, und sagte voraus, daß ihr bei der nächsten Prüfung kein Erfolg beschieden sein werde.

Keiner der Astronomen oder Admirale der Kommission wußte etwas über die Uhr oder hätte sagen können, warum sie so genau ging. Vielleicht waren sie

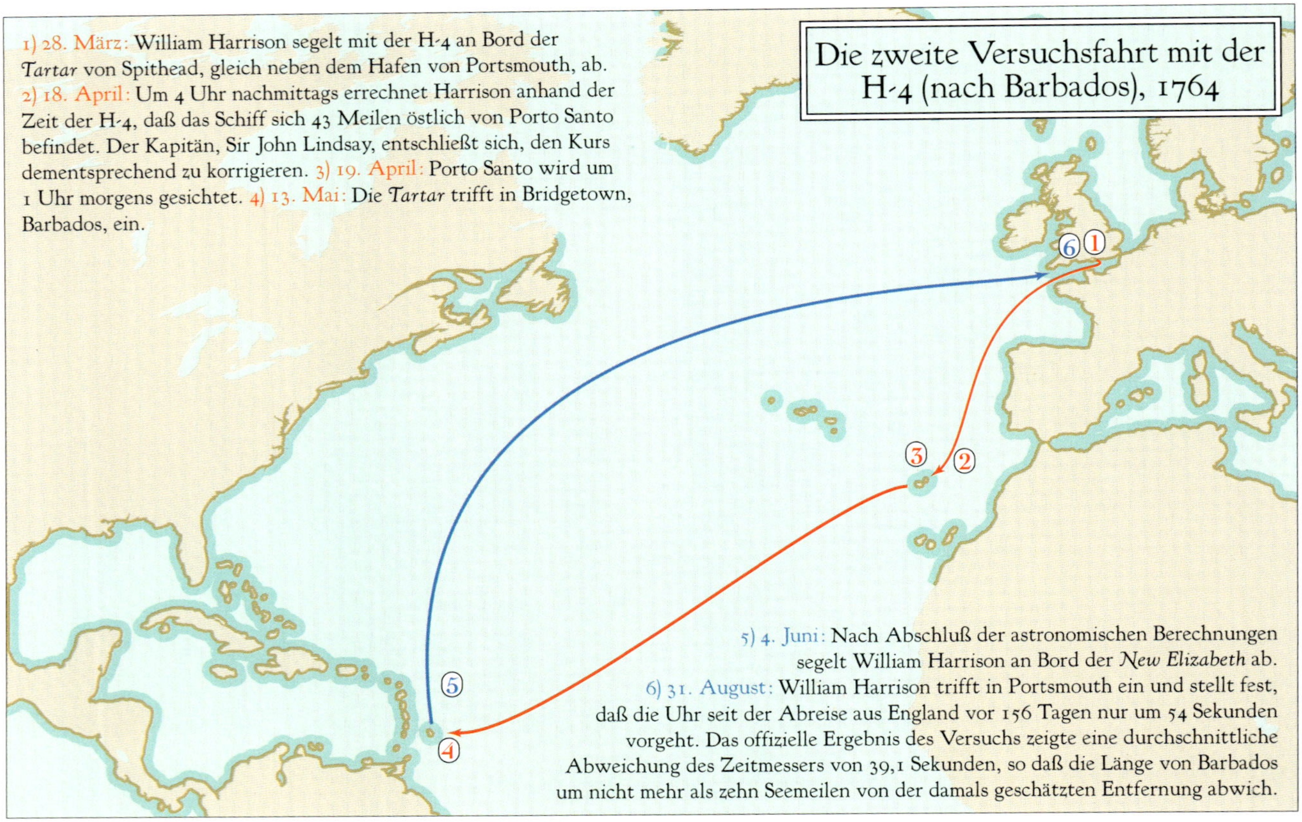

außerstande, den Mechanismus zu verstehen, doch ab Anfang 1763 drängten sie Harrison, ihnen die Uhr zu erklären. Das hatte nicht nur mit Neugier zu tun, sondern auch mit nationalen Sicherheitsinteressen. Die Uhr stellte ein Objekt von großem Wert dar, denn sie schien doch eine Verbesserung gegenüber den üblichen Uhren zu sein, die zu astronomischen Zwecken verwendet wurden. Bei schlechtem Wetter, wenn Mond und Sterne nicht zu sehen waren, mochte Harrisons Uhr sogar die Monddistanzen ersetzen. Und außerdem wurde John Harrison nicht jünger. Was, wenn er starb und das potentiell nützliche Geheimnis mit ins Grab nahm? Was, wenn William zusammen mit der Uhr unterging, falls sich bei der nächsten Erprobungsfahrt eine Katastrophe ereignete? Es war ganz klar, daß man eine vollständige Beschreibung der Uhr haben wollte, ehe man sie wieder auf See hinausschickte.

Die französische Regierung entsandte eine kleine Gruppe von Horologen, unter ihnen Ferdinand Berthoud, die sich in London bemühen sollten, Harrison das Geheimnis der Uhr zu entlocken. Der alte Uhrmacher, inzwischen verständlicherweise mißtrauisch, schickte die Franzosen fort und bat seine Landsleute, dafür Sorge zu tragen, daß niemand seine Erfindung plagiieren werde. Das Parlament bat er, ihm nochmals 5000 Pfund zu bewilligen und sich nachdrücklich für den Schutz seiner Rechte einzusetzen. Diese Verhandlungen endeten jedoch bald in einer Sackgasse. Weder wurde Geld gezahlt, noch wurden Geheimnisse gelüftet.

Im März 1764 schließlich gingen William und sein Freund Thomas Wyatt an Bord der H. M. S. *Tartar*, um mit der H-4 die Überfahrt nach Barbados anzutreten. Der Kapitän, Sir John Lindsay, sollte die zweite Prüfung der Uhr auf der Passage zu den Westindischen Inseln überwachen. Am 15. Mai kam das Schiff an. Als William an Land ging, um seine Daten mit den Messungen der Astronomen zu vergleichen, die im Auftrag der Kommission an Bord der *Princess Louisa* vorausgefahren waren, erblickte er ein bekanntes Gesicht. In der Sternwarte bereits angetreten, um die Qualität der Uhr zu beurteilen, wartete Nathaniel Bliss' persönlich beauftragter Scharfrichter – niemand anderes als der Reverend Nevil Maskelyne.

Maskelyne hatte sich gegenüber Einheimischen beschwert, daß er selbst eine Art zweite Prüfung durchmachen müsse. Auf der Reise nach St. Helena habe sich deutlich gezeigt, daß seine Monddistanzmethode am besten geeignet sei, das Längengradproblem zu lösen. Und diesmal, auf der Reise nach Barbados, prahlte er, habe er die Sache ganz bestimmt für sich entschieden und den Preis gewonnen.

Als William von diesen Behauptungen hörte, erklärten er und Kapitän Lindsay, daß Maskelyne wohl kaum geeignet sei, die H-4 unvoreingenommen zu beurteilen. Maskelyne schäumte. Er wurde grob, dann zunehmend nervös. In seiner Erregung unterliefen ihm Irrtümer in seinen astronomischen Berechnungen – obwohl, wie alle Anwesenden sich später erinnerten, kein einziges Wölkchen am Himmel stand.

John Harrison (1693–1776) war etwa 73 Jahre alt, als er sich von Thomas King porträtieren ließ. In der rechten Hand hält er eine Taschenuhr, wahrscheinlich die, die John Jefferys 1753 für ihn gebaut hat, und hinter ihm sieht man zwei seiner Uhren. Die eine versinnbildlicht das Zeitmessen an Land, die andere das auf See. Erstere ist ein Regulator mit dem genialen Rostpendel, letztere seine dritte Schiffsuhr (H-3).

12

Eine Geschichte von zwei Porträts

Süße Musik wird bitter,
Wenn ihre Zeit zerbricht, ihr Takt nicht Zeit hält!
So auch in der Musik des Menschenlebens ...
Ich habe Zeit vergeudet; nun vergeudet
Die Zeit auch mich. Denn nun hat sie aus mir
Ihr Ziffernblatt gemacht; meine Gedanken
Sind die Minuten.

William Shakespeare
Richard der Zweite

Von John Harrison sind zwei faszinierende zeitgenössische Bildnisse erhalten. Das eine ist ein repräsentatives Ölgemälde von Thomas King, das zwischen Oktober 1765 und März 1766 angefertigt wurde, das andere ein 1767 entstandener Kupferstich von Peter Joseph Tassaert, der das Ölgemälde in fast allen Einzelheiten kopiert hat – nur in einem Detail nicht, und dieser Unterschied erzählt eine Geschichte von Erniedrigung und Verzweiflung. Das Gemälde hängt heute im Museum der alten Königlichen Sternwarte in Greenwich. Es zeigt uns Harrison als einen Mann von Gewicht. In schokoladenbraunem Gehrock und gleichfarbigen Beinkleidern sitzt er an einem Tisch, umgeben von seinen Erfindungen – zu seiner Rechten die H-3, hinter ihm das Präzisionsrostpendel, das er für seine anderen Zeitmesser konstruiert hatte. Selbst im Sitzen hält er sich gerade und schaut zufrieden, aber nicht selbstgefällig. Er trägt die weiße Perücke des Gentleman, und seine Gesichtshaut ist frisch und glatt. (Die Legende, wonach Harrisons Interesse an Uhren bereits in seiner Kindheit geweckt worden sei, als er von einer Krankheit genas, spricht von schweren

Pocken. Wir müssen daher annehmen, daß die Geschichte entweder übertrieben ist, das Kind auf wundersame Weise gesundete, oder daß der Künstler die Narben übermalte.)
Die blauen, etwas wäßrigen Augen des Dreiundsiebzigjährigen sind direkt auf den Betrachter gerichtet. Nur die zur Mitte hin leicht erhobenen Augenbrauen und die Linien zwischen ihnen verraten etwas von der bedachtsamen Handwerkerart des Mannes, von den Sorgen, die ihn quälten. Die linke Hand ist in die Hüfte gestützt. Der rechte Unterarm ruht auf dem Tisch, und in der Hand hält er – Jefferys' Taschenuhr!
Wo ist die H-4? Sie war zu diesem Zeitpunkt schon lange fertig und gewiß sein Liebling. Zweifellos hätte Harrison darauf bestanden, zusammen mit seiner H-4 porträtiert zu werden. Und in der Tat, bei Tassaert erscheint sie auch. Merkwürdig, daß sich der Stich in diesem Punkt von dem Ölgemälde unterscheidet. Tassaert porträtiert Harrison mit leerer Hand. Er hält sie mit der Innenfläche nach oben, weist mit einer unbestimmten Bewegung auf die Taschenuhr, die hier, perspektivisch etwas verkürzt, auf dem Tisch liegt, auf einer Konstruktionszeichnung ihrer selbst. Zugegeben, die Uhr ist viel zu groß, als daß er sie bequem in der Hand halten könnte, so wie er Jefferys' Uhr hält, die nur halb so groß war wie die H-4.
Daß Harrison auf dem Ölbildnis nicht mit der H-4 gemalt wurde, liegt daran, daß er sie während der Sitzungen nicht bei sich hatte. Sie wurde später eingearbeitet, als Harrisons wachsende Berühmtheit (»Der Mann, der die Länge fand«) zu dem Kupferstichporträt in Mezzotintomanier führte. Die Ereignisse, die zwischen den beiden Porträts lagen, stellten Harrison auf eine fast unerträgliche Probe.
Nach der umstrittenen zweiten Erprobung der H-4 im Sommer 1764 ließ die Längenkommission Monate verstreichen, ohne sich in irgendeiner Weise zu äußern. Man wartete auf den Bescheid der Mathematiker, die die Daten der H-4 mit den astronomisch ermittelten Längen von Portsmouth und Barbados vergleichen sollten, weil all diese Faktoren bei der Urteilsfindung berücksichtigt werden mußten. Nachdem die Kommissionsmitglieder das Endergebnis gehört hatten, erklärten sie, sie seien »einhellig der Auffassung, daß der besagte Zeitmesser die Zeit hinreichend genau angezeigt hat«. Etwas anderes konnten sie auch kaum

In diesem Mezzotinto-Kupferstich von Peter Joseph Tassaert, veröffentlicht 1768, wurde die Taschenuhr, die John Harrison auf Kings Porträt in der Hand hielt, durch die berühmte H-4 ersetzt, für die er den Preis gewonnen hat. Sie liegt hier auf dem Tisch neben ihrem berühmten Konstrukteur.

sagen: Die Uhr bestimmte die Länge bis auf zehn Meilen genau – dreimal präziser, als es der Longitude Act verlangte! Dieser ungeheure Erfolg erwies sich für Harrison jedoch nur als ein kleiner Sieg. Die Uhr und ihr Konstrukteur hatten noch immer viel zu erklären.

Im Herbst bot ihm die Kommission die Hälfte des Preisgeldes an – unter der Bedingung, daß er sämtliche Schiffsuhren sowie eine vollständige Beschreibung des prachtvollen Werks der H-4 übergebe. Wolle Harrison den *gesamten* Betrag von 20 000 Pfund haben, müsse er sich außerdem bereit erklären, nicht nur eine, sondern *zwei* Kopien seiner H-4 anfertigen zu lassen – zum Beweis, daß sich eine Uhr solcher Präzision und Leistung tatsächlich nachbauen lasse.

Die angespannte Situation verschärfte sich noch dadurch, daß Nathaniel Bliss mit der Tradition der Langlebigkeit brach, die vorher mit dem Titel des Königlichen Astronomen verbunden zu sein schien. John Flamsteed hatte sein Amt vierzig Jahre innegehabt, Edmond Halley und James Bradley jeweils über zwanzig Jahre, doch Bliss verschied schon nach zwei Jahren. Als der Name des neuen Königlichen Astronomen – und Mitglieds der Längenkommission – im Januar 1765 verkündet wurde, war es, wie Harrison gewiß schon ahnte, der seiner Nemesis, Nevil Maskelyne.

Der zweiunddreißigjährige Maskelyne trat sein Amt als fünfter Königlicher Astronom an einem Freitag an. Gleich am nächsten Vormittag, Samstag, dem 9. Februar, noch ehe er dem König zeremoniell die Hand küßte, eilte er als neuestes Mitglied zur Sitzung der Längenkommission. Er hörte zu, während weiter über die heikle Frage der Prämie für Harrison diskutiert wurde. Maskelyne billigte den Vorschlag, Leonhard Euler und der Witwe von Johann Tobias Mayer Geldbeträge zukommen zu lassen. Dann wandte er sich seinem ureigenen Thema zu.

Er verlas eine lange Denkschrift, in der er die Methode der Monddistanzen pries. Vier Kapitäne der East India Company, die er eigens mitgebracht hatte, plapperten sein Lob exakt nach. Sie alle hätten das Verfahren angewendet, viele Male, sagten sie, und genau so, wie es in Maskelynes *The British Mariner's Guide* dargestellt sei, und die Länge jedesmal innerhalb von vier Stunden ermittelt. Sie stimmten Maskelyne zu, daß die Tabellen veröffentlicht und weite Verbreitung finden sollten, dann ließe sich »dieses Verfahren von Seeleuten mühelos & allgemein praktizieren«.

Es war der Beginn eines neuen Versuchs, die Methode der Monddistanzen zu institutionalisieren. Harrisons Schiffsuhr mochte schnell gewesen sein, aber sie war noch immer ein Kuriosum, während der Himmel allen und überall zur Verfügung stand. Das Frühjahr 1765 brachte Harrison weiteren Kummer – in Gestalt eines neuen Längengradgesetzes, das den ursprünglichen Longitude Act von 1714 einschränkte und Klauseln enthielt, die sich explizit auf Harrison bezogen. In der Präambel dieses Gesetzes – offiziell *Act 5 George III* genannt – wurde sogar sein Name erwähnt und der aktuelle Stand des Konflikts zwischen ihm und der Kommission dargestellt.

Harrison selbst wurde immer gereizter. Er stürmte aus mehr als einer Sitzung, und einmal konnte man ihn erregt rufen hören, daß er nicht bereit sei, sich diesen empörenden Forderungen zu beugen, »solange ein Tropfen englischen Blutes in meinen Adern fließt«.

Lord Egmont, der Vorsitzende der Kommission, wies Harrison zurecht: »Sir ..., Ihr seid die merkwürdigste und halsstarrigste Kreatur, die mir je begegnet ist. Doch ich gebe Euch mein Wort, daß Ihr Euer Geld bekommen werdet – wenn Ihr bereit seid, zu tun, was wir von Euch erwarten und was ja auch in Eurer Macht steht – wenn Ihr es denn nur tun wolltet!«

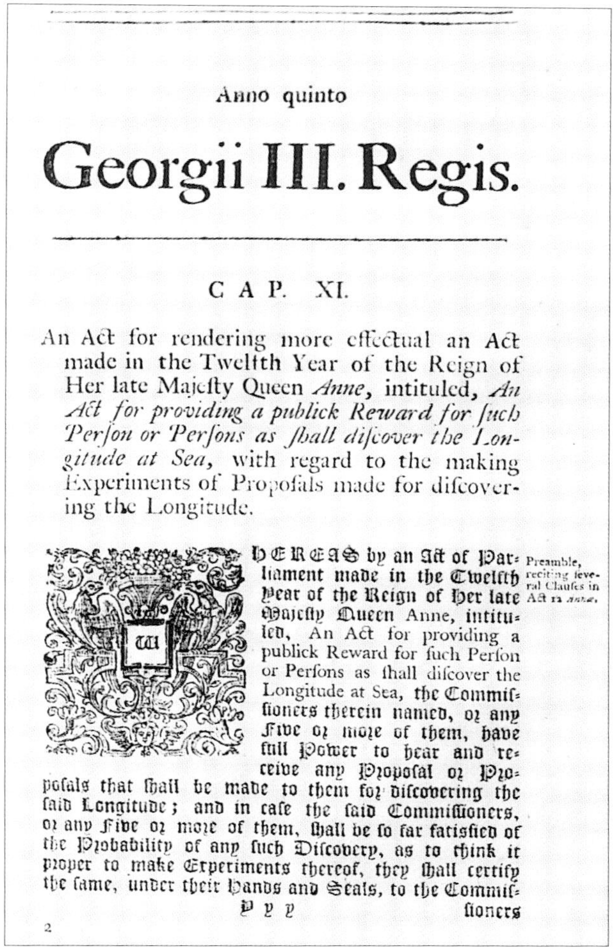

Anno quinto

Georgii III. Regis.

CAP. XI.

An Act for rendering more effectual an Act made in the Twelfth Year of the Reign of Her late Majesty Queen *Anne*, intituled, *An Act for providing a publick Reward for such Person or Persons as shall discover the Longitude at Sea*, with regard to the making Experiments of Proposals made for discovering the Longitude.

WHEREAS by an Act of Parliament made in the Twelfth Year of the Reign of Her late Majesty Queen Anne, intituled, An Act for providing a publick Reward for such Person or Persons as shall discover the Longitude at Sea, the Commissioners therein named, or any Five or more of them, have full Power to hear and receive any Proposal or Proposals that shall be made to them for discovering the said Longitude; and in case the said Commissioners, or any Five or more of them, shall be so far satisfied of the Probability of any such Discovery, as to think it proper to make Experiments thereof, they shall certify the same, under their Hands and Seals, to the Commissioners

Preamble, reciting several Clauses in Act 12 *Annæ*.

2 Y y y

Am 28. Oktober 1765 verabschiedete das Parlament ein Gesetz, um den Longitude Act von 1714 und 1753 »zu erklären und zu verdeutlichen«. Im ursprünglichen Longitude Act waren der Preis ausgeschrieben und die Längenkommission ermächtigt worden, 2 000 Pfund für Experimente auszugeben. Da dieses Geld durch die Zahlungen an John Harrison und William Whiston aufgebraucht war, hatte das Gesetz von 1753 der Längenkommission gestattet, weitere 2 000 Pfund auszugeben. Als sich nun die H-4 für den Längengradpreis qualifiziert hatte, gewährte das Gesetz von 1765 Harrison die Auszahlung des halben Preises (10 000 Pfund) abzüglich der 2 500 Pfund, die er schon in zwei Zahlungen, 1762 und 1764, erhalten hatte. Dafür verlangte es aber, daß all seine Schiffsuhren Nationaleigentum werden sollten. Das Gesetz gestattete auch die Auszahlung der Preise an Tobias Mayers Witwe (3 000 Pfund) und an Leonhard Euler (300 Pfund).

Schließlich gab Harrison nach. Er reichte seine Konstruktionszeichnungen ein. Er lieferte eine schriftliche Beschreibung. Er versprach, vor einer von der Kommission zu benennenden Expertengruppe sein Wissen auszubreiten.

Am 14. August 1765 traf diese illustre Schar in Harrisons Haus am Red Lion Square ein. Das Uhrmachertribunal konnte stattfinden. Anwesend waren zwei Mathematikprofessoren aus Cambridge, John Michell und William Ludlam, die Harrison spöttisch als »Priester« oder »Pfaffen« bezeichnete. Drei bekannte Uhrmacher nahmen teil: Thomas Mudge, ein Mann, der selbst sehr daran interessiert war, Schiffsuhren zu bauen, William Mathews und Larcum Kendall, der bei John Jefferys in die Lehre gegangen war. Der sechste Gutachter war der renommierte Erbauer von wissenschaftlichen Instrumenten John Bird, der die Königliche Sternwarte mit großen Quadranten und Instrumenten zur Kartographierung von Sternen beliefert und zahlreiche wissenschaftliche Expeditionen mit einzigartigen Apparaten ausgestattet hatte.

Nevil Maskelyne war ebenfalls erschienen.

Im Laufe der nächsten sechs Tage nahm Harrison die Taschenuhr Stück für Stück auseinander, erklärte – unter Eid – die Funktion eines jeden Bestandteils, beschrieb das Zusammenspiel der verschiedenen Neuerungen, das für nahezu vollkommene Ganggenauigkeit sorgte, und beantwortete alle Fragen, die man ihm stellte. Als es vorbei war, bescheinigten ihm die Gutachter in einem signierten Dokument, daß er nach ihrer Überzeugung alles gesagt habe, was er wisse.

Als *coup de grâce* verlangte die Kommission dann noch, Harrison müsse die Uhr wieder zusammenbauen und sie, in ihrem Kästchen verschlossen, abliefern, damit sie in einem Magazin der Admiralität aufbewahrt (genauer gesagt: als Geisel festgehalten) werden könne. Gleichzeitig mußte er mit der Anfertigung zweier Kopien beginnen – ohne die Uhr als Vorlage, ja sogar ohne seine Originalzeichnungen, die Maskelyne einer Druckerei übergeben hatte, damit sie kopiert, gestochen, in Buchform publiziert und so der Öffentlichkeit zugänglich gemacht würden.

Was für eine Zeit, um für ein Porträt Modell zu sitzen! Doch genau in dieser Phase malte King sein Bildnis von Harrison. Eine gewisse Ruhe mag sich in jenem Spätherbst auf sein Gesicht gelegt haben, nachdem er endlich die 10 000 Pfund erhalten hatte, die ihm von der Kommission zugesagt worden waren.

Anfang 1766 hörte Harrison erneut von Ferdinand Berthoud, der aus Paris eintraf, voller Hoffnung, diesmal das zu erreichen, was ihm bei seinem letzten Besuch in London 1763 versagt geblieben war: die Details der H-4-Konstruktion in Erfahrung zu bringen. Harrison war nicht geneigt, sich Berthoud anzuvertrauen. Warum sollte er ohne Zwang jemanden in seine Geheimnisse einweihen? Das Parlament war bereit gewesen, 10 000 Pfund zu zahlen, um von ihm etwas zu erfahren, was Berthoud für ein Butterbrot hören wollte. Im Auftrag der französischen Regierung bot Berthoud daraufhin 500 Pfund für eine private Vorführung der H-4. Harrison lehnte ab.

Berthoud hatte allerdings, noch vor seiner Reise nach London, mit Thomas Mudge korrespondiert, von Uhrmacher zu Uhrmacher. Und da er schon einmal in der Stadt war, besuchte er Mudge in dessen Geschäft in der Fleet Street. Anscheinend war weder Mudge noch irgendeiner der anderen Sachverständigen darauf hingewiesen worden, daß Harrisons Aussagen vertraulich zu behandeln seien. Während eines Essens mit Berthoud ließ sich Mudge jedenfalls über die H-4 aus. Er hatte die Uhr in Händen gehalten und war in die intimsten Einzelheiten eingeweiht. Dieses Wissen vertraute er Berthoud an und zeichnete an Ort und Stelle sogar ein paar grobe Skizzen.

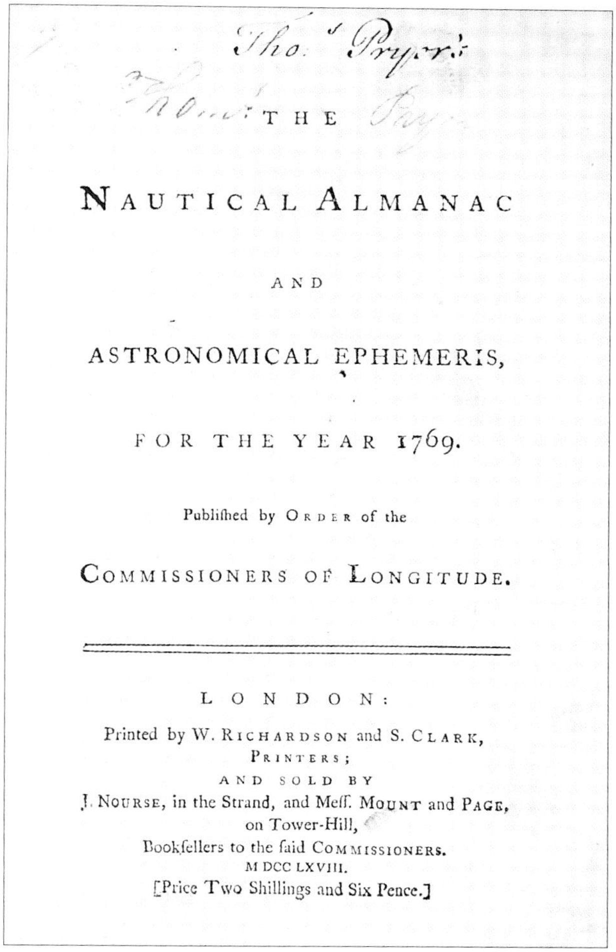
Thos. Pryor

THE

NAUTICAL ALMANAC

AND

ASTRONOMICAL EPHEMERIS,

FOR THE YEAR 1769.

Publiſhed by ORDER of the

COMMISSIONERS OF LONGITUDE.

LONDON:

Printed by W. RICHARDSON and S. CLARK,
PRINTERS;
AND SOLD BY
J. NOURSE, in the Strand, and Meſſ. MOUNT and PAGE,
on Tower-Hill,
Bookſellers to the ſaid COMMISSIONERS.
M DCC LXVIII.
[Price Two Shillings and Six Pence.]

Der Zweck des Nautical Almanac *war die Vereinfachung der Mondabstandsmethode, indem er Tabellen lieferte, die die Berechnungen erleichterten. Der dafür nötige Zeitaufwand verringerte sich dadurch von vier Stunden auf etwa eine halbe Stunde. Ihr Herausgeber Nevil Maskelyne meinte, daß »die Seeleute nur noch sorgfältig den Abstand des Mondes von der Sonne oder einem richtigen Stern zu beobachten brauchen«, um auf See den Längengrad zu bestimmen. Das war übertrieben, denn selbst mit den Tabellen sind die Berechnungen zeitraubend und vom rechnerischen Können des Seemanns abhängig. Außerdem konnte man die Methode mehrere Tage um Neumond herum nicht anwenden. Trotzdem stellte der* Nautical Almanac *eine praktikable Lösung des Längengradproblems dar, und verglichen mit den damaligen Kosten für ein Chronometer waren die für einen Sextanten und die Tabellen für die Mondabstandsmethode sehr gering.*

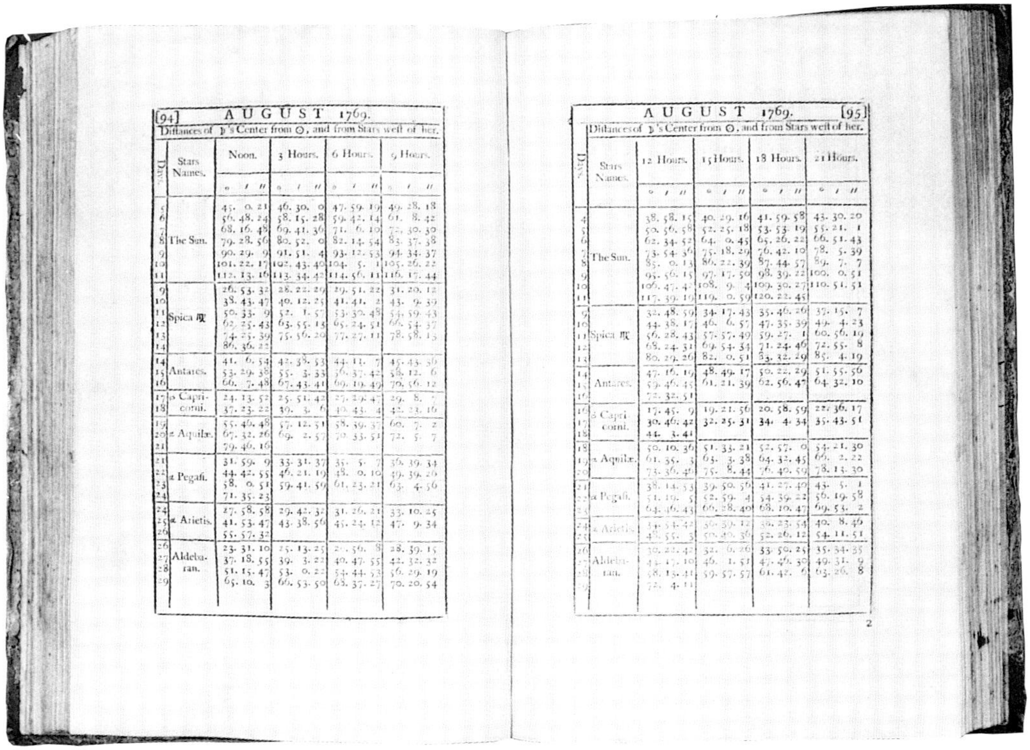

Der Abstand des Mondes von der Sonne und von westlich gelegenen Sternen wurde in dreistündigen Abständen gemessen, wobei man von der Zeit des Meridians der Königlichen Sternwarte in Greenwich ausging, wie dieses Beispiel aus dem Nautical Almanac *für August 1769 zeigt. Der* Nautical Almanac *war unschätzbar wertvoll für den Navigator, weil er neben diesen Tabellen alle für die Himmelsnavigation nötigen Informationen enthielt. Durch diese Publikation benutzten 1879 schon etwa zwei Drittel aller Schiffe der Welt (72 Prozent der Handelsmarine) den Meridian von Greenwich als Nullmeridian.*

Wie sich später erwies, griffen Berthoud und die anderen kontinentaleuropäischen Uhrmacher beim Bau ihrer eigenen Schiffsuhren nicht auf Harrisons Technik zurück. Dennoch hatte Harrison allen Grund, sich über die nachlässige Behandlung seines Dossiers zu ärgern.

Die Längenkommission klopfte Mudge zwar auf die Finger, war über seine Indiskretion aber nicht übermäßig verärgert. Außerdem gab es, neben dem Fall Harrison, noch andere Dinge, mit denen man sich befassen mußte – vor allem mit dem Antrag des Reverend Maskelyne, der vorschlug, jährlich ein Handbuch der nautischen Ephemeriden zu veröffentlichen, das Seeleuten bei der Bestimmung der Länge mittels Mondtabellen helfen sollte. Mit seiner Fülle vorausberechneter Daten würde es den Umfang der arithmetischen Berechnungen reduzieren, die der einzelne Navigator anstellen mußte, und so den für eine Positionsbestimmung nötigen Zeitaufwand dramatisch verringern – von vier Stunden auf etwa dreißig Minuten. Der Königliche Astronom erklärte sich bereit, die Verantwortung für dieses Projekt zu übernehmen. Die Kommission als der offizielle Herausgeber brauche ihm nur einen Fonds zur Verfügung zu stellen, damit er zwei menschliche Computer, die die Rechenoperationen ausführen sollten, und die Druckerrechnung bezahlen könne.

Maskelyne legte den ersten Band seines *Nautical Almanac and Astronomical Ephemeris* im Jahre 1766 vor und betreute die Publikation weiterer Bände bis zu seinem Tod 1811. Und noch mehrere Jahre danach verwendeten Seeleute sein Werk, da die Ausgabe von 1811 Vorausberechnungen bis 1815 enthielt. Dann übernahmen andere sein Erbe. Die Mondtabellen wurden bis 1907 veröffentlicht, und der Almanach erscheint bis auf den heutigen Tag.

Der *Almanac* – Maskelynes bleibender Beitrag zur Navigation – war die ideale Aufgabe für ihn, denn er enthielt eine unglaubliche Menge kleinster Details: Jeden Monat fügte er dem Band zwölf kleingedruckte Seiten von Angaben an, die Position des Mondes in bezug auf die Sonne und zehn Fixsterne wurde für alle drei Stunden berechnet. Alle waren sich einig, der *Almanac* und die *Requisite Tables* (die notwendigen Tabellen) stellten die sicherste Methode der Positionsbestimmung auf See dar.

Im April 1766, als Harrisons Porträt vollendet war, versetzte ihm die Kommission einen weiteren Schlag, der durchaus geeignet war, seinen Gesichtsausdruck zu verändern.

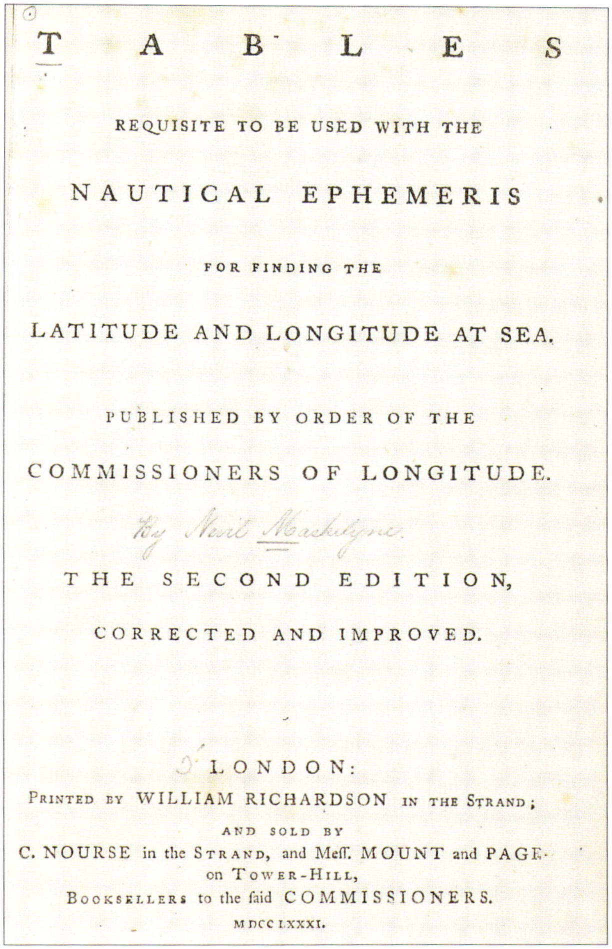
TABLES

REQUISITE TO BE USED WITH THE

NAUTICAL EPHEMERIS

FOR FINDING THE

LATITUDE AND LONGITUDE AT SEA.

PUBLISHED BY ORDER OF THE

COMMISSIONERS OF LONGITUDE.

By Nevil Maskelyne.

THE SECOND EDITION,

CORRECTED AND IMPROVED.

LONDON:

PRINTED BY WILLIAM RICHARDSON IN THE STRAND;

AND SOLD BY

C. NOURSE in the STRAND, and Meſſ. MOUNT and PAGE on TOWER-HILL,

BOOKSELLERS to the ſaid COMMISSIONERS.

MDCCLXXXI.

Tables Requisite, *das Begleitbuch zum* Nautical Almanac, *bot Informationen, die sich nicht von Jahr zu Jahr veränderten, z. B. mathematische Tabellen zur Berechnung des Breiten- und Längengrades durch Beobachtung. 1767 ließ Nevil Maskelyne 10 000 Exemplare der ersten Auflage drucken, die bis 1780 restlos verkauft waren. Die zweite Auflage erschien revidiert im folgenden Jahr.*

Um alle noch bestehenden Zweifel auszuräumen, es könne sich bei der Ganggenauigkeit der H-4 um Zufall oder Glück handeln, beschloß die Kommission, die Uhr erneut zu prüfen, diesmal aber noch rigoroser als auf den beiden Schiffsfahrten. Zu diesem Zweck sollte der Zeitmesser von der Admiralität zur König-

Diese Ansicht von Südosten auf die Königliche Sternwarte wurde um 1766 gemalt, als Nevil Maskelyne John Harrisons erste drei Schiffsuhren nach Greenwich brachte. Als Jean Bernoulli 1769 der Sternwarte einen Besuch abstattete, befand sich einer von Harrisons Zeitmessern in der Bibliothek und ein anderer in dem Raum mit dem fest installierten Quadranten. Kurz nach Harrisons Tod 1776 wurden die drei großen Geräte ins Lager geschafft, wo sie allmählich verkamen.

James Tassies Emaillebild von John Harrison (um 1775) ist eines von nur zwei Exemplaren dieses Modells, die noch existieren.

lichen Sternwarte gebracht und dort unter Aufsicht des Königlichen Astronomen Nevil Maskelyne zehn Monate lang täglich geprüft werden. Auch die großen Längengradapparate (die drei Schiffsuhren) sollten nach Greenwich geschafft werden, damit man ihre Ganggenauigkeit mit derjenigen der großen Regulatoruhr der Sternwarte vergleichen könne.

Man stelle sich Harrisons Reaktion vor, als er erfuhr, daß sein Schatz, die H-4, nachdem sie monatelang in einem einsamen Turm der Admiralität geschmachtet hatte, nun seinem Erzfeind übergeben worden war. Nur wenige Tage nach diesem Schock klopfte es an seiner Haustür. Draußen stand Maskelyne, unangemeldet, in der Hand ein offizielles Schriftstück, in dem die Einziehung der anderen Schiffsuhren verfügt wurde.

»Mr. John Harrison«, heißt es in diesem Dokument, »Wir, die Mitglieder der Kommission, eingesetzt kraft der vom Parlament erlassenen Gesetze zur Entdeckung der Länge auf See, fordern Euch hiermit auf, dem Rev. Nevil Maskelyne, Königlichem Astronomen zu Greenwich, die drei noch in Eurer Hand befindlichen Apparate oder auch Zeitmesser auszuhändigen, die in staatlichen Besitz übergehen sollen.«

Harrison hatte keine Wahl. Er führte Maskelyne in das Zimmer, in dem er die Uhren aufbewahrte, die dreißig Jahre seine vertrauten Freunde gewesen waren. Sie tickten alle, jede in ihrer charakteristischen Weise, wie eine Gruppe alter Freunde in lebhaftem Gespräch. Was kümmerte es sie schon, daß sie inzwischen

überholt waren. Sie plauderten miteinander, ohne von der Weltöffentlichkeit Notiz zu nehmen, liebevoll umsorgt in diesem gemütlichen Raum.
Ehe Harrison sich von seinen Uhren trennte, bat er Maskelyne noch um ein Zugeständnis – er möge ihm schriftlich bestätigen, daß er die Zeitmesser in einwandfreiem Zustand übernommen habe. Maskelyne protestierte, räumte dann aber ein, daß die Apparate *dem äußeren Anschein nach* in einwandfreiem Zustand seien, und unterschrieb. Ärger und Erregung auf beiden Seiten steigerten sich immer mehr, so daß Harrison auf Maskelynes Frage, wie er die Zeitmesser transportieren solle (in ihrem derzeitigen Zustand oder teilweise zerlegt), verärgert darauf hinwies, daß jede Empfehlung zweifellos gegen ihn gewendet werden würde, sollte es zu einem Unglück kommen. Schließlich sagte er, daß die H-3 so transportiert werden könne, die H-1 und H-2 dagegen zum Teil auseinandergenommen werden müßten. Da er diesen Frevel nicht mit ansehen mochte, ging er nach oben, um allein zu sein. Dort hörte er dann das Krachen eines Aufpralls im Erdgeschoß. Maskelynes Arbeiter, die die H-1 zu dem wartenden Pferdefuhrwerk hinaustrugen, hatten die Uhr *fallengelassen*. Aus Versehen natürlich.
Während die H-4, begleitet von Larcum Kendall, auf einem Boot die Themse hinuntergetragen wurde, um in Greenwich geprüft zu werden, rumpelten die drei großen Uhren in einem ungefederten Karren durch die Straßen Londons. Wie Harrison darauf reagierte, ist unschwer vorstellbar. Ein um 1770 entstandenes Medaillon, von James Tassie in Email gemalt, zeigt den Uhrmacher als einen alten Mann, dessen dünne Lippen in den Mundwinkeln deutlich heruntergezogen sind.

Captn. James Cook
of the Endeavour.

13

Die zweite Reise von Kapitän James Cook

Als der größte von Englands kühnen Seefahrern starb,
Hörte eines Wilden Ohr seinen letzten Seufzer,
Und fern von dem Land, das sein Andenken ehrt,
Sind die Gebeine verstreut auf einer tropischen Insel.
Ungerecht war das Schicksal, das ihn ereilte,
Ihn, der mit beispielloser Kraft, unendlichem Eifer
Jede Küste erforschte und jeden Ozean erklärte,
In Kälte, Sturm und in gemäßigten Zonen.

George B. Airy (sechster Königlicher Astronom)
Dolcoath

Sauerkraut. Das war die Parole auf Kapitän James Cooks triumphaler zweiter Reise, zu der er 1772 aufbrach. Mit seiner Entscheidung, den Speisezettel der englischen Mannschaft durch Sauerkraut zu ergänzen (worüber nicht wenige Matrosen törichterweise die Nase rümpften), gelang es dem großen Weltumsegler, Skorbut an Bord zu verhindern. Sauerkraut ist nicht nur reich an Vitamin C, sondern auch unbegrenzt haltbar – zumindest für die Dauer einer Weltreise. Cook tischte seinen Leuten also Sauerkraut auf, und noch lange Jahre diente es auf See als Lebensretter, bis es von der Royal Navy durch Zitronensaft und noch später durch Limetten ersetzt wurde.

Weil Cook für die richtige Ernährung sorgte, standen ihm alle Mann an Bord für seine wissenschaftlichen Experimente und Erkundungen zur Verfügung. Er führte auch Feldversuche für die Längenkommission durch, indem er die Methode der Monddistanzen, die er als hervorragender Kapitän natürlich beherrschte, mit mehreren neuen Schiffsuhren verglich, die nach John Harrisons wunderbarem Zeitmesser angefertigt worden waren.

James Cook (1728–1779) ging mit 27 Jahren zur Royal Navy und stieg innerhalb von vier Jahren zum Kapitän auf. Er erwarb sich bald einen Ruf als Astronom und Geometer und wurde 1768 von der Royal Society zum Leiter der Tahiti-Expedition ernannt, die am 3. Juni 1769 den Venusdurchgang beobachten sollte. Cook (jetzt Leutnant) vermaß dann die Küste von Neuseeland und die Ostküste Australiens. Dieser erfolgreichen Expedition folgte eine zweite Forschungs- und Entdeckungsreise in die Südsee, diesmal, um die Frage der Existenz eines großen Kontinents im Süden zu klären.

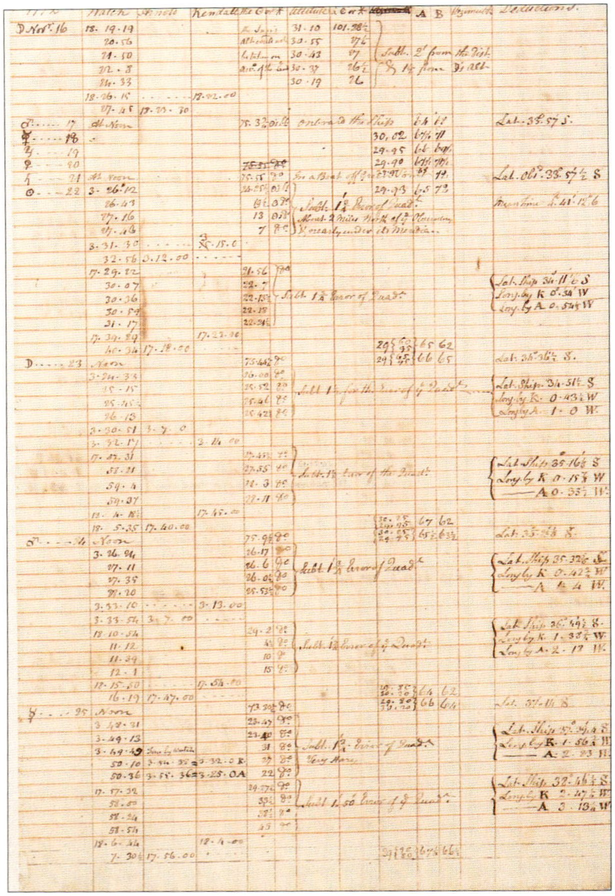

Auf seiner zweiten Reise sollte Cook unter anderem die Zuverlässigkeit von vier Zeitmessern testen. Drei stammten von John Arnold und der vierte war eine exakte Kopie der H-4, die Larcum Kendall hergestellt hatte (K-1). Dies ist ein Auszug aus den Aufzeichnungen über das Aufziehen und den Lauf von Arnold Nr. 3 und K-1, die beide auf der Resolution benutzt wurden. Man zog die Taschenuhren täglich mittags in Gegenwart Cooks, des Astronomen William Wales und des Ersten Offiziers Robert Cooper auf und verglich sie miteinander. Arnolds Zeitmesser funktionierte nicht gut, die K-1 dagegen wurde ihr zuverlässiger Führer.

»Ich muß hier feststellen«, notierte er an Bord der *Resolution* in seinem Tagebuch, »daß ein Irrtum in der Längenbestimmung in der Tat nicht groß sein kann, solange wir einen so guten Leitfaden wie die Uhr haben.«

Harrison wäre es am liebsten gewesen, wenn Cook seine H-4 und nicht irgendeine Kopie oder Imitation mitgenommen hätte. Gern hätte er Erhalt oder Verweigerung der restlichen 10 000 Pfund von der Leistung der Uhr unter Cooks Aufsicht abhängig gemacht. Doch die Längenkommission erklärte, daß die H-4 so lange in London zu bleiben habe, bis die Rolle dieser Uhr im Hinblick auf das restliche Preisgeld geklärt sei.

Erstaunlicherweise hatte die H-4 – die sich bei zwei Seereisen bewährt hatte, von drei Kapitänen gelobt und sogar von der Längenkommission als präzises Instrument bezeichnet worden war – ihre zehnmonatige Prüfung an der Königlichen Sternwarte zu Greenwich (zwischen Mai 1766 und März 1767) nicht bestanden. Ihr Gang war erratisch, so daß sie manchmal bis zu zwanzig Sekunden pro Tag gewann. Das mag die bedauerliche Folge eines Schadens gewesen sein, der unter Umständen eingetreten sein könnte, als Harrison die Uhr der Kommission vorgeführt hatte. Es gab auch Stimmen, die meinten, Nevil Maskelyne habe die Uhr verhext oder sie während des täglichen Aufziehens ruppig behandelt. Andere beschwören, er habe die Prüfungsergebnisse bewußt manipuliert.

In der Tat war die Art und Weise, wie Maskelyne seine Daten zusammentrug, sehr merkwürdig. Er richtete das Experiment so ein, als würde der Zeitmesser sechs Reisen von jeweils sechs Wochen Dauer zu den

Westindischen Inseln unternehmen – wie es der Longitude Act von 1714, der noch immer in Kraft war, vorschrieb. Unberücksichtigt blieb dabei, daß die Uhr offenbar beschädigt worden war, was sich darin zeigte, daß sie auf Temperaturschwankungen extrem stark reagierte, statt sich glatt und problemlos darauf einzustellen, wie es früher ihre Art gewesen war. Maskelyne rechnete, während sie auf einem Fenstersitz in der Sternwarte stand, einfach ihre Meßergebnisse von jeder »Reise« zusammen. Dann übersetzte er den Zeitgewinn in Längengrade und diese wiederum in eine Entfernung von nautischen Meilen, bezogen auf den Äquator. Auf ihrer ersten »Reise« beispielsweise gewann die H-4 dreizehn Minuten und zwanzig Sekunden oder 3 Grad 20 Minuten geographischer Länge und verfehlte so das Ziel um zweihundert nautische Meilen. Auf den folgenden Reisen funktionierte sie etwas besser, am besten auf der fünften Reise, als sie nur fünfundachtzig Meilen am erwünschten Ziel vorbeischoß, da sie fünf Minuten und vierzig Sekunden, das hieß 1 Grad 25 Minuten geographischer Länge, zugelegt hatte. Maskelyne schloß daraus, daß »Mr. Harrisons Uhr kein zuverlässiges Instrument ist, um auf einer Reise nach Westindien die Länge bis auf einen Grad genau zu bestimmen«.

Vorangegangene Protokolle bewiesen aber, daß Harrisons Uhr auf zwei *wirklichen* Reisen zu den Westindischen Inseln den Längengrad um nicht mehr als einen halben Grad verfehlt hatte.

Dennoch behauptete Maskelyne, daß man der Uhr bei einer sechswöchigen Reise bei der Positionsbestimmung auf See nicht trauen könne: »Sie vermag die Länge bei einer Abweichung von einem halben Grad höchstens für ein paar Tage zu bestimmen, und bei großer Kälte vielleicht nicht einmal so lange; gleichwohl ist sie eine nützliche und brauchbare Erfindung, und zusammen mit der Beobachtung der Distanzen des Mondes von der Sonne und den Fixsternen mag sie von beträchtlichem Nutzen für die Navigation sein.«

Mit diesem vorsichtigen Lob räumte Maskelyne taktvollerweise ein, daß die Methode der Monddistanzen einige größere Schwächen barg. Denn etwa sechs Tage im Monat nähert sich der Mond der Sonne, so daß er unsichtbar wird und keine Mondentfernungen gemessen werden können. In dieser Zeit war die H-4 tatsächlich »von beträchtlichem Nutzen für die Navigation«. Nützlich konnte ein Zeitmesser auch während jener dreizehn Tage jedes Monats sein, an denen

William Wales (1734–1798) war Astronom auf Cooks zweiter Reise mit der Resolution. *Vor seinem Dienst unter Cook hatte die Royal Society ihn 1769 zur Nordwestküste der Hudson Bay geschickt, um dort den Venusdurchgang zu beobachten. Während er auf den Durchgang wartete, rechnete er, um sich die Zeit zu vertreiben, Tabellen mit den Gleichungen gleicher Höhen aus, wodurch es leichter wurde, die Ortszeit zu bestimmen. Diese Tabellen wurden erstmals im* Nautical Almanac *von 1773 veröffentlicht. 1776 wurde Wales zum Mitglied der Royal Society gewählt. Ebenso wie Cook war er ein Experte für die Bestimmung des Längengrades mittels der Methode der Monddistanzen, aber nach der zweiten Reise wurde er zu einem entschiedenen Befürworter der Zeitmessermethode. 1794, im selben Jahr, in dem dieses Porträt entstand, veröffentlichte Wales ein Buch mit dem Titel* The Method of Finding Longitude by Timekeepers.

der Mond zwar nachts zu sehen ist, aber von der Sonne aus gesehen auf der anderen Seite der Erde liegt. Da Navigatoren dann den allzu großen Winkel zwischen den beiden Himmelskörpern in diesen zwei Wochen nicht gut bestimmen konnten, maßen sie die Entfernung zwischen dem Mond und bestimmten Fixsternen. Sie registrierten die Zeit ihrer nächtlichen Beobachtungen auf einer gewöhnlichen Uhr, die womöglich viel zu ungenau ging, als daß sich der ganze Aufwand gelohnt hätte. Mit einem Zeitmesser wie der H-4 an Bord konnten die Monddistanzen zeitlich präziser fixiert werden und führten daher zu zuverlässigeren Daten. Nach Maskelynes Ansicht konnte eine Uhr die Methode der Monddistanzen unterstützen, sie aber niemals ersetzen. Kurzum, Maskelyne hielt Harrisons Uhr für unzuverlässiger als die Sterne.

Harrison ging nun zum Angriff über. Er veröffentlichte seine Erwiderung in einer dünnen Sechs-Penny-Broschüre, die er auf eigene Kosten drucken, sicher aber mit Hilfe eines Ghostwriters schreiben ließ, denn sie ist in klarem, deutlichem Englisch formuliert. Seine Attacken galten nicht zuletzt den Männern, die Maskelynes täglichen Umgang mit der H-4 hätten kontrollieren sollen. Diese Personen wohnten im nahegelegenen Royal Greenwich Hospital, einem Heim für alte Seeleute. Harrison behauptete, diese betagten Herren seien viel zu klapprig, um den steilen Weg zur Sternwarte täglich zu bewältigen. Selbst wenn sie genügend Atem und Energie gehabt hätten, sie hätten es nie und nimmer gewagt, einen Königlichen Astronomen zu kritisieren. Statt dessen hätten sie bloß die Protokolle unterschrieben und alles bestätigt, was Maskelyne aufgezeichnet habe.

Außerdem habe man, klagte Harrison, die H-4 dem direkten Sonnenlicht ausgesetzt. Da sie in einer Kiste mit

Glasdeckel sicher verwahrt worden sei, habe sie die gleiche drückende Hitze ertragen müssen, wie sie in einem Gewächshaus herrsche. Währenddessen habe das Thermometer zum Messen der Raumtemperatur auf der anderen Seite des Zimmers gelegen – im Schatten.

Maskelyne fühlte sich nicht bemüßigt, auf diese Vorwürfe zu reagieren. Er sprach nicht mehr mit den Harrisons und sie nicht mehr mit ihm.

Harrison erwartete, seine H-4 wieder zurückzubekommen, nachdem sie Maskelynes Behandlung hatte erdulden müssen. Er fragte bei der Längenkommission an, ob er seine Uhr zurückhaben könne. Die Kommission lehnte ab. Der vierundsiebzigjährige Harrison war also gezwungen, die zwei neuen Uhren nur auf der Grundlage seiner Erfahrungen und Erinnerungen an die H-4 zu bauen. Die Kommission stellte ihm als Anleitungshilfe einige Exemplare des Buches zur Verfügung, das seine eigenen Konstruktionszeichnungen enthielt – Maskelyne hatte es kurz zuvor unter dem Titel *The Principles of Mr. Harrison's Timekeeper with Plates of the Same* (Die Prinzipien von Mr. Harrisons Zeitmesser mit Illustrationen derselben) veröffentlicht. Schließlich sollte es jedermann in die Lage versetzen, die H-4 nachzubauen. (Tatsächlich war die Beschreibung, da sie aus Harrisons Feder stammte, ganz und gar unverständlich.)

Auch der Uhrmacher Larcum Kendall wurde beauftragt, eine genaue Kopie anzufertigen, denn die Längenkommission wußte noch immer nicht eindeutig, ob die H-4 originalgetreu nachgebaut werden könne. Dies zeigt, daß die Kommission entschlossen war, an *ihrer* Interpretation des *Geistes* des Longitude Act festzuhalten, denn im ursprünglichen Gesetzestext war nie die Rede davon gewesen, daß die »praktikable und nützliche Methode« von ihrem Erfinder oder sonst jemandem nachbaubar sein müsse.

Kendall, ein Mann, den Harrison kannte und achtete, war bei John Jefferys in die Lehre gegangen. Er mag bei der Anfertigung von Jefferys' Taschenuhr, vielleicht auch beim Bau der H-4 mitgeholfen haben. Er war ebenfalls als einer der Sachverständigen bei der sechstägigen »Präsentation« der H-4 zugegen gewesen. Kurzum, er war der ideale Mann, den Nachbau vorzunehmen. Selbst Harrison stimmte dem zu.

Zweieinhalb Jahre brauchte Kendall, um seine Arbeit zu vollenden. Als die Längenkommission im Januar 1770 die K-1 erhielt, rief sie das Expertenteam wieder

Larcum Kendalls erste Schiffsuhr (K-1), eine exakte Kopie der H-4, kostete die Längenkommission 500 Pfund Sterling. Das zuverlässige Funktionieren von K-1 auf Kapitän Cooks zweiter Reise zum Südpazifik, dieser härteste Test, dem man die Uhr unterziehen konnte, bewies, daß man den Längengrad auf See am besten mit einer Schiffsuhr finden konnte. Das Uhrwerk der K-1 (rechts) zeigt Larcum Kendalls Kunstfertigkeit. Er war bei John Jefferys (der Harrisons Taschenuhr, den Vorgänger der H-4, angefertigt hatte) in die Lehre gegangen und stellte für George Graham Hemmungen her. Harrison, der Kendall vielleicht bei der Herstellung der H-4 beschäftigt hat, muß dessen Können sehr hoch eingeschätzt haben, denn er war damit einverstanden, daß Kendall die genaue Kopie der H-4 anfertigte. Kendall durfte auch die H-1 reparieren, nachdem sie 1766 heruntergefallen war, als man sie aus Harrisons Werkstatt trug.

zusammen, das die H-4 geprüft hatte, denn diese Männer würden am ehesten beurteilen können, ob die beiden Uhren einander in jeder Hinsicht entsprachen. Also kamen John Michell, William Ludlam, Thomas Mudge, William Mathews und John Bird zusammen, um die K-1 in Augenschein zu nehmen. Kendall blieb der Sitzung diesmal fern – wie es sich gehörte. Sein Platz wurde naheliegenderweise von William Harrison eingenommen. Nach allgemeiner Auffassung war die K-1 das genaue Ebenbild der H-4 – bis auf den Umstand, daß die Rückplatine der K-1, auf der Kendall seinen Namen eingraviert hatte, noch reicher und dekorativer ziseliert war.

William Harrison sparte nicht mit Lob. Er erklärte der Kommission, daß Kendalls Arbeit in mancherlei Hinsicht sogar der seines Vaters überlegen sei. Er

muß diese Worte später verflucht haben, als die K-1 und nicht die H-4 ausersehen wurde, mit Kapitän Cook den Pazifik zu befahren.
Diese Entscheidung hatte nichts damit zu tun, welche der beiden Uhren die bessere war, denn die Kommission betrachtete H-4 und K-1 als eineiige Zwillinge. Es war nur so, daß sie der H-4 Reiseverbot erteilt hatte. Also nahm Cook die K-1 auf seine Weltreise mit, außerdem drei billigere Imitationen, die ihm ein junger Chronometermacher namens John Arnold angeboten hatte.

Die H-5, Harrisons fünfte Schiffsuhr, hier in ihrem Originalkasten, ist nicht einfach eine Kopie der H-4, sondern stellt eine weitere Entwicklung seiner Schiffsuhren dar.

1770 hatte Harrison – trotz seiner berechtigten Empörung, trotz hohem Alter, schlechten Augen und regelmäßigen Gichtanfällen – die erste der beiden Uhren fertiggestellt, die er der Kommission vorlegen mußte. Dieser Zeitmesser, heute unter dem Namen H-5 bekannt, ist im Innern genauso kompliziert wie die H-4, wirkt äußerlich aber sehr viel nüchterner. Keine dekorativen Motive zieren das Zifferblatt. Der kleine Sternchenring in der Mitte sieht aus wie eine hübsche kleine Blume mit acht Blütenblättern. Tatsächlich handelt es sich um einen Rändelknopf, der sich durch den Glasdeckel über dem Zifferblatt bohrt; mit ihm kann man die Zeiger verstellen, ohne den Glasdeckel öffnen zu müssen, wodurch das Werk vor Staub geschützt wird.

Die Inschrift »No. 2 John Harrison and Son London 1770« auf der Rückseite der H-5 zeigt an, daß sie Harrisons zweite Längengraduhr war. Die H-5 ist elegant und schön gestaltet, hat aber keine kunstvolle, teure Verzierung auf der Rückseite wie die H-4. Es wurde nur verlangt, daß sie genau ging, und das tat sie. Nach einem zehnwöchigen Test in der Königlichen Sternwarte ging sie nur 4,5 Sekunden vor.

Vielleicht hatte sich Harrison die Sternchenblume auch als unterschwellige Botschaft vorgestellt. Da sie an eine Kompaßrose erinnert, denkt man an jenes ältere Instrument, den Magnetkompaß, der Seeleuten schon seit langen Zeiten als vertrauter Wegweiser diente.

Die Rückplatine der H-5 wirkt im Vergleich zu jener der reich verzierten H-4 geradezu nüchtern und streng. Die H-5 ist überhaupt das Werk eines trauriger, aber auch weiser gewordenen Mannes, der nun tun mußte, was er einst freiwillig, ja mit großer Begeisterung getan hatte. Dennoch ist die H-5 in ihrer Schlichtheit wunderschön. Sie steht heute im Mittelpunkt des Museums der Company of Clockmakers in der Londoner Guildhall, buchstäblich im Zentrum des Raumes ruht sie auf dem verschlissenen roten Satinkissen in ihrem originalen Holzkasten.

Nachdem Harrison diese Uhr innerhalb von drei Jahren gebaut hatte, benötigte er noch einmal zwei Jahre, um sie zu erproben und zu justieren. Schließlich stellte sie ihn zufrieden. Er war jetzt neunundsiebzig. Er wußte nicht, wie er ein zweites Projekt von solchen Dimensionen bewältigen sollte. Selbst wenn er die Arbeit zu Ende brachte, die offiziellen Prüfungen würden sich sehr wahrscheinlich bis ins nächste Jahrzehnt erstrecken, was er von seinem Leben gewiß nicht sagen konnte. In dieser Situation, mit dem Rücken an der Wand, ohne Aussicht auf Gerechtigkeit, faßte er den kühnen Entschluß, sich direkt an den König zu wenden.

Seine Majestät Georg III. hatte als wissenschaftlich interessierter Monarch die Erprobungen der H-4 aufmerksam verfolgt. Er hatte John und William sogar eine Audienz gewährt, als die H-4 von ihrer ersten Reise nach Jamaika zurückkehrte. Später ließ er sich in Richmond eine private Sternwarte bauen, gerade rechtzeitig, um den Venusdurchgang von 1769 beobachten zu können.

Im Januar 1772 schrieb William dem König einen ergreifenden Brief, in dem er den Konflikt zwischen seinem Vater und der Längenkommission sowie der Königlichen Sternwarte ausführlich darlegte. Höflich, ja flehend, fragte er, ob man die neue Uhr (H-5) »für einen gewissen Zeitraum in die Sternwarte zu Richmond bringen dürfe, damit der Grad ihrer Präzision ermittelt und dargetan werde«.

Der König lud William daraufhin zu einem längeren Gespräch nach Schloß Windsor ein. Einem späteren Bericht zufolge, den Williams Sohn John im Jahre 1835

König Georg III. (1738–1820) folgte 1760 auf den englischen Thron. Genau wie Karl II. interessierte er sich für die Wissenschaften und vor allem für wissenschaftliche Instrumente. Dieses Gemälde entstand etwa zu der Zeit, als die H-5 in seinem privaten Observatorium getestet wurde.

niederschrieb, soll der König gemurmelt haben: »Diese Leute sind grausam behandelt worden.« Laut versprach er William: »Bei Gott, Harrison, ich werde dafür sorgen, daß Ihr zu Eurem Recht kommt!«

Getreu seinem Wort übergab Georg III. die Uhr an den Direktor seiner Sternwarte, seinen privaten Tutor S. C. T. Demainbray, zu einer sechswöchigen Erprobung, die an das Verfahren erinnert, das Maskelyne angewendet hatte. Wie bei vorangegangenen Erprobungen zu Land und zu See wurde die H-5 in ihrem Kästchen verschlossen, und drei Personen bekamen jeweils einen Schlüssel: Dr. Demainbray, William und der König. Diese Männer trafen sich täglich zur Mittagsstunde in der Sternwarte, um die Uhr aufzuziehen und mit dem Regulator des Observatoriums zu vergleichen.

Trotz dieser respektvollen Behandlung benahm sich die Uhr zunächst gar nicht gut. Sie spielte verrückt, ging vor und nach, was den Harrisons natürlich höchst peinlich war. Da erinnerte sich der König, daß er in einem Schrank ganz in der Nähe der Uhr einige natürliche Magnetiten aufbewahrte, die er nun sofort entfernte. Erlöst von der merkwürdigen Anziehungskraft der Steine auf ihre Teile, fand die H-5 zu ihrer Ausgeglichenheit zurück und entsprach den in sie gesetzten Erwartungen.

Um allen Einwänden von Harrisons Feinden zuvorzukommen, beschloß der König, die Probezeit zu verlängern. Nach zehn Wochen täglicher Beobachtung zwischen Mai und Juli 1772 war er stolz darauf, diesen neuen Zeitmesser verteidigen zu können, denn es hatte sich gezeigt, daß die Fehlanzeige der H-5 nur bei etwa einer Drittelsekunde pro Tag lag.

Georg III. nahm die Harrisons unter seine Fittiche und half ihnen, die halsstarrige Längenkommission zu umgehen, indem er direkt an den Premierminister Lord North sowie an das Parlament appellierte, »nackte Gerechtigkeit« (wie William schrieb) walten zu lassen.

Von der Regierung unter Druck gesetzt, trat die Längenkommission am 24. April 1773 zusammen, um in Anwesenheit von zwei Vertretern des Parlaments den verworrenen Fall Harrison erneut aufzurollen. Drei Tage später kam die Sache im Parlament zur Sprache. Gemäß der Empfehlung des Königs verzichtete Harrison auf sein juristisches Gepolter und appellierte einfach an das Herz der Minister. Er sei ein alter Mann. Er habe sein Leben diesem grandiosen Projekt gewidmet. Und obwohl seine Methode erfolgreich sei, habe man ihm nur den halben Preis zugesprochen und außerdem neue, unmögliche Forderungen gestellt.

Dieser Weg führte ans Ziel. Bis zur Verabschiedung des endgültigen Beschlusses vergingen zwar noch ein paar Wochen, doch Ende Juni erhielt Harrison schließlich die Summe von 8750 Pfund. Dies entsprach knapp dem restlichen Preisgeld, das ihm zustand, aber der begehrte Preis war es *nicht*. Es war vielmehr eine milde Gabe, wohlwollend zuerkannt – vom Parlament, trotz der Längenkommission und nicht von ihr.

Wenig später wurde ein Gesetz erlassen, das die Bedingungen für den Längengradpreis neu formulierte und alle bisherigen Bestimmungen ungültig machte. Die Prüfungen sollten noch rigoroser sein: Jedes Uhrenmodell mußte in zwei Exemplaren eingereicht und für die Dauer eines ganzen Jahres in Greenwich geprüft werden, anschließend auf zwei Seereisen rund um die Britischen Inseln (einmal in westlicher, einmal in östlicher Richtung) sowie auf beliebig vielen anderen Reisen zu Zielen, die die Kommission bestimmen konnte. Zum Schluß sollten die Uhren noch einmal zwölf Monate lang in der Königlichen Sternwarte geprüft werden. Maskelyne soll vergnügt ausgerufen haben, daß das Gesetz »den Mechanikern einen Knochen hingeworfen [habe], an dem sie sich die Zähne ausbeißen werden«.

Es waren prophetische Worte, denn der Preis wurde nie verliehen.

Harrison fühlte sich jedoch erneut gerechtfertigt, als Cook im Juli 1775 von seiner zweiten Reise zurückkehrte, voll des Lobes über die Methode, die Länge mit Hilfe eines Zeitmessers zu bestimmen.

»Mr. Kendalls Uhr (welche £ 450 kostete)«, berichtete Cook, »hat die Erwartungen ihres leidenschaftlichsten Anwalts übertroffen und war, hier und da anhand von Mondbeobachtungen korrigiert, unser treuer Führer durch alle Widrigkeiten des Klimas.«

Das private Observatorium des Königs in Richmond Park (heute Kew Observatory) wurde für den Venusdurchgang von 1769 erbaut, den der König beobachten wollte. Es war mit den neuesten astronomischen Geräten der besten Konstrukteure ausgerüstet und für das Testen der H-5 ebenso geeignet wie die Königliche Sternwarte.

Im Logbuch der H. M. S. *Resolution* finden sich zahlreiche Verweise auf die Uhr, die Cook als »unseren zuverlässigen Freund« oder »unseren nie versagenden Führer« bezeichnete. Mit ihrer Hilfe stellte er die erste – außerordentlich präzise – Karte der Südseeinseln her.

»Ich würde Mr. Harrison und Mr. Kendall Unrecht tun«, notierte Cook in seinem Logbuch, »wenn ich nicht einräumte, daß wir von diesem nützlichen und wertvollen Zeitmesser sehr große Unterstützung erhalten haben.«

So angetan war Cook von der K-1, daß er sie auf seine dritte Expedition mitnahm, die am 12. Juli 1776 begann. Diese Reise verlief nicht so glücklich wie die beiden ersten. Trotz seiner diplomatischen Art und allen Bemühungen, den Einwohnern der Inseln mit Respekt zu begegnen, kam es im hawaiischen Archipel zu ernsten Schwierigkeiten.

Bei ihrer ersten Begegnung war er von den Eingeborenen, für die er der erste Weiße war, den sie je gesehen hatten, als Verkörperung ihres Gottes Lono begrüßt worden. Doch als er ein paar Monate später von seiner Erkundung der nordwestamerikanischen Küste zu ihnen zurückkehrte, wuchsen die Spannungen, und er mußte hastig in See stechen. Wenige Tage später zwang ihn ein beschädigter Besanmast der *Resolution*, zur Kealakekua-Bucht zurückzukehren. Bei den sich anschließenden Feindseligkeiten wurde Cook ermordet.

Einem zeitgenössischen Bericht zufolge soll die K-1 in dem Augenblick stehengeblieben sein, als der Kapitän starb.

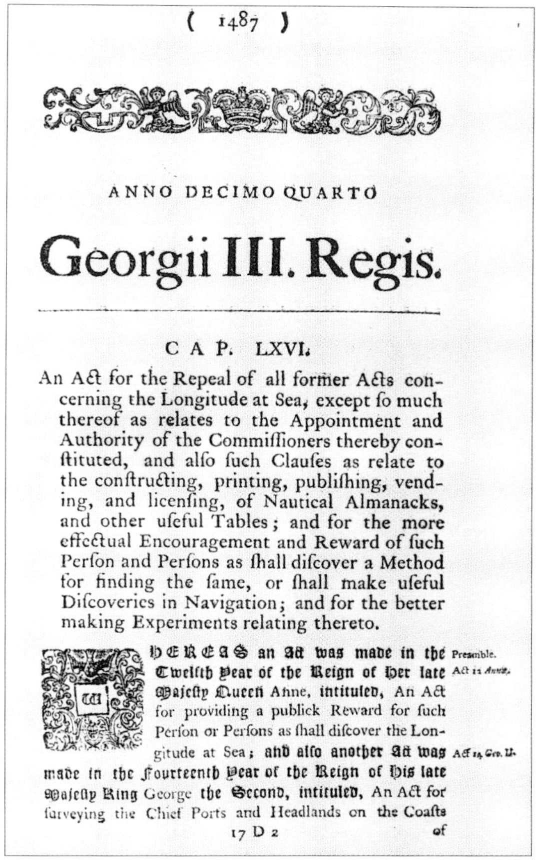
(1487)

ANNO DECIMO QUARTO

Georgii III. Regis.

C A P. LXVI.

An Act for the Repeal of all former Acts concerning the Longitude at Sea, except so much thereof as relates to the Appointment and Authority of the Commissioners thereby constituted, and also such Clauses as relate to the constructing, printing, publishing, vending, and licensing, of Nautical Almanacks, and other useful Tables; and for the more effectual Encouragement and Reward of such Person and Persons as shall discover a Method for finding the same, or shall make useful Discoveries in Navigation; and for the better making Experiments relating thereto.

WHEREAS an Act was made in the Twelfth Year of the Reign of Her late Majesty Queen Anne, intituled, An Act for providing a publick Reward for such Person or Persons as shall discover the Longitude at Sea; and also another Act was made in the Fourteenth Year of the Reign of His late Majesty King George the Second, intituled, An Act for surveying the Chief Ports and Headlands on the Coasts of

Preamble. Act 12 Anne. Act 14 Geo. II.

17 D 2

Daß Harrison die restlichen 8750 Pfund Sterling des Preisgeldes gewann, mißfiel gewissen Mitgliedern des Parlaments oder der Längenkommission. Sie wollten sich nicht noch einmal ausmanövrieren lassen. Das Längengradproblem war zwar gelöst, aber die Lösung bedurfte noch beträchtlicher Verfeinerungen, um in die allgemeine Praxis umgesetzt werden zu können. Deshalb verabschiedete das Parlament 1774 dieses neue Gesetz, das alle früheren Gesetze, die die Längengradbestimmung auf See betrafen, aufhob, und bot demjenigen einen Preis von maximal 10 000 Pfund Sterling, der die Länge bis auf einen halben Grad genau fände. Die Bedingungen dieses Wettbewerbs waren allerdings so strikt, daß niemand den Preis gewann.

U1 2 3 4 5 6 7D

14

Die Massenproduktion einer genialen Erfindung

Die Sterne sind nicht mehr erwünscht; mach sie alle aus,
Pack den Mond ein und bau die Sonne ab.
W. H. Auden
Song

Als John Harrison am 24. März 1776 starb, auf den Tag genau dreiundachtzig Jahre nach seiner Geburt 1693, genoß er unter Uhrmachern den Ruf eines Märtyrers.

Jahrzehntelang hatte er, ganz auf sich gestellt, als einziger auf der Welt ernsthaft versucht, das Längengradproblem mit Hilfe eines Zeitmessers zu lösen. Und plötzlich, nach dem Erfolg seiner H-4, verlegten sich die Uhrmacher scharenweise auf den Bau von Schiffschronometern. In England entwickelte sich ein boomender Industriezweig. Einige moderne Horologen behaupten sogar, daß Harrisons Erfindung die englische Vorherrschaft über die Ozeane erleichtert und letztlich zur Schaffung des britischen Empire geführt habe – denn nur dank des Chronometers habe England die Wellen beherrscht.

In Paris perfektionierten die großen Uhrmacher Pierre Le Roy und Ferdinand Berthoud ihre *montres marines* und *horloges marines*, aber keiner dieser beiden Erzrivalen hat je einen Zeitmesser hervorgebracht, der schnell und billig nachgebaut werden konnte.

Die hier gezeigte erste Schiffsuhr von Thomas Mudge wurde 1774 fertiggestellt. Noch in diesem Jahr blieb sie während des ersten Tests in Greenwich stehen, offenbar weil einer von Maskelynes Assistenten sie falsch bedient hatte. Bei einem zweiten Versuch drei Jahre später gab Maskelyne im Protokoll der Längenkommission an, die Uhr sei in 109 Tagen nur eine Minute und 19 Sekunden vorgegangen und »jedem anderen Zeitmesser, der von ihm geprüft worden, bei weitem überlegen«. Danach funktionierte sie aber nicht mehr einwandfrei.

Pierre Le Roy und Ferdinand Berthoud

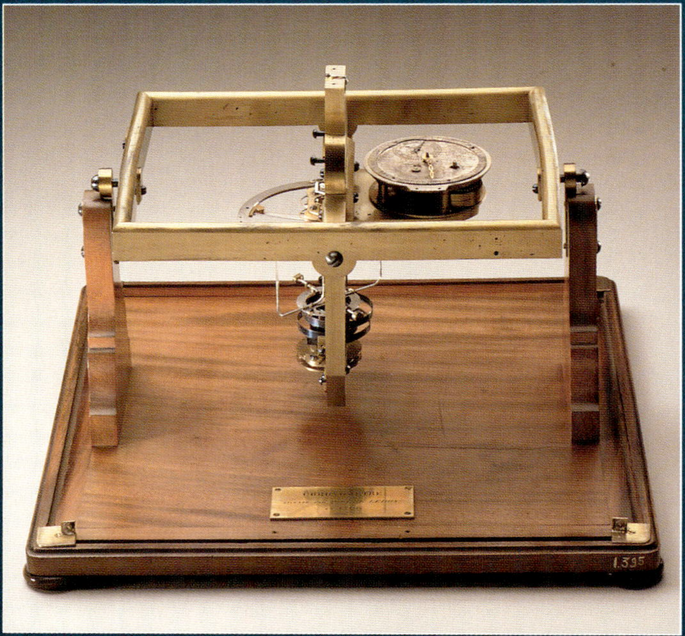

Pierre Le Roy war der älteste Sohn von Julien Le Roy, dem berühmtesten Uhrmacher Frankreichs in der ersten Hälfte des 18. Jahrhunderts. Seine erste Schiffsuhr stellte er 1756 fertig; sie lief aber nur sechs Stunden. Sieben Jahre später präsentierte er der Académie Royale des Sciences ein zweites, etwa einen Meter hohes Gerät, aber keiner der beiden Apparate wurde je auf einer Seereise getestet. Am 5. August 1766 präsentierte er dem König seine »montre A«, die auf diesem Bild zu sehen ist. Sie wurde, zusammen mit einem fast identischen Zeitmesser, »montre S«, zwischen Mai und August 1767 auf See erprobt. Dies waren die ersten Zeitmesser, die drei wesentliche Elemente dessen besaßen, was man später unter einem Chronometer verstand: eine freistehende Hemmung, eine isochronale Unruhfeder und die in der Unruh selbst untergebrachte Temperaturkompensation. Le Roys bemerkenswerte Beiträge wurden aber damals nicht angemessen gewürdigt, da er einen jungen, ehrgeizigen Rivalen hatte, Ferdinand Berthoud (rechts).

Ferdinand Berthoud (1727–1807), einer der profiliertesten Uhrmacher und horologischen Autoren aller Zeiten, wurde in der Schweiz geboren und mit 26 Jahren Uhrmachermeister in Frankreich. 1763 und 1766 entsandte man ihn nach London, um die Geheimnisse von Harrisons H-4 herauszufinden, aber er erfuhr nicht genug, als daß er die Erfindung zurück nach Frankreich hätte bringen können. Berthouds Werk zeichnet sich durch eine große Anzahl verschiedenartiger Entwürfe aus (er stellte etwa 70 Schiffsuhren her). Zwar waren seine Arbeiten bei der Entwicklung des Chronometers mit führend, aber einen fundamentalen Fortschritt hat eigentlich keines seiner Geräte gebracht.

1770 wurde Berthoud zum »Horloger Mécanicien du Roi et de la Marine« ernannt und bekam eine jährliche Pension von 3000 Livres. Diese Abbildung aus seinem Traité des Horloges Marines von 1773 sollte offenbar Ludwig XV., dem das Buch gewidmet war, davon überzeugen, daß die Arbeit des Autors Frankreich künftig Frieden und Fortschritt bringen werde: Frankreichs Seefahrt würde endlich sicher werden; selbst die Kriegsgöttin Athene brauche sich nur noch auszuruhen, da sie wüßte, daß Ludwig XV. ihrer Hilfe nie mehr bedürfe. Berthouds Schmeichelei machte sich bezahlt: Seine Pension wurde sofort auf 4500 Livres erhöht.

Links: Diese Taschenuhr, Larcum Kendalls zweite Schiffsuhr (K-2), benutzte Kapitän Bligh auf seiner berüchtigten Fahrt mit der Bounty 1789. Als es zur Meuterei kam und Bligh mit 18 anderen in einem kleinen Boot ausgesetzt wurde, blieb K-2 bei den Meuterern auf Pitcairn Island. 1808 kaufte der Kapitän eines amerikanischen Walfängers die Uhr und brachte sie nach Chile. In Valparaiso erstand sie ein Kapitän für 50 Guineen und brachte sie 1843 nach England zurück.
Rechts: Auf der Rückseite der K-2 sieht man die spiralförmige Kompensation aus Messing und Stahl. K-2 war, ebenso wie ihre Vorgänger K-1 und H-4, nicht mit einer kardanischen Aufhängung versehen, so daß die Uhr zwar in ihrem Kästchen auf dem Schiff gesichert, aber trotzdem dessen Bewegungen ausgesetzt war. Kendall erkannte, daß ein plötzliches, heftiges Kippen die gerade, bimetallene Kompensation unter ihr eigenes Gewicht bringen und dadurch die Zuverlässigkeit des Zeitmessers beeinträchtigen konnte. Er löste dieses Problem, indem er die Kompensation in eine Spirale umformte, die ihres Aussehens wegen den Namen »Chelsea bun« (Chelseabrötchen) bekam.

Harrisons Uhr war, woran ihn die Längenkommission immer wieder erinnerte, viel zu kompliziert für einen massenhaften Nachbau und auch zu teuer. Als Larcum Kendall sie kopierte, bekam er für seine gut zweijährige Arbeit 500 Pfund. Als die Kommission ihn bat, andere Uhrmacher auszubilden, um weitere Stücke herzustellen, lehnte er mit dem Hinweis ab, daß die Uhr weitaus zu teuer sei.
»Ich bin der Ansicht«, erklärte Kendall, »daß es noch viele Jahre dauern wird, bevor eine Uhr der Bauart, wie Mr. Harrison sie entwickelt hat, für 200 Pfund hergestellt werden kann – wenn das überhaupt möglich ist.«
Für einen Bruchteil dieser Summe, etwa zwanzig Pfund, konnten Seeleute einen guten Sextanten und ein Exemplar der Mondtabellen erwerben. Angesichts ei-

nes so eklatanten Kostenunterschieds zwischen den beiden Verfahren mußte das Schiffschronometer schon mehr bieten als nur leichte Handhabbarkeit und größere Präzision. Er mußte billiger werden.

Kendall versuchte, Harrison mit einer billigen Imitation der originalen H-4 zu übertrumpfen, und baute seine K-1. 1772, nach weiteren zwei Jahren Arbeit, war die K-2 fertig. Dafür erhielt er 200 Pfund von der Längenkommission. Obwohl die K-2 etwa so groß war wie die K-1 und die H-4, war sie technisch von minderem Wert, weil Kendall auf das Remontoir verzichtet hatte, den Mechanismus, der die Energie der Hauptfeder gleichmäßig an das Werk abgibt, so daß die Kraft, die auf die Zeitbasis wirkt, gleichbleibt, ob die Uhr nun gerade aufgezogen worden ist oder kurz vor dem Ablaufen steht. Ohne diesen Zwischenaufzug ging die aufgezogene Uhr erst schnell und wurde mit dem Ablaufen der Hauptfeder immer

Die Meuterei auf der Bounty ereignete sich am 28. April 1789. Die Kapitänskabine, in der die K-2 aufbewahrt wurde, befand sich am Heck des Schiffes, das hier gerade von den Meuterern besetzt ist.

Nach siebenjähriger Lehrzeit bei George Graham erwarb sich Thomas Mudge (1715–1794) einen hervorragenden Ruf als Hersteller komplizierter Taschenuhren. Um 1754 erfand er eine neue Hemmung: die freistehende Ankerhemmung, die heute noch die am häufigsten verwendete Hemmung in mechanischen Taschenuhren ist. Mudge war einer der drei ausgewählten Uhrmacher, die die H-4 prüften, als Harrison am 14. August 1765 die Geheimnisse ihres Mechanismus lüftete. Einige Jahre später zog Mudge aus gesundheitlichen Gründen von London nach Plymouth, wo er 1774 seine erste Schiffsuhr baute. Im selben Jahr wurde der neue Longitude Act erlassen, der von jedem Bewerber verlangte, nicht nur einen, sondern zwei Zeitmesser abzuliefern, um sich für den Preis von 10 000 Pfund zu qualifizieren. Mudge bekam einen

langsamer. Das Remontoir der H-4 war von allen Sachverständigen begrüßt worden. Ohne Remontoir zeigte die K-2 während der Erprobung in Greenwich nur eine schwache Leistung.

Die K-2 hat jedoch einige der berühmtesten Reisen in den Annalen der Schiffahrt begleitet. Die Uhr war bei einer Nordpolexpedition dabei, verbrachte mehrere Jahre in Nordamerika, segelte nach Afrika und fuhr unter Kapitän William Bligh auf der *Bounty*. Blighs Jähzorn waren der Stoff von Legenden; eher unbekannt an seiner Geschichte ist jedoch, daß die Meuterer, als sie sich 1789 nach Pitcairn absetzten, die K-2 mitgehen ließen. Bis 1808 befand sich die Uhr dort, ehe sie von dem Kapitän eines amerikanischen Walfängerschiffes erworben wurde und abermals auf Abenteuerreise ging.

1774 baute Kendall eine dritte, noch billigere Uhr (ohne Diamanten diesmal), die er der Kommission für 100 Pfund verkaufte. Die K-3 war nicht besser als die K-2, nahm aber an Bord der H.M.S. *Discovery* an Cooks dritter Reise nach Nordamerika und Hawaii teil. (William Bligh war auf dieser Fahrt übrigens Navigator. Und während Cook auf Hawaii den Tod fand, wurde Bligh später zum Gouverneur von New South Wales in Australien ernannt, wo er während der Rum-Rebellion von meuternden Soldaten gefangengenommen wurde.)

Keine von Kendalls Innovationen kam an seinen meisterhaften Nachbau K-1 heran. Bald gab er es auf, neue Ideen auszuprobieren, einfallsreichere Leute hatten ihn längst überholt.

Zu ihnen zählte auch der Londoner Uhrmacher Thomas Mudge, der sein Handwerk bei dem »ehrlichen George« Graham erlernt hatte. Wie Kendall war auch Mudge bei der Zerlegung und Erörterung von Harrisons H-4 zugegen gewesen. Er war es, der Einzelheiten bei einem Essen an Ferdinand Berthoud weitergab, wenngleich er schwor, nichts Böses im Sinn gehabt zu haben. Mudge hatte sich als guter Handwerker und Kaufmann einen Namen gemacht. 1774 baute er seine erste Schiffsuhr, in die viele von Harrisons Ideen in verbesserter Form eingingen. Seine Uhr, innen und außen wunderschön ausgeführt, verfügte über ein besonderes Remontoir, besaß ein achteckiges Gehäuse und war auf der Stirnseite mit fein ziselierten, silbernen Motiven ausgeschmückt. 1777 baute er zwei bis auf die Farbe ihrer Gehäuse identische Uhren – »Grün« und »Blau« genannt –, mit denen er sich tatsächlich um die verbleibenden 10 000 Pfund des Längengradpreises bewarb.

Während seine erste Uhr in Greenwich geprüft wurde, blieb sie aufgrund unachtsamer Behandlung stehen, und einen Monat später brach der Königliche Astronom Maskelyne die Hauptfeder der Uhr. Der verärgerte Mudge nahm daraufhin Harrisons Stelle als Maskelynes neuer Sparringspartner ein. Die beiden erhielten einen lebhaften Meinungsaustausch aufrecht, bis Mudge Anfang der 1790er Jahre erkrankte. Daraufhin führte Thomas Mudge junior den Streit fort, teilweise in Form von Pamphleten. Schließlich sprach ihm die Längenkommission in Anerkennung der Verdienste seines Vaters die Summe von 3 000 Pfund zu.

Vorschuß von 500 Pfund und baute innerhalb von drei Jahren zwei identische Zeitmesser, die wegen der Farbe ihres Gehäuses »Blau« und »Grün« genannt wurden. Zwar unterzog man diese äußerst feinen Zeitmesser drei Prüfungen in Greenwich, aber Maskelyne waren sie für einen Preis nicht zuverlässig genug. Mudges Sohn war jedoch Rechtsanwalt, und nach etlichen Eingaben gewann er 1793 weitere 2 500 Pfund für seinen Vater.

Während Kendall und Mudge zu Lebzeiten je drei Schiffsuhren bauten und Harrison fünf, stellte John Arnold eine Serie von hundert Uhren von hoher Qualität her. Möglicherweise waren es noch mehr, denn der raffinierte Geschäftsmann Arnold versah etliche Uhren, die keineswegs die ersten einer Baureihe waren, mit einer eingravierten »Nr. 1«. Das Geheimnis von Arnolds rascher Arbeitsweise bestand darin, daß er die Routinearbeiten zum überwiegenden Teil an andere Handwerker delegierte und nur die schwierigen Arbeiten selbst übernahm, vor allem das präzise Einstellen der Uhr.

In der Zeit, als Arnolds Stern im Aufsteigen begriffen war, bürgerte sich der Ausdruck Chronometer als allgemeine Bezeichnung für die Schiffsuhr ein. Jeremy Thacker hatte diese Bezeichnung 1714 geprägt, aber sie setzte sich erst 1779 durch, als Alexander Dalrymple von der East India Company sie im Titel seiner Schrift *Some Notes Useful to Those Who Have Chronometers at Sea* (Einige Notizen, die jenen nützlich sind, die Chronometer auf See haben) verwendete.

»Der Apparat für die Zeitmessung auf See wird hier als Chronometer bezeichnet«, erklärte Dalrymple, »da ein so wertvoller Apparat es verdient hat, mit einem Namen statt durch eine Definition bekannt zu werden.«

John Arnold (1735–1799) war ein äußerst produktiver Uhrmacher, der viel zur Konstruktion und Herstellung von Schiffsuhren beitrug. Während Harrison, Kendall, Mudge und Le Roy ein Jahr und länger brauchten, um eine Uhr zu bauen, stellte Arnold im Laufe seines Lebens über 1000 Zeitmesser her und fand dabei Wege zur Verringerung der Produktionskosten. Auf das Problem der Zeitmessung auf See wurde er durch die Schrift The Principles of Mr. Harrison's Timekeeper *aufmerksam, die Maskelyne ihm 1767 gegeben hatte. Sie inspirierte ihn, im folgenden Jahr seine erste Schiffsuhr zu bauen, und 1771 testete man zwei seiner Geräte mit Erfolg auf See. Als Cook 1772 zu seiner zweiten Reise aufbrach, stammten drei der vier Uhren, die er mitnahm, aus Arnolds Werkstatt,*

Arnolds erste drei Chronometer in quadratischen Gehäusen, die er der Längenkommission präsentierte, gingen, genau wie die K-1, mit Kapitän Cook auf Fahrt. Das Trio war auf der Reise in die Antarktis und den Südpazifik (1772–1775) dabei. Die »Widrigkeiten des Klimas«, wie Cook die Skala unterschiedlichster

Wetterbedingungen genannt hatte, sorgten dafür, daß Arnolds Uhren ungenau gingen. Cook zeigte sich von ihrer Leistung wenig beeindruckt.
Die Kommission strich daraufhin die Mittel für Arnold. Doch der junge Uhrmacher ließ sich dadurch nicht entmutigen, es spornte ihn im Gegenteil an, neue Ideen zu entwickeln, die er allesamt patentieren ließ und ständig verbesserte. 1779 sorgte sein Taschenchronometer (»Nr. 36«) für eine Sensation. Die Uhr war wirklich so klein, daß man sie in der Tasche tragen konnte, und Maskelyne und seine Stellvertreter trugen sie zum Zwecke der Prüfung dreizehn Monate in der Weste mit sich herum. Pro vierundzwanzig Stunden ging die Uhr nie um mehr als drei Sekunden falsch.
Unterdessen übte sich Arnold mehr und mehr in der Produktion größerer Stückzahlen. 1785 eröffnete er in Well Mall bei London eine Fabrik. Sein Konkurrent, Thomas Mudge junior, versuchte ihm nachzueifern und ließ etwa dreißig Modelle von Chronometern seines Vaters nachbauen. Mudge junior. war jedoch Anwalt und kein Uhrmacher. Kein Zeitmesser, der seine Fabrik verließ, konnte es an Präzision mit den drei Originalen seines Vaters aufnehmen. Gleichwohl kostete ein Mudge-Chronometer doppelt soviel wie einer aus der Arnoldschen Uhrenfabrik.
Arnold ging in allem sehr methodisch vor. Bekannt wurde er schon als Zwanzigjähriger im Jahre 1764 durch eine schöne Miniaturuhr von nur einen halben Zoll Durchmesser, die er in einen Fingerring einsetzte und König Georg III. zum Geschenk machte. Arnold heiratete, *nachdem* er beschlossen hatte, sich als Hersteller von Schiffsuhren zu etablieren. Er nahm sich eine Frau, die nicht nur vermögend, sondern auch bereit war, ihn privat wie beruflich zu unterstützen. Sie hatten nur ein Kind, John Roger, auf den sie all ihre Hoffnungen setzten. John Roger, der ebenfalls bereit war, sich den Interessen des Familienunternehmens unterzuordnen, ging in Paris bei den besten Uhrmachern, die sein Vater natürlich ausgewählt hatte, in die Lehre und wurde 1784 schließlich sein Geschäftspartner, woraufhin die Firma in Arnold & Sohn umbenannt wurde.
Arnold senior blieb aber immer der bessere Uhrmacher von den beiden. Er sprudelte nur so vor Ideen, und viele von ihnen setzte er in seinen Uhren um. Seine größten Verkaufsschlager waren zumeist geschickte Vereinfachungen von komplizierten Mechanismen, die Harrison entwickelt hatte.
Arnolds stärkster Konkurrent war Thomas Earnshaw, mit dem das Zeitalter der

aber keine von ihnen funktionierte zuverlässig. Arnold arbeitete jedoch hartnäckig weiter und entwickelte 1774 eine neue Hemmung: die Spitzzahnhemmung. 1775 ließ er die Unruhfeder und die Unruh mit Temperaturkompensation patentieren. Der Erfolg kam 1779, als seine berühmte Taschenuhr Nr. 36 während des Tests in Greenwich mit beispielloser Präzision funktionierte.

Das achteckige Gehäuse dieses Chronometers Nr. 32/122 von John Arnold & Sohn, 1792 hergestellt, war typisch für Arnolds Chronometer dieser Zeit. Dieses Modell aus Holz bot allerdings keinen ausreichenden Schutz für das Uhrwerk. Die stählernen Teile konnten durch eintretende Feuchtigkeit rosten, und es kam mehrmals vor, daß sich eine Spinne durch das Aufziehloch in den Zeitmesser verirrte, was für beide unerfreuliche Folgen hatte. Erst 1795 oder noch später erhielt das Uhrwerk von Arnolds Zeitmessern zum besseren Schutz ein Messinggehäuse.

modernen Chronometer eigentlich erst beginnt. Earnshaw reduzierte Harrisons Komplexität und Arnolds Produktivität zu einer fast platonisch essentiellen Form des Chronometers. Ebenso wichtig war, daß er eine der wichtigsten Erfindungen Harrisons endlich verwirklichte und praktikabel machte, indem er ein Werk konstruierte, das nicht geölt werden mußte.

Earnshaw besaß nicht die Raffinesse und den Geschäftssinn Arnolds. Er heiratete eine arme Frau, zeugte zu viele Kinder und war so ungeschickt in Geld-

Das Uhrwerk des Zeitmessers Nr. 32/122 von John Arnold & Sohn besitzt eine goldene Unruhfeder und Arnolds Unruh »YZ« aus zwei Metallen ohne Eisenanteil. Arnold benutzte dieses Material, um das Problem des Rostens und des Magnetismus zu überwinden.

dingen, daß er sogar eine Weile im Schuldturm saß. Trotzdem war er es, der aus dem Chronometer, einer einst nur auf Bestellung angefertigten Kuriosität, ein fließbandmäßig hergestelltes Produkt machte. Seine eigene wirtschaftliche Not mag ihn dazu getrieben haben. Indem Earnshaw bei einem einzigen Grundmodell blieb (anders als Arnold, dessen überbordender Einfallsreichtum fast schon geschäftsschädigend war), konnte er ein Earnshaw-Chronometer in rund zwei Monaten produzieren und verkaufen.

Arnold und Earnshaw waren indes nicht nur kommerzielle Konkurrenten, sondern auch erbitterte Gegner im Streit um die Frage, wem die Anerkennung für die Erfindung des entscheidenden Elementes jeden Chronometers gebührte, der Federhemmung. Die Hemmung ist das Herz einer jeden Uhr. In einem vom Regulator der Uhr bestimmten Rhythmus blockiert und gibt sie die Energiezufuhr frei. Entscheidend für ein Chronometer, das die Zeit präzis messen will, ist die Art der Hemmung. Harrison hatte in den großen Schiffsuhren seine Grasshopper-Hemmung verwendet, dann, in der H-4, eine brillant modifizierte Form der altmodischen Spindelhemmung. Mudge wurde als Erfinder der Ankerhemmung berühmt, die in fast allen mechanischen Armband- und Taschenuhren verwendet wurde, wie sie bis zur Mitte des zwanzigsten Jahrhunderts gebaut wurden, unter anderem in der berühmten Ingersoll-Dollar-Uhr, der originalen Mickey-Mouse-Uhr und den frühen Timex-Uhren. Arnold war durchaus zufrieden mit seiner Spitzzahnhemmung – bis er 1782 von Earnshaws Federhemmung hörte. Er erkannte sofort, daß dieser neue Unruhtyp, der mit einer Feder arbeitete, nicht mehr geölt werden mußte.

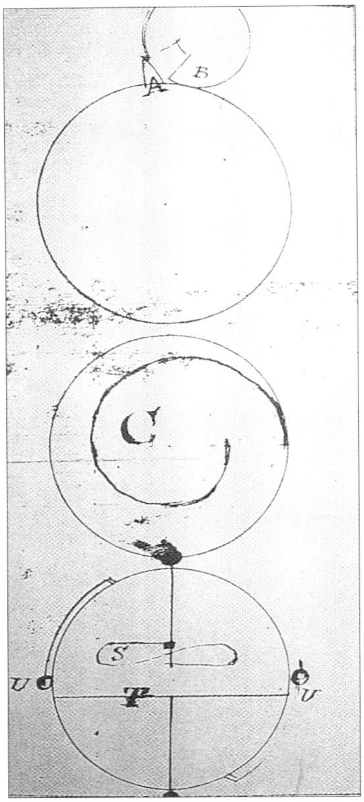

Die Zeichnung von Arnolds Federhemmung (Nr. 1328, 1782 registriert, oben) ist so unvollständig, daß man sich wundert, daß sie patentiert wurde.

Arnold bekam, wie er behauptete, nie eine Earnshaw-Hemmung zu sehen, aber er entwickelte ein eigenes Modell dieses Typs, das er sich sofort patentieren ließ. Earnshaw, der nicht das Geld besaß, um sich seine Erfindung patentieren zu lassen, konnte aber trotzdem anhand von Uhren, die er gebaut hatte, nachweisen, daß die Erfindung auf ihn zurückging. Und er konnte die gemeinschaftliche Patentvereinbarung vorlegen, die er mit dem bekannten Uhrmacher Thomas Wright geschlossen hatte.

Der Streit zwischen Arnold und Earnshaw polarisierte die gesamte Londoner Uhrmacherwelt, ganz zu schweigen von der Royal Society und der Längenkommission. Unmengen von Tinte und Galle wurden von beiden Parteien und ihren jeweiligen Anhängern versprüht. Genügend Material kam zutage, das zu beweisen schien, daß Arnold in eine von Earnshaws Uhren hineingeguckt hatte, ehe er zum Patentamt gegangen war, aber konnte man sicher sein, daß er nicht auch selbständig auf einen solchen Mechanismus gekommen wäre? Arnold und Earnshaw legten ihre Meinungsverschiedenheiten nie bei. Noch heute streiten sich die Historiker, finden immer neue Beweise und ergreifen in dem alten Konflikt Partei.

Von Maskelyne angetrieben, erklärte die Längenkommission im Jahre 1803, daß Earnshaws Chronometer genauer gingen als irgendeine andere Uhr, die bis dahin in der Königlichen Sternwarte geprüft worden sei. Maskelyne hatte endlich einen Uhrmacher kennengelernt, den er leiden konnte, wenngleich nicht ganz klar ist, warum. Wie auch immer, Earnshaws handwerkliche Meisterschaft veranlaßte den Königlichen Astronomen, ihm Ratschläge zu erteilen, ihn zu ermutigen und ihm die Reparatur von Uhren der Sternwarte zu übertragen – ein System der Patronage, das mehr als ein Jahrzehnt funktionierte. Earnshaw aber, der sich selbst als »von Natur aus reizbar« bezeichnete, machte Maskelyne all die Schwierigkeiten, die dieser bei einem »Mechaniker« zweifellos schon erwartet hatte. Beispielsweise kritisierte er das Prinzip, Chronometer über ein ganzes Jahr hinweg zu erproben, und erreichte, daß Maskelyne die Dauer der Prüfung auf sechs Monate verkürzte.

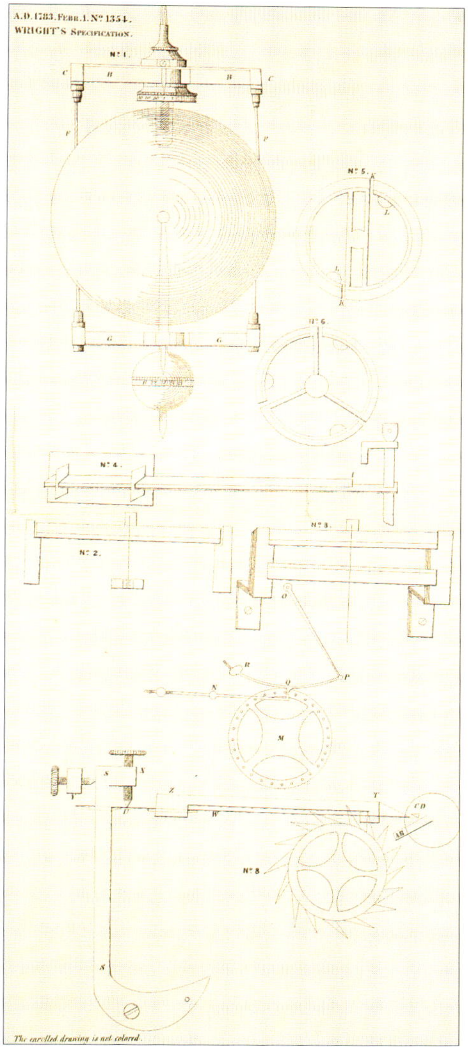

Earnshaw erklärte sich zögernd einverstanden, daß das Patent für seine Federhemmung (Nr. 1354, 1783 registriert), deren Zeichnung links zu sehen ist, im Namen des Uhrmachers Thomas Wright registriert wurde, der die Gebühr von 100 Guineen bezahlte, die Earnshaw nicht aufbringen konnte.

1805 sprach die Längenkommission Thomas Earnshaw und John Roger Arnold (Arnold senior war 1799 gestorben) jeweils 3000 Pfund zu – einen Betrag, den auch die Erben von Mayer und Mudge erhalten hatten. Earnshaw machte seinen Ärger publik, denn er fand, er habe einen größeren Anteil verdient. Zu seinem Glück ermöglichte ihm sein kommerzieller Erfolg inzwischen ein sorgenfreies Leben.

Thomas Earnshaw (1749–1829) vervollkommnete das Schiffschronometer und entwickelte Methoden, durch die es sich in größeren Mengen preisgünstig herstellen ließ. Earnshaw hatte eine große Familie, und erst in den 1790er Jahren konnte er seine Schulden bezahlen und sein eigenes Geschäft einrichten. Trotz mehrerer Versuche gelang es ihm nicht, den Längengradpreis von 1774, 10 000 Pfund, zu gewinnen, aber dank der Unterstützung des Königlichen Astronomen Nevil Maskelyne erkannte die Längenkommission seine Beiträge 1805 an und sprach ihm 3000 Pfund zu. Earnshaw war über diese Summe bitter enttäuscht, als er erfuhr, daß man seinem Erzrivalen John Arnold posthum denselben Betrag gewährt hatte.

Die Kapitäne der East India Company und der Royal Navy strömten zu den Chronometerfabriken. Auf dem Höhepunkt des Arnold-Earnshaw-Streits in den 1780er Jahren war der Preis für ein Arnold-Chronometer auf etwa 80 Pfund gefallen und für ein Earnshaw auf 65 Pfund. Taschenchronometer waren noch billiger. Obgleich Flottenoffiziere ihre Schiffsuhren aus eigener Tasche bezahlen mußten, waren sie an einem Erwerb höchst interessiert. Das beweisen Logbücher aus den 1780er Jahren, in denen immer wieder auf die tägliche Längengradbestimmung mittels Chronometer hingewiesen wird. 1791 gab die East India Company an die Kapitäne ihrer Handelsschiffe neue Logbücher mit vorgedruckten Seiten aus, die eine extra Spalte für »Länge mittels Chronometer« aufwiesen. Viele Flottenkapitäne verließen sich weiterhin auf die Mondtabellen, wenn die meteorologischen Verhältnisse das zuließen, doch die Glaubwürdigkeit des Chronometers wuchs unaufhaltsam. Immer wieder stellte sich bei Vergleichen auf See heraus, daß Chronometer erheblich präziser waren als die Mondtabellen, zumal sie einfacher zu handhaben waren. Die umständliche Methode der Monddistanzen, die eine Reihe astronomischer Beobachtungen, Konsultation von Ephemeriden und dazu noch korrigierende Berechnungen erforderlich machte, öffnete Fehlern Tür und Tor.

Um die Jahrhundertwende hatte die britische Marine in der Marineakademie von Portsmouth einen Vorrat an Chronometern angelegt, so daß sich Kapitäne, die von diesem Hafen aus in See gingen, mit einer Schiffsuhr versorgen konnten. Da das Angebot klein war und die Nachfrage groß, verließen Kapitäne das Chronometerdepot aber häufig mit leeren Händen und kauften sich weiterhin ihre eigenen Uhren.

Arnold, Earnshaw und immer mehr zeitgenössische Uhrmacher verkauften in Eng-

Links: Diese unsignierte Taschenuhr mit Federhemmung und dem Jahreszahlstempel 1784 ist eine der ersten Taschenuhren Earnshaws, die er als Teil seiner Abmachung mit Wright herstellte, um die Kosten für das Patent zurückzuzahlen. Earnshaw stellte die Uhren her und verkaufte sie zu einem beliebigen Preis weiter, aber der Uhrmacher, der sie an den Mann brachte, mußte Wright eine Guinee für den Stempel »Wright's Patent« zahlen, der auf jede verkaufte Uhr eingeprägt war. Diesen Stempel und diese Gebühr gab es so lange, bis die Kosten des Patents beglichen waren. Wie es damals üblich war, trugen diese Uhren nur den eingravierten Namen des Händlers, nicht den des Herstellers, gleichgültig, ob sie von Wright oder einem anderen Uhrmacher verkauft wurden.
Rechts: Das Uhrwerk dieser Taschenuhr hatte Earnshaw für Wright hergestellt, signiert hat es aber Wright. Es mag sich um eine der ersten zwölf Taschenuhren handeln, die Earnshaw für Wright angefertigt hat. Das Originalmodell der Hemmung ließ diese Uhren gelegentlich stehenbleiben, und Earnshaw behauptete, er habe die Hemmung aller Uhren auf eigene Kosten neu konstruieren müssen. Wie in der Zeichnung des Patents zu sehen ist, besitzt die Federhemmung dieser Uhr im Unterschied zu späteren Versionen der Hemmung nur eine einzige Spiralfeder zum Sperren und Loslassen.

land und anderswo Chronometer zur Verwendung auf Kriegs- und Handelsschiffen und sogar auf Vergnügungsjachten. Während es 1737 weltweit nur einen einzigen Schiffschronometer gegeben hatte, gab es 1815 insgesamt etwa fünftausend. Als die Längenkommission sich 1828 auflöste, weil der Longitude Act aufgehoben wurde, war es zuletzt ironischerweise ihr Auftrag gewesen, Chronometer zu prüfen und an Schiffe der Royal Navy zu vergeben. 1829 übernahm der Hydrograph der Marine (der Chefkartograph) diese Funktion. Das war eine verant-

Das Chronometer Nr. 928, um 1812 von Earnshaw gebaut, ist von dem Typ, den er bis 1790 fertiggestellt hatte. Es kostete normalerweise 65 Guineen. Arnolds Chronometer kosteten zwischen 60 und 80 Guineen.

wortungsvolle Aufgabe, da zu ihr unter anderem das Einstellen neuer und die Reparatur alter Uhren gehörte, außerdem der Überlandtransport der Chronometer von der Fabrik zum Hafen und wieder zurück.

Es war nicht ungewöhnlich, zwei, ja sogar drei Chronometer an Bord zu haben, die man gegeneinander abglich. Größere Forschungsschiffe hatten manchmal bis zu vierzig Chronometer dabei. Die H. M. S. *Beagle*, die 1831 zur Vermessung der geographischen Länge unbekannter Territorien aufbrach, hatte zweiundzwanzig Chronometer an Bord – elf hatte die Admiralität bereitgestellt, sechs gehörten Kapitän Robert Fitzroy, und die restlichen fünf hatte er ausgeliehen. Während

Links: Diese Standardausführung des Chronometers kaufte die Admiralität 1841 und benutzte es an Bord der Wilberforce bei ihren Expeditionen von 1841 und 1842 den Niger hinauf, die der Landvermessung dienten. Aus den Aufzeichnungen geht hervor, daß das Chronometer bis 1922, also über 80 Jahre lang, ununterbrochen auf verschiedenen Schiffen (bei der Vermessung Australiens zwischen 1887 und 1889 und den ganzen Ersten Weltkrieg hindurch) in Gebrauch war. Diese Leistung bei Routinewartung war für Chronometer nicht ungewöhnlich und zeigt, wie gut diese Uhren konzipiert und konstruiert waren.
Rechts: 1790 war die Grundausführung des Schiffschronometers so ausgefeilt, daß es praktisch unverändert blieb, bis die Entwicklung des Quarzkristalls die Prinzipien veränderte, nach denen der Mechanismus arbeitete. Das Modell stand für Genauigkeit und Zuverlässigkeit. Dieser Zeitmesser wurde 1944 in Deutschland von A. Lange & Söhne hergestellt, als Material und Facharbeiter extrem rar waren. Er sieht zwar aus wie ein Schiffschronometer, aber das Werk ist nur das einer hochwertigen Taschenuhr.

der langen Reise der *Beagle* machte der offizielle Naturforscher der Expedition, der junge Charles Darwin, Bekanntschaft mit der Wildnis der Galapagosinseln. 1860, als die Royal Navy weniger als zweihundert Schiffe auf den sieben Meeren zählte, besaß sie ungefähr achthundert Chronometer. Dies war eindeutig eine Idee, deren Zeit gekommen war. Der enorme praktische Nutzen der Harrisonschen Methode war so gründlich bewiesen, daß ihr einst mächtiger Konkurrent, die Methode der Monddistanzen, einfach nicht mehr in Erscheinung trat. Nachdem sich das Chronometer auf allen Schiffen durchgesetzt hatte, wurde er bald so selbstverständlich hingenommen wie andere unerläßliche Apparate auch, und seine lange umstrittene Geschichte verschwand zusammen mit dem Namen seines Erfinders aus dem Bewußtsein der Seeleute, die ihn tagtäglich benutzten.

15

Im Hof des Meridians

»Was nützen uns Mercators Nordpol und Äquator,
Wendekreise, Zonen und Meridiane?«
Sprach der Büttel sonor. Darauf die Mannschaft im Chor:
»Das sind nur konventionelle Zeichen!«

Lewis Carroll

Die Jagd nach dem Schnark

Ich stehe auf dem Nullmeridian der Welt, dem Mittelpunkt von Zeit und Raum, buchstäblich auf der Stelle, wo sich Ost und West treffen. Der Meridian verläuft genau durch den Hof der alten Königlichen Sternwarte. Nachts wird die glasbedeckte Meridianlinie von unten angestrahlt, so daß sie wie ein künstlicher Ozeangraben leuchtet, der den Globus mit derselben Autorität in zwei gleich große Hälften spaltet wie der Äquator. Und es gibt noch eine kleine zusätzliche Spielerei nach Einbruch der Dunkelheit: Ein grüner Laserstrahl projiziert den Meridian in den Himmel, so daß man ihn noch meilenweit in den Tälern von Essex sehen kann. Unaufhaltsam wie ein Comic-Book-Held bahnt sich die Linie ihren Weg durch die umliegenden Gebäude. Sie erscheint als Messingstreifen auf den Holzdielen von Meridian House, verwandelt sich dann in eine Kette roter Lämpchen, die an die Notausgangsmarkierung in einem Flugzeug erinnern. Auf den Pflastersteinen des Hofs, über die der Nullmeridian hinweggleitet, sind mit Messinglettern auf eingelassenen Betonplatten die Namen und Breitengrade der großen Städte der Welt vermerkt.

Diese Darstellung des Nullmeridians zeigt das Gebäude, in dem der Durchgangskreis liegt, auf dem die Greenwich Mean Time basiert. Der Messingstreifen, der früher die durch den Hof verlaufende Linie des Nullmeridians markiert hatte, wurde durch einen Leuchtstreifen ersetzt. Zwar verließ die Königliche Sternwarte kurz vor dem Zweiten Weltkrieg ihren historischen Ort in Greenwich, aber der Meridian von Greenwich ist nach wie vor der nullte Längengrad und der Bezugspunkt für die Bestimmung der Coordinated Universal Time. Dieser Meridian wurde 1851 vom Königlichen Astronomen George Airy festgelegt (6,3 Meter östlich des seit 1750 benutzten) und 1884 zum internationalen Nullmeridian erklärt.

Eine strategisch gut plazierte Maschine spuckt ein Souvenirticket aus, auf dem bis auf die Hundertstelsekunde genau ausgedruckt ist, wann ich über dem Nullmeridian stand. Doch das ist nur eine kleine Spielerei, für die man ein Pfund bezahlt. Die tatsächliche »Greenwich Mean Time«, nach der die Welt ihre Uhr stellt, wird weitaus genauer (bis auf Millionstelsekunden) im Meridian House von einer Atomuhr angezeigt, deren Digitalanzeige so schnell läuft, daß man sie mit dem Auge nicht mehr verfolgen kann.

Nevil Maskelyne, der fünfte Königliche Astronom, legte den Nullmeridian hierher an diesen Ort, zehn Kilometer vom Zentrum Londons entfernt. In der Zeit, in der er auf dem Gelände der Sternwarte wohnte, von 1765 bis zu seinem Tod 1811, veröffentlichte er neunundvierzig Ausgaben des umfassenden *Nautical Almanac*. Sämtliche dort angegebenen Monddistanzen waren auf den Längengrad von Greenwich bezogen. Und so begannen Seeleute auf der ganzen Welt, die sich ab 1767 seiner Tabellen bedienten, ihre Länge nach Greenwich zu bestim-

Diese Zeichnungen der Sternwarte von Greenwich erschienen 1885, ein Jahr nachdem sie zum internationalen Nullmeridian erklärt worden war. Der Nullmeridian läuft durch das Zentrum von Airys Durchgangskreisteleskop (ganz links), das man 1850 zur Bestimmung der exakten Zeit installiert hatte. Beobachtungen mit diesem Instrument begannen am 4. Januar 1851. Man beobachtete den genauen Zeitpunkt, zu dem ein Stern den Meridian kreuzte, wodurch die Uhren der Sternwarte sehr präzise Zeitangaben liefern konnten.

men. Zuvor hatte es ihnen genügt, ihre Position in soundsoviel Grad östlich oder westlich eines beliebigen Meridians auszudrücken. Meist wählten sie ihren Ausgangspunkt – zum Beispiel »3 Grad 27 Minuten westlich von Lizard Point« – oder ihren Zielhafen. Maskelynes Tabellen machten aber nicht nur die Methode der Monddistanzen praktikabel, sondern auch den Längengrad von Greenwich zum universalen Bezugsmeridian. Selbst die französischen Übersetzungen des *Nautical Almanac* hielten an Maskelynes auf Greenwich bezogenen Angaben fest – obwohl jede andere Tabelle in *Connaissance des Temps* sich auf den Meridian von Paris bezog.

1833 installierte die Königliche Sternwarte in Greenwich das erste visuelle Zeitsignal in Gestalt einer Signalkugel auf dem Ostturm. Die Kugel wurde täglich um 13 Uhr fallen gelassen, so daß die Navigatoren auf den Schiffen in der nahegelegenen Themse ihre Chronometer exakt danach einstellen und regulieren konnten. Der Zeitpunkt wurde gewählt, weil die Astronomen um 12 Uhr oft mit Beobachtungen des Durchgangs der Sonne durch den Meridian beschäftigt waren.

Nachdem der Chronometer über die Mondtabellen als beste Methode der Längengradbestimmung triumphiert hatte, wäre ein Abschied von dieser Reverenz an Greenwich eigentlich zu erwarten gewesen. Doch das Gegenteil war der Fall. Noch immer mußten Navigatoren von Zeit zu Zeit die Monddistanzen bestimmen, um den Stand ihrer Chronometer zu überprüfen. Wenn sie die entsprechenden Seiten des *Nautical Almanac* aufschlugen, berechneten sie natürlich ihre östliche oder westliche Länge von Greenwich, ganz gleich, woher sie kamen und wohin sie fuhren. Kartographen, die unterwegs waren, um unbekannte Territorien zu vermessen, bezogen die geographische Länge dieser Orte ebenfalls auf Greenwich.

Auf der Internationalen Meridiankonferenz, die 1884 in Washington, D. C., abgehalten wurde, kamen Vertreter von sechsundzwanzig Nationen überein, die allgemeine Praxis zum offiziellen Verfahren zu machen. Sie erklärten den Längengrad von Greenwich zum internationalen Nullmeridian. Diese Entscheidung behagte den Franzosen jedoch nicht besonders, und so orientierten sie sich noch

Die Uhr am alten Eingangstor zur Königlichen Sternwarte war die erste, die der Allgemeinheit die Zeit von Greenwich zugänglich machte. Die Hauptuhr, die man 1852 im Observatorium installiert hatte, regelte die Zeiger dieser Uhr sowie den Fall der Kugel und die Zeitsignale, die über die Telegraphenlinien an die Eisenbahnen übermittelt wurden.

weitere siebenundzwanzig Jahre, bis 1911, am Meridian ihres Pariser Observatoriums, das etwas über zwei Grad östlich von Greenwich lag. Doch auch danach noch zögerten sie, von der »Mittleren Zeit von Greenwich« zu sprechen. Sie verwendeten lieber die Formulierung »Mittlere Zeit von Paris, verspätet um neun Minuten, einundzwanzig Sekunden«.

Da Zeit Länge ist und Länge Zeit, ist die alte Königliche Sternwarte auch die

Bewahrerin von null Uhr Mitternacht. Der Tag beginnt in Greenwich. In den Zeitzonen der Welt gilt eine Zeit, die der Greenwich Mean Time (GMT) um eine genau festgelegte Anzahl von Stunden voraus ist oder hinterherläuft. Sogar für das Weltall gilt GMT. Astronomische Vorausberechnungen und Beobachtungen werden in GMT ausgedrückt, nur daß es in den Himmelskalendern Universal Time (UT) beziehungsweise Weltzeit (WZ) heißt.

Die präziseste Methode zur Bestimmung der Koordinaten eines Orts, die es heute gibt, ist die Satellitennavigation, das Global Positioning System (GPS). Von drei Satelliten müssen Signale empfangen werden, damit man auf der Erde den Breiten- und Längengrad finden kann. Die von den Satelliten übertragenen Zeitsignale werden in den verschiedenen Teilen der Welt mit den Atomfrequenzstandards verglichen. Die hier gezeigte Alternate Master Clock im US Naval Observatory auf der Falcon Air Force Base in Arizona dient einer der fünf Stationen, die die GPS-Signale überwachen, und weicht von der Zeit der Master Clock in Washington, D. C., um nicht mehr als drei Nanosekunden (0,000 000 003 Sekunden oder die Zeit, die das Licht braucht, um 1 Meter zurückzulegen) ab. Aufgrund dieser Präzision beim Feststellen der Zeit kann man mit einem GPS-Handempfänger des Militärs die Lage eines Ortes bis zu 16 Meter genau bestimmen. Aus Sicherheitsgründen sind die Signale in den im Handel erhältlichen Empfängern kodiert, um die Genauigkeit der Positionsbestimmung auf 100 Meter zu beschränken.

Fünfzig Jahre, bevor die ganze Welt dazu überging, ihre Zeitsignale aus Greenwich zu beziehen, wurde Schiffen auf der Themse vor Flamsteed House ein weithin sichtbares Signal gegeben. Kapitäne konnten nach einer Signalkugel, die täglich um dreizehn Uhr fiel, ihre Chronometer ausrichten.

Auch wenn sich die moderne Schiffahrt auf Funk- und Satellitensignale verläßt, die Kugelzeremonie wird noch heute im Innenhof der Sternwarte praktiziert, wie jeden Tag seit 1833. Die Leute erwarten sie wie das Teeritual. Tatsächlich steigt eine etwas ramponierte rote Kugel bis zur Mitte des Wetterfahnenmastes hoch. Dort verharrt sie drei Minuten, zur Warnung sozusagen. Dann klettert sie bis zur Spitze hoch und wartet noch einmal zwei Minuten. Schulgruppen und Erwachsene starren mit zurückgelegten Köpfen zu diesem Objekt hoch, das wie eine altmodische Taucherglocke aussieht. Eine Szene, die von dem glitzernden Silvesterspektakel am Times Square weit entfernt ist.

Dieses eigentümlich anachronistische Ritual hat etwas Faszinierendes. Wie schön sieht die rote Metallkugel gegen den blauen Oktoberhimmel aus, an dem

Korvettenkapitän Rupert T. Gould (1890–1948) um 1930 mit der H-2. Seine sorgfältige Arbeit über 13 Jahre hinweg und Beschreibungen der Zeitmesser in seinen Veröffentlichungen machten den Wert dieser Geräte deutlich und sicherten ihre Erhaltung. Als Gould um 1920 die H-1 entdeckte, fehlten viele Teile, und alle aus Stahl gefertigten mußten ersetzt werden. Die Restaurierung dieses Zeitmessers begann 1931, am 1. Februar 1933 lief er wieder. 1951 wurde die Restauration fortgesetzt.

ein frischer Westwind die Wolken über die beiden Türme der Sternwarte treibt. Selbst die jüngsten Kinder sind still und gespannt.

Um ein Uhr fällt die Kugel, wie ein Feuerwehrmann, der eine kurze Stange hinabgleitet. Keine Spur von Hightech oder Präzisionszeitmessern. Und doch waren es diese Kugel und andere Zeitkugeln und Zeitkanonen in unzähligen Häfen der Welt, die den Seeleuten schließlich eine Möglichkeit boten, ihre Chronometer zu stellen – ohne zu oft auf See die Mondtabellen studieren zu müssen.

In Flamsteed House, wo Harrison 1730 den Rat und die Unterstützung von Edmond Halley suchte, halten die Harrisonschen Zeitmesser hof. Die großen Schiffsuhren, H-1, H-2 und H-3, wurden, nachdem sie am 23. Mai 1766 unsanft aus Harrisons Haus entfernt worden waren, hierher nach Greenwich gebracht. Nachdem Maskelyne sie geprüft hatte, kümmerte er sich nicht weiter um sie, sondern verbannte sie für den Rest seines Lebens einfach in eine feuchte Abstellkammer – und auch nach seinem Tod mußten sie dort noch fünfundzwanzig Jahre ausharren. Als E. J. Dent, einer der Geschäftspartner von John Roger Arnold, sich im Jahre 1836 anbot, die großen Uhren gratis zu reinigen, mußte er vier Jahre in die erforderlichen Überholungsarbeiten stecken. Der schlechte Zustand der Schiffsuhren rührte teilweise daher, daß die Originalgehäuse nicht luftdicht abgeschlossen waren. Dent stellte die Uhren aber wieder in ihre Gehäuse, so wie er sie vorgefunden hatte, so daß der Verfallsprozeß von neuem einsetzen konnte.

Als Korvettenkapitän Rupert T. Gould sich 1920 für die Zeitmesser zu interessieren begann, waren sie, wie er sich später erinnerte, »allesamt verschmutzt, in mangelhaftem Zustand und korrodiert – besonders Nr. 1 sah aus, als wäre sie mit der *Royal George* untergegangen und hätte seitdem auf dem Meeresboden gelegen. Sie war vollständig mit einer bläulichgrünen Patina überzogen, selbst die Teile, die aus Holz bestanden.«

Gould, ein empfindsamer Mensch, war derart entsetzt über diese unglaubliche Vernachlässigung, daß er sich um eine Genehmigung zur Instandsetzung aller vier Uhren bemühte (der drei großen und der Taschenuhr). Er bot an,

die Arbeit, die zwölf Jahre verschlang, umsonst zu leisten. Dabei war er kein gelernter Uhrmacher.

»Mir schien, daß Harrison und ich, was das anging, im selben Boot saßen«, schrieb Gould humorvoll, »und daß ich, wenn ich mit Nr. 1 anfinge, diese Maschine kaum noch weiter beschädigen könnte.« Also machte er sich sofort mit einer gewöhnlichen Bürste an die Arbeit und befreite die H-1 von fünfzig Gramm Staub und Grünspan.

Tragische Ereignisse in seinem Leben machten ihn gegen die Strapazen der freiwillig übernommenen Aufgabe unempfindlich. Verglichen mit dem psychischen Zusammenbruch, den er schon bald nach Ausbruch des Ersten Weltkriegs erlitten hatte, weshalb er nicht mehr für den Frontdienst geeignet war, und verglichen mit seiner unglücklichen Ehe und der Scheidung, die von der *Daily Mail* so detailliert beschrieben wurde, daß er sein Offizierspatent verlor – verglichen

Diese vier Bilder von etwa 1920 sind die einzigen bekannten Photographien der H-1 vor der Restaurierung durch Gould. Die H-1 war am 23. Mai 1766 während des Transports von Harrisons Haus zur Königlichen Sternwarte schwer beschädigt worden. 1840 befand sich die Uhr in einem Zustand des völligen Verfalls.

Links: Die hier um 1920 vor der Restaurierung photographierte H-2 war von Harrisons drei Schiffsuhren die am besten erhaltene. Seit sie sich in der Sternwarte befand, war sie nur einmal, 1840, gereinigt worden. Gould widmete 1923 ihrer Restaurierung ein ganzes Jahr. Rechts: Für den Bau der H-3, hier ebenfalls um 1920, vor der Restaurierung, hatte Harrison 19 Jahre benötigt. Um sie zu restaurieren, brauchte Gould sieben Jahre.

mit alldem waren die Jahre der einsamen Arbeit an den sonderbaren, veralteten Uhren ausgesprochen heilsam für Gould. Indem er sie wiederherstellte, fand er selbst zu Gesundheit und Seelenfrieden zurück.

Es erscheint nur angemessen, daß mehr als die Hälfte der Arbeitszeit – nach Goulds Angaben sieben Jahre – auf die H-3 entfiel, die auch Harrison am meisten Zeit gekostet hatte. Harrisons Probleme wurden auch die seinen.

»Nr. 3 ist nicht bloß kompliziert wie Nr. 2«, erklärte Gould 1935 auf einer Tagung der Society for Nautical Research, »sie ist abstrus. Sie enthält mehrere Vorrichtungen, die ganz einzigartig sind – Vorrichtungen, die sich kein Uhrmacher auf dieser Welt je hätte einfallen lassen, aber Harrison erfand sie, weil er seine mechanischen Probleme wie ein Ingenieur anging und nicht wie ein Uhrmacher.« Mehr als einmal stellte Gould fest, daß »Reste eines Mechanismus, den

Harrison ausprobiert und dann nicht weiter verfolgt hatte, *in situ* gelassen wurden«. Er mußte diese falschen Fährten verfolgen, um die Mechanismen zu finden, die zu retten sich wirklich lohnte.

Anders als Dent, der die Maschinen nur reinigte und dort, wo etwas abgebrochen war, die Kante abfeilte, damit sie einfach schöner aussahen, wollte Gould alle Uhren wieder so herstellen, daß sie tickten und die genaue Zeit anzeigten. Im Verlauf seiner Arbeit füllte er achtzehn Kladden mit exakten Zeichnungen in farbiger Tinte und ausführlichen Beschreibungen, die sehr viel klarer waren als alles, was Harrison je zu Papier gebracht hatte. Diese Beschreibungen hatte er für sich selbst gedacht, als Hilfe bei komplizierten, wiederholt notwendigen Handgriffen und zur Vermeidung unnötiger kostspieliger Fehler. Das Ausbauen oder Ersetzen der Hemmungen der H-3 beispielsweise dauerte normalerweise acht Stunden, und Gould war zu dieser Operation mindestens vierzigmal gezwungen.

Gould erklärt zwar, er habe die H-1 1933 wieder in Gang gesetzt, aber das Datum auf dieser Seite des Notizbuchs, das er während der Restaurierung führte, zeigt, daß er auch noch die nächsten beiden Jahre daran gearbeitet hat.

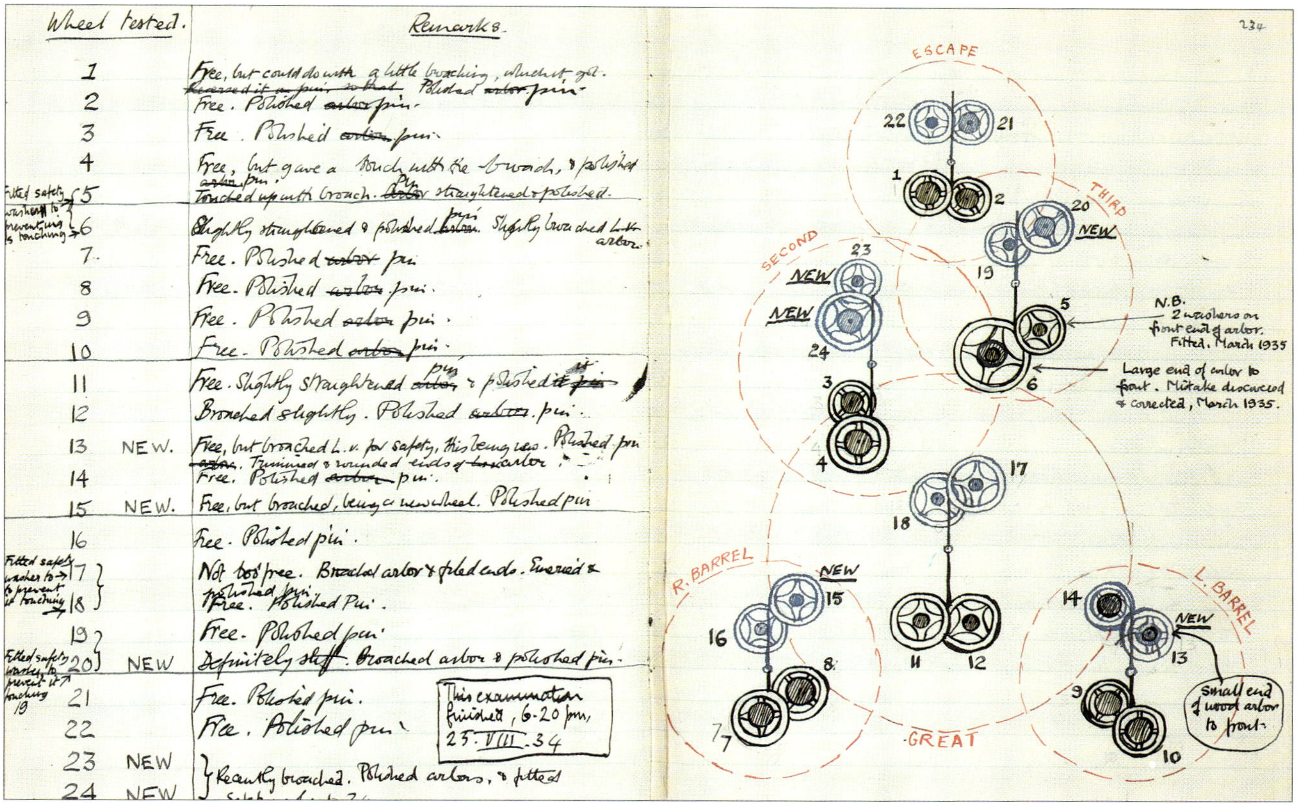

Bei der H-4, der Taschenuhr, brauchte er drei Tage, bis er verstanden hatte, wie man die Zeiger abnahm. »Mehr als einmal glaubte ich, sie seien angelötet.«
Obwohl er die H-1 zuerst reinigte, restaurierte er sie als letzte. Das erwies sich als Vorteil, denn bei der H-1 fehlten so viele Teile, daß Gould sich erst mit den anderen Uhren vertraut machen mußte, ehe er sich hinreichend sicher fühlte, die H-1 in Angriff zu nehmen. »Es gab keine Hauptfedern, keine Federzylinder, keine Ketten, keine Hemmungen, keine Unruhfedern, keine Einstellschrauben und keinen Aufziehmechanismus. Von den vierundzwanzig reibungsfreien Rädern waren fünf verschwunden. Viele Teile der komplizierten Rostkompensation fehlten, und die meisten anderen waren defekt. Der Sekundenzeiger war weg und der Stundenzeiger zerbrochen. Was die kleinen Teile angeht – Stifte, Schrauben etc. –, so war kaum eines von zehn mehr vorhanden.« Dank der Symmetrie der H-1 indessen und seiner eigenen Hartnäckigkeit konnte er von vielen fehlenden Stücken Duplikate nach den erhaltenen Teilen anfertigen.
»Das Schlimmste war«, gestand er, »ganz zum Schluß die kleinen Stahlstifte auf die Unruh zu setzen, eine Arbeit, die ich nur so beschreiben kann, als wollte man einen Faden durch eine Nadel ziehen, die in der Rückwand eines Lastwagens steckt, dem man auf einem Fahrrad hinterherfährt. Ich beendete die Arbeit am 1. Februar 1933, gegen vier Uhr nachmittags, während stürmischer Regen gegen das Fenster meiner Mansarde prasselte – und fünf Minuten später lief Nr. 1 wieder, zum erstenmal seit dem 17. Juni 1767 – nach einer Unterbrechung von 165 Jahren.«
Dank Goulds Anstrengungen geht die Uhr, die sich im Museum der Sternwarte befindet, noch heute. Die restaurierten Zeitmesser sind ein bleibendes Denkmal für John Harrison, so wie die St. Paul's-Kathedrale für immer an Christopher Wren erinnert. Die Gebeine Harrisons sind zwar in Hampstead auf dem Friedhof der St. John's-Kirche begraben, zusammen mit denen seiner Frau, der zweiten Elizabeth, und denen seines Sohnes William, doch sein Geist und sein Herz sind hier in Greenwich.
Der Kurator des Schiffahrtsmuseums bezeichnet die Uhren ehrfurchtsvoll als »die Harrisons«, als wären sie eine Familie und keine Gegenstände. Bevor morgens die ersten Besucher kommen, zieht er sich weiße Handschuhe an, schließt die Vitrinen auf und zieht die Werke auf. Für jedes Gehäuse sind zwei unter-

schiedliche Schlüssel erforderlich, die, wie bei einem modernen Banksafe, nur gemeinsam das Schloß öffnen – eine Erinnerung an die Vorsichtsmaßnahmen zur Zeit ihrer Erprobungen im achtzehnten Jahrhundert.
Die H-1 verlangt einen kräftigen Zug an ihrer Messingkette. Die H-2 und die H-3 werden mit einem Schlüssel aufgezogen. Die H-4 hält Winterschlaf, reglos und unberührbar, für immer vereinigt mit der K-1 in ihrer gemeinsamen Glasvitrine.
Als ich endlich diesen Maschinen gegenüberstand – nachdem ich zahllose Darstellungen über ihre Konstruktion und die Erprobung gelesen hatte, jedes Detail ihres Inneren und Äußeren auf Photos und Filmen gesehen hatte –, war ich zu Tränen gerührt. Stundenlang wanderte ich um die Uhren herum, bis ich auf ein kleines Mädchen aufmerksam wurde, etwa sechs Jahre alt, mit blonden Locken und einem großen Pflaster schräg über dem linken Auge. Sie verfolgte einen sich endlos wiederholenden Zeichentrickfilm über die Funktionsweise der H-1, bald

John Harrison starb am 24. März 1776 und wurde auf dem Friedhof der Gemeinde von Hampstead beerdigt. Im Begräbnisregister steht der Name »Thomas Harrison«. Nachdem sein Grab fast verfallen war, wurde es 1879 auf Kosten der Worshipful Company of Clockmakers vollständig restauriert.

1993, zu Harrisons 300. Geburtstag, wurde die Harrison Gallery in der Königlichen Sternwarte eröffnet. Bevor es diese Sonderausstellung gab, waren Harrisons Zeitmesser im Westflügel des National Maritime Museums zu sehen gewesen.

John Harrison

gebannt hinschauend, bald laut lachend. In ihrer Erregung konnte sie kaum die Hände von dem kleinen Bildschirm lassen, obwohl ihr Vater, als er das sah, ihre Hände wegzog. Mit seinem Einverständnis fragte ich das kleine Mädchen, was ihr an diesem Film so gut gefiel.

»Ich weiß nicht«, sagte sie, »er gefällt mir einfach.«

Mir gefiel er auch. Mir gefiel, wie sich die klickenden, miteinander verbundenen Teile in einem regelmäßigen Rhythmus bewegten, selbst wenn sich die Comicuhr auf schattig akzentuierte Wogen hinaufschwang und wieder hinunterglitt. Diese Uhr wurde nicht nur als wahre Zeit lebendig, sondern auch als Schiff auf hoher See, das Meile um Meile über die auf und ab tanzenden Zeitzonen fuhr.

John Harrison hat mit seinen Schiffsuhren die Meere der Raumzeit erkundet. Allen Widrigkeiten zum Trotz gelang es ihm, mit Hilfe der vierten Dimension – der Zeit – Punkte auf dem dreidimensionalen Globus miteinander zu verbinden. Er entriß den Sternen die Positionen dieser Welt und verschloß das Geheimnis in einer Taschenuhr.

Nachwort

In den aufregenden Jahren seit dem Erscheinen von *Längengrad* haben viele aufmerksame Leser angemerkt – manche haben sich auch beschwert –, daß dem Buch Bilder und Graphiken fehlen, um die Geschichte zu beleben. Deshalb freue ich mich, Ihnen jetzt diesen schönen illustrierten Band vorzustellen und meinen guten Freund William J. H. Andrewes als dessen Co-Autor zu begrüßen. Will habe ich im Februar 1992 bei einer Astrolabien-Ausstellung im Adler Planetarium in Chicago kennengelernt, und unser Gespräch drehte sich bald um Längengrade. Will war Kurator der Sammlung historischer wissenschaftlicher Instrumente der Universität Harvard und lud mich als Wissenschaftsreporterin ein, einen Bericht über das Längengrad-Symposium zu schreiben, das er zwei Jahre später in Cambridge, Massachusetts, veranstalten wollte. Ich hatte vor, an dem dreitägigen Ereignis teilzunehmen und einen Artikel für eine große Zeitschrift darüber zu verfassen. Aber alle Herausgeber, die ich fragte, bezeichneten das Vorhaben als extrem esoterisch, und keiner konnte sich vorstellen, wen es interessieren würde. Nach monatelangen erfolglosen Anfragen stieß ich beim *Harvard Magazine* endlich mit meiner Idee auf Resonanz – nur wenige Tage, bevor das Symposium begann.

Auf dem Campus hatten sich rund 500 Teilnehmer eingefunden, darunter viele Mitglieder der National Association of Watch and Clock Collectors. Sie feierten den 300. Geburtstag eines relativ selten gepriesenen englischen Genies namens John Harrison, der in der Mitte des 17. Jahrhunderts das uralte Problem der Längengradbestimmung fast ganz allein gelöst hatte, indem er die Kunst der Zeitmessung mit einer tragbaren Uhr vervollkommnete. Will, der schon lange ein Fürsprecher Harrisons gewesen war, hatte die Uhren in der alten Königlichen Sternwarte und im National Maritime Museum in Greenwich, England, betreut, wo Harrisons Schätze ausgestellt sind, und hatte eine frühe hölzerne Uhr, die Harrison nicht vollendet hatte, zum Ticken gebracht. Außer dem Dia-Vortrag über die dreihundertjährige Entwicklung der Schiffahrt und den prächtigen Videoanimationen von Harrisons Mechanismen konnte man sich auch wichtige Uhren aus der Sammlung von Harvard ansehen. Will hatte aus den meisten reich verzierten Holz- oder Metallgehäusen das Uhrwerk ausgebaut und daneben aufgebaut.

Aus unseren Erfahrungen beim Längengrad-Symposium schufen Will und ich jeweils ein Buch. Seines, *The Quest for Longitude*, enthält die Protokolle sämtlicher Symposiumsbeiträge mit wunderbar ausführlichen Kommentaren und Illustrationen. Meines, kürzer und weniger umfassend, konzentrierte sich auf Harrisons Kampf mit dem schier unbezwingbaren Problem und den noch unbezwingbareren Behörden, die sich gegen ihn verschworen hatten. Auf den folgenden Seiten unseres gemeinsamen Werks erhellen die etwa 180 Bilder von Personen, Ereignissen, Meßinstrumenten (vor allem Harrisons Erfindungen), Seekarten und Publikationen noch einmal die Geschichte, die das Buch *Längengrad* erzählt. Diese Bilder und Wills ausführliche Bildlegenden lassen ein einzigartiges wissenschaftliches Abenteuer mit technologiegeschichtlichem Hintergrund entstehen.

Dava Sobel

Danksagungen

Die Autoren danken besonders Catherine Andrewes, Jonathan Betts, Michael Carlisle, Bruce Chandler, George Gibson, Owen Gingerich, Derek Howse, Andrew King, David Landes, Peggy Liversidge, David Penney und Martha Richardson für ihre nützlichen Kommentare zu Text und Bildunterschriften des Buches.

Folgende Personen haben in verschiedener Weise zum Gelingen dieses Buches beigetragen:

Diane Ackerman; Pippa Andrewes; Art Resource, New York: Alison Gallup; Ashmolean Museum, Oxford: Anne Steinberg; Ellen Bruce Atkins; David Axelrod; Rear-Admiral François Bellec; Mario Biagioli; Biblioteca Nazionale Centrale, Florence: Carla Giuducci Bonanni; Bibliothèque Nationale de France, Paris: Marie-Thérèse Gousset; Bodleian Library, Oxford; The Boston Athenaeum: Catherine Cooper, Richard Wendorf, Bridgeman Art Library, London & New York: Lesley Black, Adrian Gibbs, Alice Whitehead; British Library, London: Nicola Beech, Gwen Gittings; The British Museum, London: David Thompson; Martin Burgess; Cambridge University Library, Royal Greenwich Observatory Archives: D. J. Hall, Ruth Long, Adam J. Perkins; Catherine Cardinal: Christ's Hospital, Horsham: Dot Mariner, N. M. Plumley; Collection of Historical Scientific Instruments, Harvard University; Conservatoire National des Arts et Métiers, Paris: Frédérique Desvergnes, Nathalie Naudi; George Daniels; Fiftieth Space Wing Public Affairs, Falcon Air Force Base, Colorado: Bill Bollwerk, Mary Hinson, Steve Hutsell; Fourth Estate: Victoria Barnsley, Graham Cook, Paul Forty, Victoria Heyworth-Dunne, Christopher Potter; Charles Frodsham & Co., London: Richard Stenning, Philip Whyte; Göttinger Universitätsbibliothek (Staatsarchiv Hannover); John Griffiths; Harvard Law School Library: David Warrington; *Harvard Magazine:* John Bethell, Janet Hawkins, Jean Martin, Christopher Reed; Harvard Map Collection: David Cobb, Joseph Garver, Arlene Olivero; Harvard University Art Museums: Marie Clare Altenhofen, Marjorie Cohn, Elizabeth Gombosi, Elizabeth Mitchell; Anders Hedberg; Houghton Library, Harvard University: Anne Anninger, Tom Ford, Roger Stoddard; Huygensmuseum Hofwijck, The Netherlands: Maria Arts Vehmeyer; Istituto e Museo di Storia della Scienza, Florence: Mara Miniati, Franca Principe; Isaac Klein; Zoë Klein; Ladygate Antiques, Beverly, U. K.: Lew and Pat Goodman; Heather Lees; John H. Leopold; Michael S. Mahoney; Tony Mercer; Musée de la Marine, Paris: Delphine Allannic; Museum Boerhaave, Leiden: Peter de Clercq, Robert van Gent; National Association of Watch and Clock Collectors, Columbia, Pa.: Beth Bisbano, Eileen Doudna, Kathy Everett; National Maritime Museum: Maria Blyzinski, Gloria Clifton, Kristen Lippincott, Lindsey Macfarlane, Richard Ormond, Colin Starkey, David Taylor; National Portrait Gallery: Bernard Horrocks, Jill Springall; Nederlands Scheepvaartmuseum: Diederik Wildeman, Willem Mörzer Bruyns; Observatoire de Paris: J. Alexandre, Suzanne Débarbat; Öffentliche Kunstsammlung Basel, Kunstmuseum: Charlotte Gutzwiller; Ole Roemer Museum, Denmark: Claus Thykier; Mariana Oller; Patent Office, London; The Pepys Library, Magdalene College, Cambridge: Aude Fitzsimons; Steve Pitkin; Fred Powell; Anthony G. Randall; Royal Collection Enterprises: Sarah Blake, Shruti Patel, Nicole Tetzner; P. J. Rogers; Royal Society: Sandra Cumming, Samantha Eley; Amanda Sobel; Stephen Sobel; Science Museum, London: Kevin Johnson, Alan Morton; Science Museum/Science and Society Picture Library, London: Venita Paul; Alan Neale Stimson; Jan Tadrup; Norman J. W. Thrower; The Time Museum, Rockford, Illinois: Patricia Atwood, Seth Atwood, Ann Shallcross, John Shallcross; Trinity College, Cambridge: Alison Sprospon; A. J. Turner; United Technologies Corporation: Marie Dalton-Meyer, Lawrence Gavrich; University Library, Leiden, Department of Western Manuscripts: R. Breugelmans; Robert Updegraff; Usher Gallery, Lincoln: Judith Robinson, Richard Wood; US Naval Observatory, Washington, D. C.: Geoff Chester, Stephen Dick; Burton Van Deusen; Albert Van Helden; Robert Vessot; Walker and Company: Vicki Haire, Ivy Hamlin, Marlene Tungseth; Jeffrey L. Ward Graphic Design: Jeffrey Ward; Widener Library Imaging Services, Harvard University: Stephen Sylvester, Robert Zinck; William Andrews Clark Memorial Library, UCLA: John Bidwell; Worshipful Company of Clockmakers: Christopher Clarke, Sir George White; Yale Center for British Art: Marilyn Hunt, Maria Rossi; The Earl of Yarborough.

Bildnachweise

WCC/Bridgeman	Worshipful Company of Clockmakers, London/Bridgeman Art Library, London
Houghton	Houghton Library, Harvard University
NMM	National Maritime Museum, Greenwich, London
NPG	National Portrait Gallery, London
RS	Royal Society, London
TM	The Time Museum, Rockford, Illinois

Seite 1: siehe Nachweis für S. 123.
Seite 2: siehe Nachweise für S. 62 und 156.

Kapitel 1: S. 6 George Gibson. **S. 8** Department of Printing and Graphic Arts. Houghton (Ms Typ 57, S. 67r). **S. 9** Department of Printing and Graphic Arts, Houghton (Typ Inc 2556). **S. 10** ⟦Argentinae (Straßburg), 1513⟧. Department of Printing and Graphic Arts. Houghton (Typ 520.13.715 PF). **S. 11** George Adams, *Astronomical and Geographical Essays* (London 1795), Bd. IV Tafel V, Fig. 2. Houghton (Astro 8005.1.12). **S. 12 oben** *Encyclopaedia Britannica* (Edinburgh 1771), Bd. 3, S. 372. Houghton (Typ 520.13.715 PF). **S. 12 unten** Oronce Fine, *Sphaera Mundi* (Paris 1551), S. 17v. Houghton (FC5.F494.533de). **S. 14 und 15** Jeffrey L. Ward Graphic Design. **S. 16/17** Cornelis Claesz van Wieringen (ca. 1580–1633), 1599 (?). NMM (Palmer Collection, BHC 0724). **S. 18** *Teerste Deel Vande* (Leyden 1586), die lateinische Übersetzung von Lucas Janszoon Waghenaers *Spieghel der Zeevaerdt*. Houghton (°85-793F). **S. 19** Captain John Davis (Davys), *The Seamans Secrets* (London 1643). Bodleian Library, Oxford (SAVILE.L.10.⟦2⟧).

Kapitel 2: S. 20 Michael Dahl, NMM (BHC3025). **S. 22** Richard Mount und Thomas Page, »Chart of the English Channel«, veröffentlicht in *The English Pilot, Part V, describing the Sea-Coasts, Capes, Head-Lands*, 2. Aufl. (London 1720), gedruckt von R. und W. Mount und T. Page. Harvard Map Collection, Harvard University (MA 5440 720.1 PF°). **S. 23** 1707. NMM (1034). **S. 24** Léon A. Morel-Fatio (1810–1871), veröffentlicht in Eugène Pacini, *La Marine, Arsenaux, Navines, Équipages, Navigation, Atterages, et Combats* (Paris 1844). Musée de la Marine, Paris. **S. 25** Aus: Marco Polo, *Le Livre des Merveilles*. Dieses Exemplar wurde um 1410–1412 für den Duc de Bourgogne hergestellt, der es im Januar 1413 seinem Onkel, dem Duc de Berry, schenkte. Bibliothèque Nationale, Paris (Fr. Ms. 2810, f. 188r). **S. 27** Sir Joshua Reynolds (1723–1792), ca. 1745. NMM (BHC2517). **S. 28** George Anson, *Voyage around the World* (London 1748), S. 94. Houghton (SA 877.40.2°). **S. 30** Samuel Scott. NMM (BHC0360).

Kapitel 3: S. 32 Vermutlich Filippo di Nicola Furini, ca. 1612. Die Autoren danken Mario Biagoli für den Hinweis auf Furini. Schloß Ambras, Österreich, Erich Lessing/Art Resource (S0015107). **S. 35** (Ingolstadt 1533). Houghton (f°GC5.Ap34.533i2). **S. 36** Istituto e Museo di Storia della Scienza, Florence (2428). **S. 37** James Ferguson, *Astronomy Explained* (London 1756), Tafel 4, S. 79. Houghton (°EC75.F3813.756a). **S. 38** Giovanni Domenico Cassini, *Ephemerides Bononienses Mediceorum Syderum* (Bologna 1668), S. 2 des Abschnitts »Ephemerides Mediceorum Ad Annum MDCXVIII«. Houghton (°IC6 C2735668e). **S. 39** Durangel, 1879, nach einem Kupferstich, der auf einem zeitgenössischen Porträt beruht. Observatoire de Paris (inv. no. PP05). **S. 40** C. Perrault, *Mémoires pour servir à l'histoire naturelle des animaux* (Amsterdam 1736), Frontispiz. Houghton (°FP6 Ac121 B736m v. l). **S. 41** Jean Picard und Philippe de La Hire, »Pour la Carte de France corrigée sur les Observations de MM. Picard & de La Hire«, veröffentlicht in *Recueil d'Observations* (Paris 1693), S. 91 f. Houghton (°f FC6 Ac121 693r). Computer-Karte von Jeffrey L. Ward Graphic Design. **S. 42 oben** Perelle, ca. 1671. Sternwarte von Paris. **S. 42 unten** zeitgenössisches Porträt, Sternwarte, Universität Kopenhagen. Ole Römer Museum, Kroppedals Allé 3, DK-2630, Taastrup. **S. 43 rechts** James Ferguson, *Astronomy Explained* (London 1756), Tafel 5, S. 87. Houghton (°EC75.F3813.756a). **S. 43 links** Peter Horrebow, *Basis Astronomiae sive Astronomiae pars Mechanica* (Havniae 1735), Tafel III. Houghton (°QDC7 H7587 735B). **S. 44** Marcellus Laroon. Christ's Hospital (Blue Coat School). **S. 45** unbek. Künstler, ca. 1680, RS. **S. 46** »Prospectus Versus Londinum« (Blick auf London), Kupferstich von Francis Place, ca. 1676. *London & Westminster, volume 1*, topographische Drucke, zusammengestellt von Samuel Pepys, 1700. Pepys Library, Magdalene College, Cambridge. **S. 47** Kupferstich von Francis Place, ca. 1676. *London & Westminster, volume 1*.

Kapitel 4: S. 48 Jan van Stalburch. Ashmolean Museum, Oxford (Douce Collection: Solander 15, Mount 1). **S. 50** signiert »Beauvais«, Frankreich, ca. 1540, TM (1070). **S. 51** Biblioteca Nazionale Centrale (Manoscritti Galileiani, Galileo, S. VI, Bd. 4, Kapitel 50). **S. 52** Bernard Vaillant (1632–1698). Huygensmuseum Hofwijck, Voorburg, Niederlande. **S. 53 oben** TM (1131). **S. 53 unten** Brief vom 28. März 1658. Department of Western Manuscripts, Universitätsbibliothek Leiden. **S. 54** (Paris 1673), S. 20. Houghton (°fNC6 H9846 673h [B]). **S. 55 oben** Anders Hedberg, Dezember 1997. Anders Hedberg. **S. 55 unten** Department of Western Manuscripts, Universitätsbibliothek Leiden.

Kapitel 5: S. 56 Sarah Hoadly, ca. 1700 (?). NPG (243). **S. 58** (London 1658). Houghton (°EC65.D5693.Eg658w). **S. 59** Jacob Houbraken, veröffentlicht 1748, nach einem Gemälde von Anthony van Dyke. Collection of Historical Scientific Instruments, Harvard University (1998–1–0617). **S. 60 oben** aus: G. Willemsen van Hollesloot, *Die Caerte vande Oost ende Westzee* (1594). Nederlands Scheepvaartmuseum, Harlingen, Niederlande. **S. 60 unten** Ein Christ's Hospital Schüler bei der Anwendung eines Rückstabs, aus: Sir Jonas Moore, *A New Systeme of the Mathematicks* (London 1681), S. 248 f. Houghton (°EC65.M784 6.681n). **S. 61** Collection of Historical Scientific Instruments, Harvard University (95). **S. 62** William Andrews Clark Memorial Library, University of California, Los Angeles (MAP G9101 C93 1700 H34). Rand McNally. **S. 64** (London 1699). Houghton (°EC65 F9936 6991). **S. 66** (London 1714). Houghton (°EC7 W5794 714n).

Kapitel 6: S. 68 Thomas Murray, undatiert (die Papiere in Halleys Hand sind jedoch wahrscheinlich zwei bedeutende Aufsätze, die er 1687 veröffentlichte). RS. **S. 70** vermutlich John Vanderbank, ca. 1726. NPG (558). **S. 71** Harvard Law School Library, Harvard University (UK 353 E23). **S. 74 und 75** 2. Auflage (London 1743). Houghton (°EC7 Sq584 742pb). **S. 75** aufklappbare Bildtafel gegenüber S. 5. **S. 76 und 77** (London 1714). British Library (533.f.22 [1]).

Kapitel 7: S. 80 Worshipful Company of Clockmakers, London. NMM (ref. D6769). **S. 83** Ogilby, *Traveller's Guide* (London 1730), gedruckt für Thomas Bowles. Ausschnitte der Gebiete um Wakefield und Barton: Emanuel Bowen, *The Large English Atlas* (London 1777), Karte 41 (West Riding of Yorkshire, 1750) und Karte 21 (Lincolnshire, 1751). Harvard Map Collection, Harvard University (150.1730.2 und MA-LC G1808.B62.1777 PF°). **S. 84** Henry Sotheran and Co. Katalog, *Bibliotheca Chemico-Mathematica*, Bd. 2 (London 1921), Nr. 8960, gegenüber S. 454. Houghton (HRR 800 8). **S. 85** Fotos des Autors. **S. 86** WCC/Bridgeman. **S. 88 und 89** Earl of Yarborough. Foto Heather Lees, Lincolnshire County Council: Usher Gallery, Lincoln, England. **S. 90** David Penney. **S. 91** Andrew King. **S. 92** David Penney. **S. 93** ca. 1725/26. TM (2000). **S. 94 und 95** David Penney. **S. 96 oben** Foto: George Schofield. Andrew King. **S. 96 unten** ca. 1960. Foto George Schofield. Andrew King. **S. 97** WCC/Bridgeman.

Kapitel 8: S. 98 NMM (D6783). **S. 100** WCC/Bridgeman (MS6026/1). **S. 101** J. Faber, nach einem Porträt von Thomas Hudson, TM (1198). **S. 103** NMM (D6783). **S. 106** aus: Herman Moll, *The World described* (London 1709–1720), Karte 3 (ca. 1710). Houghton (°92J-100b PF). **S. 108** Foto des Autors. **S. 109** NMM (D6784A). **S. 110** Foto des Autors. **S. 111 oben** Foto des Autors. WCC/Bridgeman (MS3972/2, S. 13). **S. 111 unten** Harvard University Art Museum; Geschenk von Belinda L. Randall aus der Sammlung von John Witt Randall (R5694).

Kapitel 9: S. 112 Bartholomew Dandridge (1691 – ca. 1755), ca. 1730. NMM (BHC2731). **S. 114** aus Archibald Hamiltons Aufzeichnungen. NMM (B5327). **S. 117** Collection of Historical Scientific Instruments, Harvard University (5303). **S. 118** Thomas Hudson (1701–1779). RS. **S. 119** 1752. British Library (Karte 141.a.1.[20]). **S. 120** Westermayr. Aus: Franz Xaver von Zach, *Allgemeine Geographische Ephemeriden Verfasset von einer Gesellschaft Gelehrten und herausgegeben*, Bd. 3 (Weimar 1799), Frontispiz. Houghton (Harvard Depository KD 4484). **S. 121** Emanuel Handmann, 1756. Foto: Öffentliche Kunstsammlung Basel, Martin Bühler. Öffentliche Kunstsammlung Basel, Aulabilder. **S. 122 links** Universitätsbibliothek Göttingen (Hannover Des 92 XXXIV, Nr. II, 4, al, S. 62). **S. 122 rechts** (London 1770). Houghton (°EC7 H1552 749aaa [D]). **S. 123** aus: E. Dunkin, *The Midnight Sky* (London 1869), S. 242. Houghton (Astr 8178.3). **S. 124** Sextant »D32« der Längenkommission. Privatsammlung.

Kapitel 10: S. 126 NMM (D6785). **S. 128** RS. **S. 129** Lew und Pat Goodman. **S. 130** WCC/Bridgeman (MS3972/3, Gegenstand 15).

S. 131 wahrscheinlich von Thomas Bradley gezeichnet, ca. 1840. Cambridge University Library und Königliche Sternwarte, Greenwich (MS. RGO 6/586 f213). **S. 132** David Penney. **S. 133** (1752/53), London. WCC/Bridgeman (WCC71009). **S. 134** aus einer Sammlung von Notizen und Zeichnungen von John Harrison und seinem Sohn William, ca. 1726–1772. WCC/ Bridgeman (WCC106103). **S. 135** WCC/ Bridgeman (WCC106112). **S. 136** aus einer Sammlung von Notizen und Zeichnungen von John Harrison und seinem Sohn William, ca. 1726–1772. WCC/Bridgeman (WCC106102). **S. 137** NMM (D789A). **S. 138** NMM (D789B). **S. 140** zur Zeit der Ausstellung im U.S. Naval Observatory, Washington, D. C., 1963–64. Andrew King.

Kapitel 11: S. 142 Louis François Gérard Van de Puyl, RS. **S. 145** Tafel 15, S. 319. Houghton (°EC75.F3813.756ac). **S. 147** NMM (A3371). **S. 149** Jeffrey L. Ward Graphic Design. **S. 150** J. Basire, veröffentlicht in W. Wales & W. Bayly, *The Original Astronomical Observations* (London 1777), aufklappbare Bildseite gegenüber S. xii. Houghton (°f EC75.W1488.7770). **S. 151** NMM (2097). **S. 152** (London 1763). Houghton (°EC75 M37957б3b). **S. 153** NMM (BHC4144). **S. 154** Jeffrey L. Ward Graphic Design.

Kapitel 12: S. 156 ca. 1766. Science Museum, Science and Society Picture Library, London (1884–217). **S. 159** TM (2494). **S. 161** Erste Seite des Longitude Act von 1765, Harvard Law School Library, Harvard University (UK 353 E23). **S. 163 und 164** (London 1769). Houghton (°85–77). **S. 165** 2. Auflage (London 1781). Houghton (NAV 637.81). **S. 166/67** NMM (C3807). **S. 168** James Tassie (1735–1799). WCC/Bridgeman (WCC106122).

Kapitel 13: S. 170 aus einem Ölgemälde von Nathaniel Hodges (1744–1797), der Cook auf seiner zweiten Reise begleitete. NMM (BHC4227). **S. 172** Ausschnitt aus Cooks Logbuch. Cambridge University Library und Royal Greenwich Observatories (RGO 14/59, fol. 13). **S. 174** John Russell. NMM (2625). **S. 176 links** NMM (C9303A). **S. 176 rechts** NMM (C9303B). **S. 177** WCC/Bridgeman (WCC71015). **S. 178** WCC/Bridgeman (WCC71017). **S. 180** Johann Zoffany, ca. 1771/72. Royal Collection © Her Majesty the Queen. **S. 182** aus: George Ernest Papendiek, *Kew Gardens: A Series of Twenty-Four Drawings on Stone* (London, ca. 1820). Yale Center for British Art, Paul Mellon Collection (QK73/K4/P3). **S. 183** Act 14 George III Kapitel 66. Harvard Law School Library, Harvard University (UK 353 E23).

Kapitel 14: S. 184 Verwaltung des British Museum (CAI–2119). **S. 186 oben** Musée des Arts et Métiers, Paris/Foto Studio CNAM. **S. 186 unten** Louis René Vialy, 1752. Musée des Arts et Métiers, Paris/Foto Studio CNAM. **S. 187** Frontispiz von Ferdinand Berthoud, *Traité des Horloges Marines* (Paris 1773). Houghton (°f FC7 B4615 773t). **S. 188 links** NMM (A5510). **S. 188 rechts** NMM (A5511). **S. 189** Robert Dodd (1748–1816), ca. 1790. NMM (B1337). **S. 190** C. Townley, 1772, nach Nathaniel Dance. TM (368d). **S. 192** Susan Esther Reid, nach Robert Davys (1735?–1793) Gemälde von ca. 1787. TM (368c). **S. 194 und 195** TM (795). **S. 196** 1782 (no. 1328). Patentamt London. **S. 197** 1783 (Nr. 1354). Patentamt London. **S. 198** Samuel Bellin, nach dem Porträt von 1798 von Martin Archer Shee (1769–1850). TM (368a). **S. 199** Signatur »Wright in the Poultry, London, No. 2228«, 1784. Privatsammlung. **S. 200** TM (350). **S. 201 links** Schiffsuhr von Charles Frodsham, London, Nr. 1842, ca. 1841. Charles Frodsham & Co. Ltd., London. **S. 201 rechts** Glashütte B/Dresden, Nr. 203 975–B, TM (1728).

Kapitel 15: S. 202 ca. 1997. NMM (D6854). **S. 204** aus: *The Graphic*, August 8, 1885, S. 158 f. Harvard College Library, Harvard University (HD S. 2021). **S. 205** ca. 1870. NMM (D5607). **S. 206** ca. 1950. NMM (A1681C). **S. 207** Fiftieth Space Wing Public Affairs, Falcon Air Force Base, Colorado. **S. 208** National Association of Watch and Clock Collectors, Columbia, Pa (aus NAWCC Bulletin, Bd. 4, Nr. 4 [Juni 1950], S. 161). **S. 209 und 210** Charles Frodsham & Co. Ltd., London. **S. 211** ca. 1935. NMM (MS GOU/4, Neg. 8456). **S. 213** St. John's, Hampstead. Foto des Autors. **S. 214** NMM (D7059).

Vorsatzblatt: Zeichnung der H-2 von Thomas Bradley, ca. 1840. Cambridge University Library und Königliche Sternwarte, Greenwich (MS. RGO 6/586 f215).

Bibliographie

Andrewes, William J. H. (Hg.): *The Quest for Longitude.* Cambridge, Mass.: Collection of Historical Scientific Instruments, Harvard University, 1996.

Andrewes, William J. H., und Atwood, Seth: *The Time Museum.* Rockford, Illinois: The Time Museum, 1984.

Angle, Paul M.: *The American Reader.* New York: Rand McNally, 1958.

Asimov, Isaac. *Asimov's Biographical Encyclopedia of Science and Technology.* New York: Doubleday, 1972

Baillie, G. H.: *Clocks and Watches: An Historical Bibliography.* Bd. 1. London: N. A. G. Press, 1951; Reprint London: Holland Press, 1978.

Barrow, Sir John: *The Life of George Lord Anson.* London: John Murray, 1839.

Bedini, Silvio A.: *The Pulse of Time: Galileo Galilei, the Determination of Longitude, and the Pendulum Clock.* Florenz: Biblioteca di Nuncius, 1991.

Betts, Jonathan: *Harrison.* London: National Maritime Museum, 1993.

Ders.: Einleitung zu *Principles and Explanations of Timekeepers by Harrison, Arnold and Earnshaw.* [Upton, Notts., England]: British Horological Institute, 1984.

Boorstin, Daniel J: *The Discoverers.* 2 Bde. New York: Harry N. Abrams, 1983.

Brown, Lloyd A.: *The Story of Maps.* Boston: Little, Brown, 1949.

Cardinal, Catherine (Hg.): *Ferdinand Berthoud, 1727–1807: Horloger mécanicien du Roi et de la Marine.* Le Chaux-de-Fonds: Musée International d'Horlogerie, 1984.

Chapman, Allan: *Dividing the Circle: The Development of Critical Angular Measurement in Astronomy, 1500–1850.* 2. Aufl., Chicester, England: John Wiley & Sons in Zusammenarbeit mit Praxis Publishing, 1995.

Clifton, Gloria: *Directory of British Scientific Instrument Makers, 1550–1851.* London: Zwemmer (mit dem National Maritime Museum), 1995.

Clutton, Cecil, und Daniels, George: *Clocks and Watches: The collection of the Worshipful Company of Clockmakers.* London: Sotheby Parke Bernet, 1975.

Daniels, George: *Watchmaking.* London: Sotheby Publications, 1981.

Dutton, Benjamin: *Navigation and Nautical Astronomy.* Annapolis: U. S. Naval Institute, 1951.

Earnshaw, Thomas: *Longitude: An Appeal to the Public.* London: 1808, Reprint British Horological Institute, 1986.

English Maritime Books Printed Before 1801 Relating to Ships, Their Construction and Their Operation at Sea.. Zusammengestellt von Thomas R. Adams und David W. Waters. Providence, Rhode Island: The John Carter Brown Library, und Greenwich, England: The National Maritime Museum, 1995.

Espinasse, Margaret: *Robert Hooke.* London: Heinemann, 1956.

Gould, Rupert T.: *John Harrison and His Timekeepers.* London: National Maritime Museum, 1978. (Reprint von *The Mariner's Mirror,* Bd. XXI, Nr. 2, April 1935.)

Ders.: *The Marine Chronometer.* London: J. D. Potter, 1923; Reprint Antique Collectors' Club, 1989.

Heaps, Leo: *Log of the Centurion.* London: Hart-Davis, MacGibbon, 1973.

Hobden, Heather, und Hobden, Mervyn: *John Harrison and the Problem of Longitude.* Lincoln, England: Cosmic Elk, 1988.

Howse, Derek: *Greenwich Time and the Longitude.* Neuauflage London: Philip Wilson Publishers, 1997.

Ders.: *Nevil Maskelyne, The Seaman's Astronomer.* Cambridge, England: Cambridge University Press, 1989.

Howse, Derek, und Hutchinson, Beresford: *The Clocks and Watches of Captain James Cook, 1769–1969.* London: Antiquarian Horological Society, 1969.

[King, Andrew]: *From a Peal of Bells: John Harrison, 1693–1776.* Usher Gallery Ausstellungskatalog. [Lincoln, England]: Lincolnshire County Council, 1993.

Landes, David S.: *Revolution in Time.* Cambridge, Mass.: Harvard University Press, 1983.

Laycock, William: *The Lost Science of John »Longitude« Harrison.* Kent, England: Brant Wright, 1976.

Le Bot, Jean: *Le chronomètres de marine français au XVIIIe siècle, quand l'art de naviguer devenait science.* Grenoble, France, 1983.

Macey, Samuel L. (Hg.): *Encyclopedia of Time.* New York: Garland, 1994.

May, W. E.: *A History of Marine Navigation.* Henley-on-Thames, England: G. T. Foulis, 1973.

Ders.: »How the Chronometer went to Sea«, in *Antiquarian Horology,* März 1976, S. 638–663.

Mercer, Vaudrey: *John Arnold and Son, Chronometer Makers, 1762–1843.* London: Antiquarian Horological Society, 1972.

Miller, Russell: *The East Indiamen.* Alexandria, Virginia: Time-Life, 1980.

Morison, Samuel Eliot: *The Oxford History of the American People.* New York: Oxford University Press, 1965.

Mörzer Bruyns, Willem: *The Cross-staff. History and Development of a Navigational Instrument.* Zutphen: Walburg Instituut, 1994.

Moskowitz, Saul: »The Method of Lunar Distances and Technological Advance«, gezeigt am Institute of Navigation, New York, 1969.

Pack, S. W. C.: *Admiral Lord Anson.* London: Cassel, 1960.

Quill, Humphrey: *John Harrison, Copley Medalist, and the £20,000 Longitude Prize.* Sussex: Antiquarian Horological Society, 1976.

Ders.: *John Harrison, the Man Who Found Longitude.* London: Baker, 1966.

Randall, Anthony G.: *The Technology of John Harrison's Portable Timekeepers.* Sussex: Antiquarian Horological Society, 1989.

Randall, Anthony G.: *The Time Museum Catalogue of Chronometers.* Rockford, Illinois: The Time Museum, 1992.

Randall, Anthony G., und Good, Richard: *Catalogue of Watches in the British Museum.* London: British Museum, 1990.

Sabrier, Jean-Claude: *La longitude en mer à l'heure de Louis Berthoud et Henri Motel.* Geneva: Editions Antiquorum, 1993.

Sadler, D. H.: *Man is not Lost: A record of two hundred years of astronomical navigation with the Nautical Almanac, 1767–1967.* London: Her Majesty's Stationery Office, 1968.

Stewart, Larry: *The Rise of Public Science: Rhetoric, Technology, and Natural Philosophy in Newtonian Britain, 1660–1750.* Cambridge, England: Cambridge University Press, 1993.

Tait, Hugh: *Catalogue of Watches in the British Museum.* Bd. 1, *The Stackfreed.* London: British Museum Publications, 1987.

Taylor, E. G. R.: *The Haven-Finding Art: A History of Navigation from Odysseus to Captain Cook.* Neuauflage London: Hollis & Carter for the Institute of Navigation, 1971.

Ders.: *The Mathematical Practitioners of Hannoverian England, 1714–1840.* Cambridge, England: Cambridge University Press, 1966.

Ders.: *The Mathematical Practitioners of Tudor and Stuart England* [1485–1714]. Cambridge, England: Cambridge University Press, 1954.

Thrower, Norman J. W.: *Maps and Civilization: Cartography in Culture and Society.* Chicago: University of Chicago Press, 1996.

Ders. (Hg.): *The Three Voyages of Edmond Halley in the* Paramore, *1698–1701.* 2 Bde. Hakluyt Society Publications, 2. Folge, Nr. 156–157. London: Hakluyt Society, 1981.

Turner, Anthony J.: *Early Scientific Instruments: Europe, 1400–1800.* London: Sotheby's Publications, 1987.

Turner, Gerard L'E.: *Nineteenth-Century Scientific Instruments.* London: Philip Wilson Publishers for Sotheby's Publications, 1983.

Vaughn, Denys (Hg.): *The Royal Society and the Fourth Dimension: The History of Timekeeping.* Sussex: Antiquarian Horological Society, 1993.

Waters, David W.: *The Art of Navigation in England in Elizabethan and Early Stuart Times.* London: Hollis & Carter, 1958; und New Haven: Yale University Press, 1958.

Whittle, Eric S.: *The Inventor of the Marine Chronometer: John Harrison of Foulby.* Wakefield, England: Wakefield Historical Publications, 1984.

Williams, J. E. D.: *From Sails to Satellites: The Origin and Development of Navigational Science.* Oxford, England: Oxford University Press, 1992.

Wood, Peter H.: »La Salle: Discovery of a Lost Explorer«, in *American Historical Review,* Bd. 89 (1984), S. 294–323.

Register

Die Angaben zu den Abbildungen sind kursiv.

Chronometer,